计算机
网络技术基础

主　编　陈孟祥

副主编　付晓豹　贺学剑　齐礼良

参　编　杜国真

U0322202

 北京希望电子出版社
Beijing Hope Electronic Press
www.bhp.com.cn

内 容 简 介

本书共分为 8 个模块，内容涵盖了计算机网络的基础知识，并按照 OSI 与 TCP/IP 参考模型，详细介绍了物理层、数据链路层、网络层、传输层、应用层等各层的特点、作用、常见协议、设备、工作原理等知识，还介绍了无线网络、移动通信和网络安全的相关内容。

本书适合作为"计算机网络技术"课程的教材，也可作为网络工程师和广大计算机网络技术爱好者的学习用书。

图书在版编目（ＣＩＰ）数据

计算机网络技术基础 / 陈孟祥主编.-- 北京：北京希望电子出版社，2024.9（2024.12 重印）. -- ISBN 978-7-83002-881-7

I. TP393

中国国家版本馆 CIP 数据核字第 20243CQ649 号

出版：北京希望电子出版社　　　　　　　　　封面：袁　野

地址：北京市海淀区中关村大街 22 号　　　　编辑：全　卫

　　　中科大厦 A 座 10 层　　　　　　　　　校对：付寒冰

邮编：100190　　　　　　　　　　　　　　　开本：787mm×1092mm　1/16

网址：www.bhp.com.cn　　　　　　　　　　　印张：16.5

电话：010-82620818（总机）转发行部　　　　字数：356 千字

　　　010-82706237（邮购）　　　　　　　　印刷：北京昌联印刷有限公司

经销：各地新华书店　　　　　　　　　　　　版次：2024 年 12 月 1 版 2 次印刷

定价：58.00 元

计算机网络技术基础

前 言
PREFACE

党的二十大报告指出："推动战略性新兴产业融合集群发展，构建新一代信息技术、人工智能、生物技术、新能源、新材料、高端装备、绿色环保等一批新的增长引擎。"信息技术正深刻地改变着人们的生活、工作与思维方式，熟练掌握计算机网络的基础知识和基本技能已是当今社会大学生就业的必备技能。如今，计算机网络为物联网、大数据、人工智能、AR技术、云存储、云计算、区块链等科技领域提供了发展平台与技术支撑，在社会发展中扮演着日益重要的角色，今后将继续成为推动社会生产力高速发展的强大助力。

为了帮助读者更快地掌握及运用计算机网络知识，本书针对不同领域和学科的不同群体对计算机网络知识学习的需求，通过系统性地介绍计算机网络基础知识、设备、原理、协议等内容，让读者可以在短时间内快速掌握计算机网络体系的基础知识与基本技能，为读者在相关领域的学习打下坚实的基础。

本书逻辑性强，通俗易懂，对计算机网络中相关基础知识进行了深入的阐述和剖析，图文并茂地将各知识点呈现在读者面前，方便读者学习和掌握。每个模块最后还配备了"课后作业"，用来巩固本模块的知识点。本书的主要特色如下：

写 / 作 / 特 / 色

1. 逻辑性强、系统全面

从计算机网络的历史和结构入门，按照OSI及TCP/IP网络参考模型，自下而上，详细介绍了每层的功能、协议、设备、原理等知识，系统全面地将各知识点融会贯通起来。

2. 针对性强、深浅适度

本书针对网络爱好者及网络工程技术人员的特点，精简了大量晦涩难懂的描述，将重要的知识点以图文的方式展现，使读者能更好地理解和掌握。

3. 培养思维、举一反三

在讲解知识点和操作的同时，着重强化对读者的专业思维 的培养，为读者学习其他计算机知识起到引导作用。

全书共8个模块，主要内容简介如下：

序号	内容概述
模块1	计算机网络的定义、功能、组成、发展与性能指标，计算机网络的分类，计算机网络体系结构与参考模型
模块2	物理层的功能、特性和传输介质，数据通信基础，编码与调制，数据交换技术，信道复用技术，常见的宽带接入技术
模块3	数据链路层的分层，点到点协议，以太网MAC地址，共享式以太网与交换式以太网，数据链路层常见的设备及其工作原理，差错及流量控制技术，虚拟局域网
模块4	网络层的作用与服务，互联网协议，路由，网络层的常见协议，虚拟专用网与网络地址转换，网络层的主要设备
模块5	传输层的作用，UDP，TCP
模块6	应用层与网络应用模型，应用层的主要协议与服务
模块7	无线网络，无线局域网的常见设备及其参数，移动通信
模块8	网络安全简介，加密与认证，访问控制技术，网络模型中的安全协议，防火墙与入侵检测系统

本书由陈孟祥担任主编，付晓豹、贺学剑和齐礼良担任副主编，杜国真参与了编写工作。编写分工如下：模块1和模块2由陈孟祥编写，模块3和模块4由付晓豹编写，模块5和模块6由贺学剑编写，模块7由齐礼良编写，模块8由杜国真编写。本书在编写过程中力求严谨细致，但疏漏之处在所难免，望广大读者批评指正。

编　者
2024年7月

即刻学习

◎ 配套学习资料 ◎ 网络原理详解
◎ 理论与实践课 ◎ 网络安全专讲

目　录
CONTENTS

模块3 数据链路层详解

模块4 网络层详解

模块 8　网络安全

◎ 配套学习资料
◎ 网络原理详解
◎ 理论与实践课
◎ 网络安全专讲

即刻学习

模块 **1**

计算机网络概述

内容概要

　　网络的出现与计算机的发展密不可分，网络源于计算机的发展，而网络的发展又促进了计算机及各种终端设备的发展，满足了人们生产生活的需求，推动了社会生产力的发展。本模块将介绍计算机网络的基础知识和计算机网络体系结构与参考模型。

知识要点

- 计算机网络的功能和组成。
- 计算机网络的发展。
- 计算机网络的分类。
- OSI-RM参考模型。
- TCP/IP参考模型。

1.1　计算机网络简介

一个新兴事物的出现和快速发展都有其内在的必然性，计算机网络也是如此。依赖于计算机发展和各种应用需求而出现的网络，从专业角度上称为计算机网络。

■1.1.1　计算机网络的定义

计算机网络（computer network）是利用通信设备和线路将不同地理位置、功能各自独立的多个计算机系统连接起来，以功能完善的网络软件实现网络的硬件、软件及资源共享和信息传递的系统。这些计算机也称为节点，线路也称为链路。

随着计算机网络的发展，现在的计算机网络（以下简称"网络"）节点已经不局限于计算机，还包括了各种网络终端和智能设备，如智能手机、智能家居系统（图1-1）、嵌入式设备、智能穿戴设备等各种智能系统，只要能接入到网络中，并且能够通信，都属于网络的一部分。

图 1-1　智能家居系统

网络规模可大可小，所使用的协议也多种多样，小到将两台计算机直连起来，大到把成千上万台设备组成网络。人们常说的互联网就是通过路由器将支持各种协议的网络组合在一起所形成的网络。世界范围内最大的互联网就是因特网，因特网所包含的网络之间必须支持TCP/IP通信协议（transmission control protocol/internet protocol，传输控制协议/互联网协议）。在很多时候，人们会用互联网代指因特网。

在互联网中，有一类协议叫作HTTP协议（hypertext transfer protocol，超文本传送协议），通俗的说法就是网页或者网站服务器，用户可以通过浏览器进行访问。在该协议及服务的基础上，可组成一种逻辑上的网络，叫作万维网（world wide web，WWW）。

■1.1.2　计算机网络的功能

计算机网络的出现是需求导致的结果，发展至今，已经从以计算机设备为中心，演变成以网络为中心，以满足用户需求为目标，以适应各种应用为标准。计算机网络的主要功能包括以下几点。

1. 数据传输

数据传输是网络的基本功能,设备之间按照约定好的协议,通过网络传输各种应用数据,如电子邮件数据、各种软件数据、网页数据、远程控制数据等。网络最重要的任务就是安全、准确、快速地完成数据传输任务,让各种接入网络的设备能正常获取到数据,保证其正常工作,这也是衡量网络质量好坏的标准之一,如图1-2所示。

图 1-2 数据传输

2. 资源共享

网络建立的初衷就是资源共享。在网络中,除了可以获取别人共享的资源外,还可以将自己的资源发布到网络中。在网络共享中,除了文件资源外,还可以共享包括打印机、专业设备在内的硬件资源,以及数据库数据等软件资源。依托于服务器、数据中心(图1-3)及超大存储技术的发展,资源共享已经变得非常简单。人们日常应用比较多的功能如从网上下载软件、下载文件、观看在线影片、听歌、搜索问题的答案等,都是建立在资源共享的基础之上。没有资源共享,网络就无法快速发展。

图 1-3 数据中心

3. 负载均衡及冗余备份

现在的网络在速度和访问策略上已经非常成熟了。依托于高性能的网络，各种互联网企业和门户网站，可以将服务器和数据中心按照访问量，科学地部署在不同位置的机房中。一方面可以保障无论多么大的访问量，都不会对访问质量造成影响，做到负载均衡；另一方面，如果某个区域遭遇网络攻击、硬件故障、网络故障、甚至网络瘫痪等情况，就可以让其他位置的服务器继续提供服务，做到冗余备份。及时部署与使用这些技术，对于一些事关国计民生的重要单位，如金融系统、票务系统、电商平台等，都是非常必要的。

各数据中心或服务器之间按照策略定时同步大规模的数据，只有现在的高速网络才能承载。

对于普通用户来说，非常重要的数据，除了在本地采用磁盘冗余技术，还可以将其发送到网盘中备份，如图1-4所示。通过网络进行备份（隐私问题需要通过其他技术来保障，如加密技术），可以有效解决由于各种硬盘类故障带来的数据丢失问题。

图 1-4　云备份

4. 数据分布式处理与存储

由于网络的发展，数据的本地处理模式已经慢慢被云计算所取代。依托于网络，各种应用数据都会在多个远程中央主机上进行计算，而用户端设备的作用逐渐变成了显示终端。另一方面，一些复杂的超大型任务被按照某种规则分成若干小任务，然后分配在多个网络主机上进行运算，提高了数据处理效率及算力设备的使用率，同时也降低了运营成本。

依托于网络的计算能力和存储能力，可以做到数据的公开、透明、无篡改。当前流行的区块链技术，就是很好的例子，如图1-5所示。

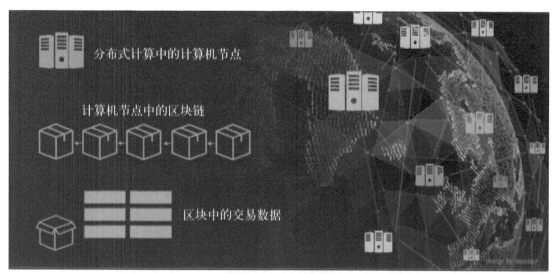

图 1-5　分布式计算与存储

5. 网络应用的承载

现在流行的各种互联网应用,如网络直播、网上交易、网络监控、网上点餐、互联网存储、在线语音视频、视频会议、各种互联网小程序等,都需要强大的网络承载能力,如图1-6所示。除了要保证服务的高质量(如应用优先级、语音清晰度、延时情况等),还要保障用户数据的安全性(加密、身份认证等),所以对网络要求越来越高。

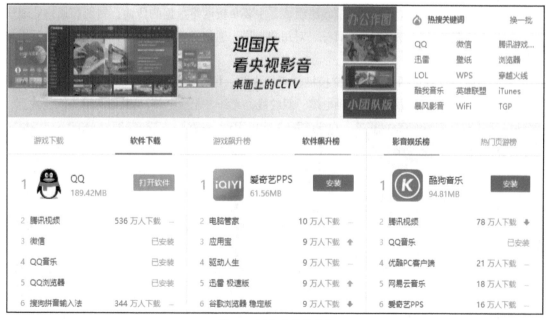

图 1-6　网络应用的承载

■1.1.3 计算机网络的组成

计算机网络的组成，可以从逻辑上划分，也可以从设备上划分。在逻辑层面上，可以将计算机网络分为通信子网和资源子网，如图1-7所示。

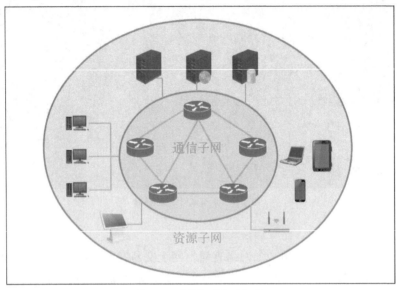

图 1-7　计算机网络的组成

1. 通信子网

通信子网主要由通信设备和通信线路组成，主要负责网络数据的传输、转发等通信处理任务。尽最大所能交付数据是其主要目标。对用户来说，通信子网是透明的，也就是不需要用户干预、自主运行的。

常见的通信设备包括路由器、交换机、无线设备、调制解调器等网络设备，图1-8所示为光纤接入设备。传输介质一般有同轴电缆、双绞线、光纤、无线电等，图1-9所示为双绞线。

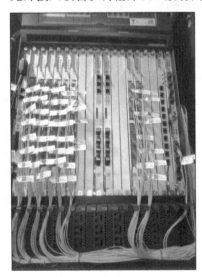

图 1-8　光纤接入设备

图 1-9　双绞线

2. 资源子网

资源子网由服务器（图1-10）、计算机、各种终端设备以及存储在其上的软件资源〔包括网络协议、网络操作系统（图1-11）等〕、信息资源（包括网络数据库、各种共享资源等）组成。资源子网负责实现全网的面向应用的数据处理和网络资源共享等。

图 1-10　服务器

图 1-11　Windows Server 2022 网络操作系统

■1.1.4　计算机网络的发展

计算机网络发展至今，经历了从简单到复杂、从低级到高级、从地区到全球的发展历程。网络的发展大致经历了以下四个阶段。

1. 面向终端的计算机网络

在20世纪50年代中后期，出现了由一台中央主机作为数据信息存储和处理中心，通过通信线路将多个地点的终端连接起来的以中央主机为中心的远程联机系统，也就是第一代计算机网络，如图1-12所示。它是以批处理和分时系统为基础所构成的一个最简单的网络体系。其中，终端没有数据存储和处理能力，各终端分时访问中央主机的资源，发送数据运算的处理请求，由中央主机将处理结果返回给终端。

该模式的缺点是对中央主机的要求高，如果中央主机负载过重，会使整个网络的运行速度下降。如果中央主机发生故障，那么整个网络系统就会瘫痪。而且该网络中只提供终端与中央主机之间的通信，无法做到终端间的通信。虽然该阶段的网络算不上真正的网络，但是，当初的设计目的——实现远程信息处理，达到资源共享的目标已经基本实现。

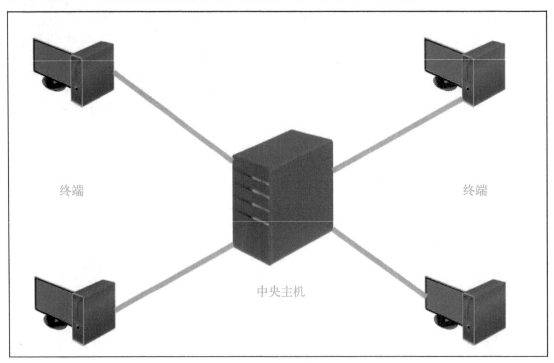

图 1-12　第一代计算机网络

随着计算机网络的发展，这种服务器/客户端模式又再次重现，而且可能是网络未来发展的趋势。当然，如今网络内部的结构要比这种原始网络复杂、稳定且高效得多，可以同时访问多种资源。实际上，这就是云计算、云存储的雏形。

2. 计算机互联

随着终端用户对中央主机资源需求的增加，为减轻压力，中央主机逐渐演变为专门负责提供资源并处理存储终端用户请求的主机和专门负责处理通信任务的通信控制处理机（communication control processor，CCP，也可称前端处理机）两部分。

随着计算机制造技术的发展，简单的终端也被正规的计算机所取代，此时计算机之间通信需求量不断增长。20世纪60年代，随着大型主机、程控交换技术的出现与发展，计算机网络也发生了新的变革：多台独立的计算机，通过通信线路互联（接口报文处理机转接互联），任意两台主机间通过约定好的"协议"传输信息。这时的网络，以实现远程数据传输、信息共享为目的，也称为分组交换网络，如图1-13所示。这一时期的网络多以电话线路和少量的专用线路为基础，目标是建立"以能够相互共享资源为目的，互联起来的具有独立功能的计算机的集合体"，此时的网络已经形成了资源子网与通信子网。

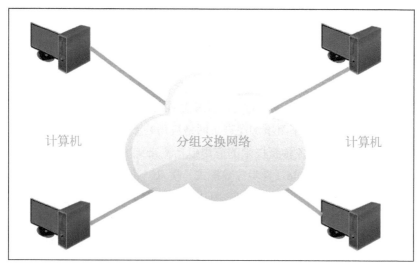

图 1-13 分组交换网络

3. 标准化及网络互联

随着计算机网络技术的发展，越来越多的使用者接入到网络中，网络的规模变得越来越大，通信协议也越来越复杂。由于各家计算机厂商和通信厂商各自为政，开发并使用自家的通信协议，因此在网络互访方面给用户造成了很大的困扰。基于此种原因，1984年，由国际标准化组织（International Organization for Standardization，ISO）制定了一种统一的网络分层结构——开放式系统互连参考模型（open systems interconnection reference model，OSI-RM），简称为OSI，也就是常说的OSI参考模型。OSI参考模型将网络分为七层结构。在OSI七层模型中，规定了设备之间必须在对应层之间才能够沟通。网络的标准化大大简化了网络通信原理，让异构网络的互联成为可能，如图1-14所示。OSI参考模型的提出引导着计算机网络走向开放的标准化的道路，同时也标志着计算机网络的发展进入成熟的阶段。从此网络产品有了统一的标准，大大加快了计算机网络的发展。

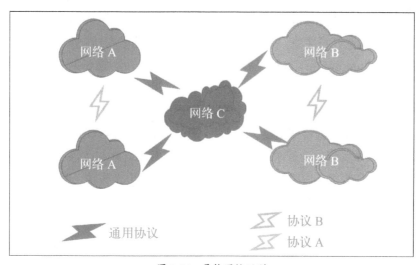

图 1-14 异构网络互联

4. 智能化高速网络

20世纪90年代中期开始，随着通信技术，尤其是光纤通信技术的发展和应用，计算机网络进入高速发展的阶段，特别是以因特网为代表的第四代计算机网络，其发展尤为迅猛。"将多个具有独立工作能力的计算机系统，通过通信设备和线路，以功能完善的网络软件实现资源共享和数据通信的系统"就是对该网络的定义。第四代网络也可以称为信息高速公路（高速、多业务、大数据量），网络带宽的不断增加促进了网络应用的多样化和复杂化，多媒体应用在计算机网络中的占比越来越高，各种新技术的应用包括宽带综合业务数字网、信息高速公路、ATM（asynchronous transfer mode，异步传输模式）技术、千兆以太网技术等。目前，多媒体交互、网上电视点播、电视会议、可视电话、网上购物、网上银行、网络图书馆等已经深入到生活的各个方面。同时，实际应用与人们的需求也推动着网络向高可靠性、高安全性和高可用性的方向发展。而在智能化方面，网络的接入、配置、管理、应用等都已可以通过高智能化软件来实现。

在网络技术高速发展的同时，网络资源的科学管理、网络行为规范、网络的全球覆盖、网络的安全防护、云存储及云计算等已经成为新的热门课题。

■1.1.5 因特网的发展

20世纪60年代，美国国防部高级研究计划局（Advanced Research Project Agency，ARPA）为了防止一旦发生战争，中心型网络的核心计算机被摧毁，造成所有的指挥中心全部瘫痪，提出了一种分散性的指挥系统，各指挥中心互相独立，且地位相等，这就是第二代计算机网络。

60年代末，ARPA资助并建立了ARPANET（ARPA网），将位于洛杉矶的加利福尼亚大学分校、位于圣芭芭拉的加利福尼亚大学分校、斯坦福大学，以及位于盐湖城的犹他州州立大学的计算机主机连接起来。该阶段建立的网络通过专门的通信交换机和线路进行连接，采用分组交换技术，这就是现今因特网的雏形。

70年代，人们开始意识到网络互联的问题。在1983年，TCP/IP协议成为ARPANET的标准协议，任何使用该协议的网络都可以互相通信，所以这一年也成为因特网的诞生之年。1990年ARPANET的实验任务完成，正式宣布关闭，取代它的是在1985年美国国家科学基金会（National Science Foundation，NSF）围绕6个大型计算机中心建设的美国国家科学基金网NSFNET。它由主干网、地区网、校园网三级结构构成，覆盖主要的大学和研究所，后转为私营。从1993年开始，NSFNET逐渐被多个商用因特网所替代，并于1995年后彻底商业化。

1994年，万维网技术在因特网上被广泛使用，极大地推动了因特网的发展。

目前，因特网已经发展成为基于因特网服务提供者（Internet service provider，ISP）的多层次结构互联网络。在我国，主要的ISP有三家：中国电信、中国移动、中国联通。

■1.1.6 计算机网络的性能指标

计算机网络性能的高低直接关系到该网络与其他网络以及与网络终端通信的速度和通信质量。常见的网络性能指标主要有以下几项。

1. 速率

网络传输速率是指网络每秒传输的二进制数的位数，一般以比特率为单位。不同网络传输的比特率是不同的。在了解速率之前有必要先了解清楚计算机中的数据量单位。

计算机发送和存储的信号都是数字形式的。比特（bit，简写为b）是计算机中数据量的单位，也是信息论中使用的信息量的单位。英文bit来源于binary digit，意思是"二进制数字"，因此一个比特就是二进制数字中的一个1或0。

除了比特外，常接触的数据量单位还有字节（byte，简写为B），一个字节等于8 bit（1 B = 8 bit）。除了字节外，还有KB（千字节，1 KB = 1 024 B = 2^{10} B）、MB（兆字节，1 MB = 1 024 KB = 2^{20} B）、GB（吉字节，1 GB = 1 024 KB = 2^{30} B）、TB（太字节，1 TB = 1 024 GB = 2^{40} B）。

速率是计算机网络中最重要的一个性能指标。速率的单位是b/s（比特每秒也可记为bit/s，以前也记为bps，即bit per second，现在bps已不是标准单位）。当速率较高时，可以用Kb/s（千比特每秒，1 Kb/s = 10^3 b/s）、Mb/s（兆比特每秒，1 Mb/s = 10^3 Kb/s = 10^6 b/s）、Gb/s（吉比特每秒，1 Gb/s = 10^3 Mb/s = 10^6 Kb/s = 10^9 b/s）或Tb/s（太比特每秒，1 Tb/s = 10^{12} b/s）。

人们通常用更简单的但不是很严格的记法来描述网络的速率，例如，100 M以太网，它省略了单位中的b/s，意思是速率为100 Mb/s的以太网。上述速率往往是指额定速率或标称速率。

存储设备制造商在生产制造存储设备时，存储容量并没有严格按照计算机使用的数据量换算标准1 024（2^{10}）进行换算，而是使用了1 000（10^3）进行换算，所以在计算机中查看时会发现少了一部分容量。

2. 带宽

带宽会影响网络的传输速率，传统的带宽指的是信号具有的频带宽度，也就是可以传送的信号的最高频率和最低频率之差，单位是赫兹（Hz）。例如，传统的电话线路频率范围为300 Hz～3 400 Hz，其带宽为3 100 Hz，也就是通信线路允许通过的信号频带范围。

在计算机网络中，带宽则用来表示通信线路传送数据的能力，即数字信道在单位时间内所能传送的最高数据量，单位是b/s（比特每秒）。有时也将该单位省略，如带宽为1 000 M，实际上应该是1 000 Mb/s，其带宽单位及换算方法同速率一致。

在实际应用中，网络的实际速率和网络的带宽、网络设备接口速率、计算机或其他终端的接口速率、网络通信线路的速率都有关系，且遵循的是"木桶效应"，即按照最小值计算。例如，常见的家庭网络，外部网络的速率是1 000 Mb/s，路由器的接口速率为1 000 Mb/s，计算机网卡的接口速率为1 000 Mb/s，而网线支持的速率为100 Mb/s，则用户使用的实际速率仅为100 Mb/s。这也是很多用户反映网络测速达不到ISP所标称的带宽大小的根本原因。

带宽和速率虽然单位和换算是相同的，但两者的含义不同。带宽一般用来表示网络传输速率的最大值，是固定的；而网络速率却受很多因素的影响，是不断变化的值。

另外，网络中的数据是双向传输的，不仅要下行而且还要上行。但在实际中，ISP宣传的带宽往往是下行值，上行值要远远小于下行值，并且也不稳定。

3. 吞吐量

吞吐量是指在没有丢失数据帧的情况下，单位时间内通过某个网络或接口的实际数据量，一般用于对实际网络的测量，单位为b/s。吞吐量与算法、网络设备有关，是上行和下行的总值。例如，某网络某时刻下载速率为70 Mb/s，同时也在上传文件，上传速率为10 Mb/s，那么此刻的吞吐量为80 Mb/s。

4. 时延

时延是指一个报文或分组从一个网络的一端传送到另一端所需要的时间。它包括了发送时延、传播时延、处理时延、排队时延，即时延=发送时延+传播时延+处理时延+排队时延。时延类型示意如图1-15所示。一般主要考虑发送时延与传播时延。具体而言，报文长度较大的情况，发送时延是主要的；报文长度较小的情况，传播时延是主要的。

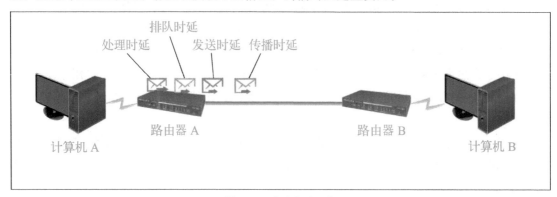

图 1-15　时延类型示意

（1）处理时延

交换机、路由器等网络设备在收到报文后要花费一定的时间进行处理，如解封装分析首部、提取数据、差错检验、路由选择等。由于影响因素较多，参数不稳定，所以无法用一个简单的公式进行计算。一般高速路由器的处理时延通常是微秒或更低的数量级。

（2）排队时延

排队时延简单来说就是分组进入到网络设备后在输入缓存队列中排队等待处理与在处理之后在输出缓存队列中等待转发的时间之和。

在分组的传递过程中，往往要经过多个网络设备的转发。分组在每个网络设备上产生的排队时延的长短，往往取决于网络当时的通信量和各设备本身的性能。由于网络通信量变化会很大，各设备的性能也不完全相同，所以无法使用一个简单的公式进行计算。如果该队列是空的，并且当前没有其他报文在等待，则该报文的排队时延为0；反之，如果流量很大，并且许多其他报文也在等待传输，该排队时延将很大。通信量很大时，可能会造成队列溢出，分组丢失，这相当于排队时延无穷大。在实际网络环境中，当设备都正常工作时，排队时延通常在毫秒级到微秒级。

（3）发送时延

发送时延简单讲就是主机、路由器、交换机等网络设备发送数据所需要的时间，也就是从发送分组的第一个比特开始，到该分组的最后一个比特发送完毕所消耗的时间。发送时延的计算公式如下：

$$发送时延=\frac{分组长度（b）}{发送速率（b/s）} \tag{1.1}$$

例如，数据长度为10 Mb，数据发送速率为100 Mb/s，则此时的发送时延 $=（10\times2^{20}）$ b/ $（100\times10^{6}）$ b/s $\approx$ 0.1 s。

（4）传播时延

传播时延是指电磁波在实际的物理链路上传播一定距离所需要的时间。传播时延的计算公式如下：

$$传播时延=\frac{链路长度（m）}{电磁波在链路上的传播速率（m/s）} \tag{1.2}$$

电磁波在链路上的传播速率主要分以下几种。

● 电磁波在空气中的传播速率约为 3×10^{8} m/s。

● 电磁波在铜线电缆中的传播速率约为 2.3×10^{8} m/s。

例如，传播距离为1 000 km的铜线电缆链路，传播时延 $=（1\ 000\times1\ 000）/（2.3\times10^{8}$ m/s） $\approx$ 4 ms。

5. 时延带宽积

时延带宽积是传播时延和带宽的乘积。时延带宽积的计算公式如下：

$$时延带宽积=传播时延（s）\times带宽（b/s） \tag{1.3}$$

可以将链路看作一段圆柱形的管道，管道长度就是时延的时间，管道的横截面积就是链路的带宽，得出的数据是在该时延时间中该链路所容纳的比特数量，如图1-16所示。

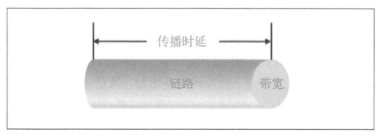

图1-16 时延带宽积示意

例如，A、B两主机之间链路长度为1 km，链路带宽为1 000 Mb/s，信号传输速率为 2×10^{8} m/s，那么时延带宽积 $=1\ 000$ m/ $（2\times10^{8}$ m/s） $\times1\ 000$ Mb/s $\times10^{6}=5\ 000$ b。本例说明，若发送端连续发送数据，则在发送的第一个比特即将到达终点时，发送端实际已经发送了5 000个比特，而这些比特数据都正在链路上向前传播。这对于理解以太网的最短帧长是非常有帮助的。

6. 往返路程时间

往返路程时间（round trip time，RTT）指从发送端发出数据分组开始，到发送端接收到来

自接收端的确认分组为止，总共消耗的时间。往返路程时间是计算机网络重要的性能指标，在现实中，通常需要知道通信双方交互一次所要耗费的时间。

对于复杂的网络，RTT还包括中间节点的各种时延。当使用卫星通信时，RTT相对较长。一般可以使用ping命令来测试往返路程时间，其中的"时间= ms"指的就是往返路程时间，如图1-17所示。

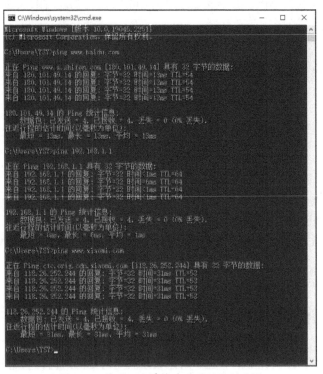

图 1-17　使用 ping 命令查看往返路程时间

7. 利用率

利用率包括信道的利用率与网络的利用率两种。信道利用率是指信道有数据传输的时间与信道总时间的比值。网络的利用率是指网络的信道利用率的加权平均值。信道利用率并不是越高越好，在信道利用率提高的情况下，排队时延会增加，该信道的时延也就会急剧增加，如图1-18所示。

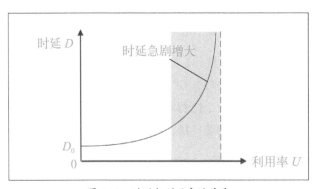

图 1-18　时延与利用率的关系

其中，D_0表示网络空闲时的时延，D表示网络当前的时延，U代表利用率。D与D_0的关系，可以用下面的公式表达：

$$D = \frac{D_0}{1-U} \qquad (1.4)$$

U的数值在0到1之间，当网络的利用率达到其容量的1/2时，时延就要加倍。当利用率接近1时，网络时延趋向于无穷大。所以一些比较大的ISP经常要控制其信道利用率不高出50%，如果超过了，就要考虑增大线路的带宽。

8. 丢包率与抖动

丢包率是指传输中所丢失数据包的数量与所发送数据包的比值，通常在吞吐量范围内测试。丢包率与数据包长度和包发送频率相关。丢包率较高主要有以下原因：物理线路故障、设备故障（软件设置不当、网络设备接口及光纤收发器故障）、网络被阻塞、拥堵（路由器被占用大量资源）、路由错误（网络中路由器的路径错误）。通常，千兆网卡在流量大于200 Mb/s时，丢包率小于0.5‰；百兆网卡在流量大于60 Mb/s时，丢包率小于0.1‰。

网络抖动指的是最大延迟与最小延迟的时间差，抖动可以用来评价网络的稳定性，抖动越小，网络越稳定。例如，访问某服务器的最大延迟是10 ms，最小延迟为5 ms，那么网络抖动就是5 ms。如果网络发生拥塞后，排队时延会影响端到端的延迟，可能造成从路由器A到路由器B的延迟忽大忽小，造成网络的抖动。丢包率与网络抖动，对于依赖性较高的实时应用（如联网游戏）影响较大。

用户可以使用一些在线工具来测试并查看当前网络的性能指标，如图1-19所示。

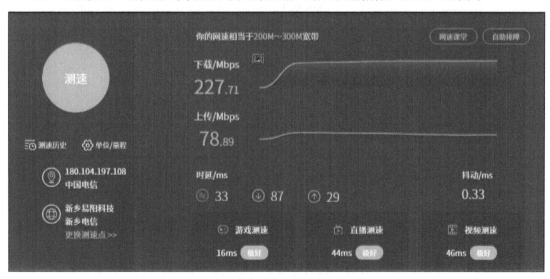

图 1-19 在线测速工具测试网络性能

其中可以查看到网络当前的速率、带宽、上传下载的时延和抖动。

1.2 计算机网络的分类

计算机网络根据不同的标准可以分为不同的种类。常见的网络分类主要按照拓扑结构、网络覆盖范围或网络传输介质进行划分。

■1.2.1 按照拓扑结构划分

按照拓扑结构进行划分，计算机网络一般可分为总线型、星形、环形、树形、网状和混合型等。

所谓拓扑，是指不考虑距离远近、线缆长度、设备大小等物理问题，通过简单的示意图形，绘制出整个网络所使用的设备、连接方式和结构。通过这种拓扑图，对网络进行规划、设计、分析，方便交流和排错。一个好的拓扑结构影响着网络的功能、可靠性和通信费用等，是决定计算机网络性能的关键因素之一。

1. 总线型拓扑结构

总线型网络拓扑现在已很少见，它使用单根传输线作为公共传输介质，所有的节点都直接连接到传输介质上，这根线就叫作总线，这种结构就叫作总线型拓扑，如图1-20所示。

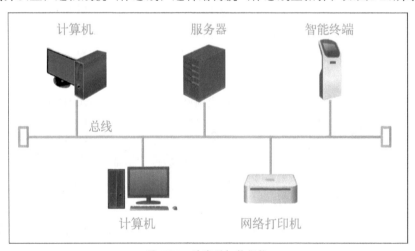

图 1-20 总线型拓扑结构

总线型网络的工作原理是采用广播的方式，一台节点设备开始传输数据时，会向总线上所有的设备发送数据包，其他设备接收后，校验包的目的地址是否和自己的地址一致，如果相同则保留，如果不一致则丢弃。另外，带宽是共享的，每台设备只能获取到总带宽的$1/n$（节点总数为n）。

总线型拓扑的优点是网络成本低，仅需要铺设一条线路，不需要专门的网络设备。

总线型拓扑的缺点是：随着设备增多，网络性能急速下降；每台设备的带宽逐渐降低，易产生数据碰撞，通信设备争用通信线路的情况比较严重，线路故障排查困难。

在某些特殊的情况中，如现在流行的"电力猫"，如图1-21所示，使用的就是总线型网络拓扑，其总线就是家里的220 V交流电线。当然，"电力猫"主要是为了解决宽带线路未提前布置好的问题，是作为一种扩展或者补充来使用的。

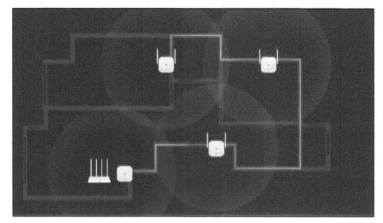

图 1-21　"电力猫"总线型拓扑结构

2. 星形拓扑结构

星形拓扑结构是最常见的一种网络拓扑结构，以集线式网络设备为中心，其他终端节点设备连接中心设备并通过中心设备传输信号、转发数据，中心设备执行集中式通信控制。常见的中心设备就是交换机或家庭使用的小型无线路由器，如图1-22所示。

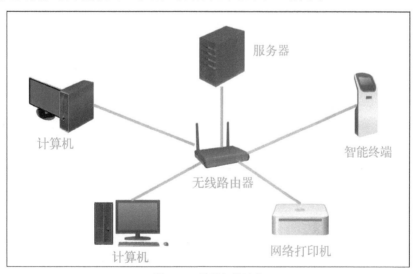

图 1-22　星形拓扑结构

星形拓扑的主要优点有：

- **结构简单**：使用网线直接进行连接。
- **添加、删除节点方便**：需要扩充节点时，只需使用网线连接中心设备即可，而删除设备只需拔掉网线。如果是无线设备，添加节点只要直接连接无线路由器即可。
- **容易维护**：一个节点出故障或损坏，不影响其他节点的使用。
- **升级方便**：升级时只要对中心设备进行更新即可，一般来说不需要更换网线等传输介质。

星形拓扑的主要缺点是对中心设备依赖度较高，对于中心设备的性能要求较高，如果中心设备发生故障，整个网络将会瘫痪。

3. 环形拓扑结构

如果把总线型网络的总线首尾相连，形成一个闭合的环路，就是一种环形拓扑结构了，如图1-23所示。环形拓扑的典型代表就是令牌环网。在通信过程中，同一时间只有拥有"令牌"的设备可以发送数据，信息按照固定方向流动，同时将令牌交给下游的节点设备，从而开始新一轮的令牌传输。

环形拓扑结构的优点和总线型拓扑结构类似，不需要特别的网络设备，时延值固定，实时性较好，简化了路由选择，易于实现，投资小。

环形拓扑结构的缺点也很明显，其可靠性较差，只要环中的任意一个节点出现故障或损坏，整个网络就无法进行通信，且排查起来非常困难；如果要扩充节点，必须中断网络。

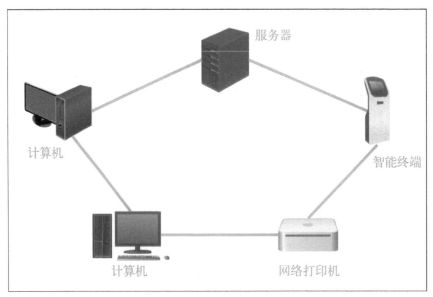

图 1-23　环形拓扑结构

4. 树形拓扑结构

树形拓扑属于分级集中控制，在大中型企业中比较常见。将星形拓扑按照一定标准组合起来，就构成了树形拓扑结构，图1-24所示就是比较常见的树形网络拓扑结构，由于像一棵倒置的树而得名。顶端有一带分支的根，每个分支还可延伸出子分支。

与星形网络拓扑相比，它的通信线路总长度较短，成本较低，节点易于扩充，寻找路径比较方便。网络中任意两个节点之间不会产生回路，每条链路都支持双向传输。网络中某网络设备如果发生故障，可随时隔离，但该网络设备下连接的终端将不能正常联网。

这种网络拓扑一般应用于大中型公司或企业，设备本身的性能有一定保障。因为对根节点的依赖性较高，所以需要采取一些冗余备份技术。树形拓扑的故障排查相对简单，而且设备本身也支持负载均衡和冗余备份，网络安全和稳定性也是比较高的。

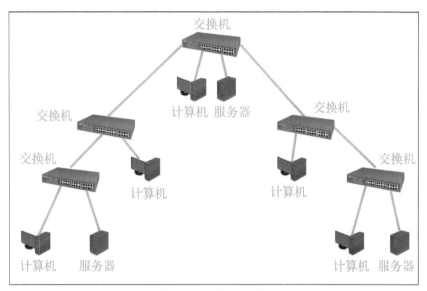

图 1-24 树形拓扑结构

5. 网状拓扑结构

网状拓扑结构是指将各网络设备节点与通信线路互联成不规则的形状，每个网络设备节点至少与其他两个节点相连，或者说每个网络设备节点至少有两条链路与其他网络设备连接。大型的互联网一般都采用这种结构。网状结构分为全连接网状和不完全连接网状两种形式。全连接网状结构中，任意两个网络设备节点均有链路连接；而不完全连接网状结构中，不是所有节点都有链路连接，有些网络节点需要通过其他网络节点转发。常见的网状拓扑结构如图1-25所示。

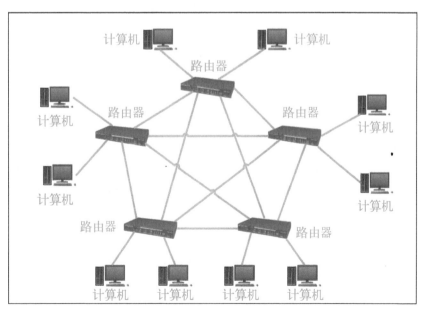

图 1-25 网状拓扑结构

网状拓扑结构主要优点有：

- 几乎每个节点都有冗余链路，网络可靠性较高。
- 因为有多条路径，路由器可以根据网络拥塞情况调整并选择最佳的路由路径，减少时延，改善流量分配，提高网络性能。
- 适合大型广域网。

网状拓扑结构主要缺点有：

- 结构复杂，不易管理和维护。
- 线路较多，成本高。
- 路径计算频繁，增加了路由器的负担。

6. 混合型拓扑结构

混合型拓扑结构由以上几种拓扑组合形成，如环星形结构，一般用于令牌环网及FDDI网。总线型和星形混合结构如图1-26所示。

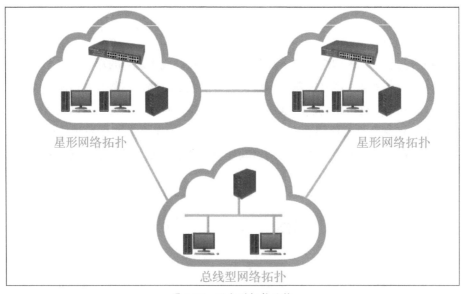

图 1-26　混合型拓扑结构

在组建局域网时常采用星形拓扑结构，如果使用Mesh组网则是使用了网状拓扑结构。树形拓扑结构在大中型企业中比较常见。在实际工作生活中，很多情况也是上面几种网络的混合。因此，在选择网络时，需要综合考虑成本、安装、配置、维护的难易程度以及备份冗余措施等。

■1.2.2　按照网络覆盖范围划分

按照网络覆盖范围的大小，可以将计算机网络划分为个人域网、局域网、城域网和广域网。这些网络由于范围的不同，采用的技术也有所不同。

1. 个人域网

个人域网（personal area network，PAN），通常是围绕某个人而搭建的计算机网络，范围在方圆10 m以内，通常包含一台计算机、一部手机或手持设备、一些个人外设等。设备之间可以通过线缆（USB）、无线（WiFi或蓝牙）等互连，主要用来传输各种文件数据等。在网络结构上PAN位于网络末端，支持的是一个人，并且具有价格便宜、体积小、易操作、低功耗的特点。

2. 局域网

局域网（local area network，LAN），覆盖范围一般在方圆1 km以内，最大不超过10 km，可以是一个或多个房间、一个或多个楼层、一栋或一组建筑等。局域网是在小型及微型计算机大量使用后逐渐发展起来的，是将各种计算机终端及网络终端设备，通过有线或者无线的传输方式组合而成的网络，用来实现文件共享、远程控制、打印共享、电子邮件服务等功能。其特点是分布距离近、搭建成本低、组网方便灵活、用户数量相对较少、时延低、传输速率快。目前大部分局域网的速率为100 Mb/s，并且在向1 000 Mb/s及更高的速率发展。将多个小型局域网组合起来，就形成了校园网或企业网。小型企业局域网的经典结构组成如图1-27所示。

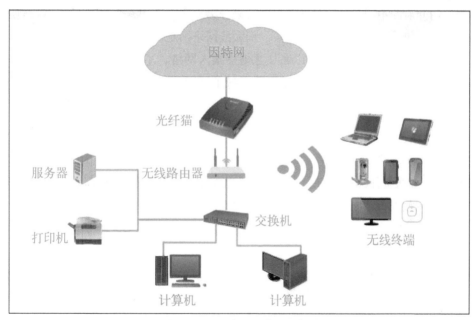

图 1-27 小型企业局域网示意图

3. 城域网

城域网（metropolitan area network，MAN），是介于局域网和广域网之间的一种大范围的高速网络，一般可以覆盖整个城市。城域网可以是一种单一的网络，如有线电视网，也可以是由多个局域网连接起来形成的一个更大规模的网络。城域网通常使用高容量的骨干网技术和光纤链路进行连接。城域网的范围通常为几千米到几十千米，与局域网相比，其范围更广，连接的设备更多，传输效率更高。城域网的组建者主要是大型企业集团、ISP、电信部门等，政府构建的专用或公用网络也属于城域网。

4. 广域网

广域网（wide area network，WAN）的范围非常大，可以覆盖几个城市、一个或几个国家、甚至横跨大洲至全球，距离从几十千米到几千或几万千米。最早的广域网代表就是ARPANET网。广域网的通信子网可以利用公用分组交换网、卫星通信网和无线分组交换网，达到资源共享的目的。广域网的特点是覆盖范围最广、通信距离最远、技术最复杂，当然，建设费用也最高。Internet就是广域网的一种，也是目前世界上最大、最成功的广域网。广域网可利用公共的、租赁的或者私有的通信设备，将这些设备进行组合使用。广域网的数据传输速率较低。鉴于其广阔的地理覆盖范围，维护广域网十分困难，维护费用高昂。

■ 1.2.3 其他分类方法

除了前面介绍的两种常用的分类方法外，网络还可以按照传输介质和网络使用者进行分类。

1. 按照传输介质分类

按照传输介质的不同，可以将计算机网络划分为无线网络和有线网络。有线网络使用的传输介质主要有双绞线、同轴电缆和光纤等。而无线网络则是使用电磁波在空中传播实现数据的传输。无线网络的优点在于用户可以在任意地点接入网络，不受地理位置影响。和有线网络类似，可以按照覆盖范围将无线网络划分为无线个域网、无线局域网、无线城域网和无线广域网。

2. 按照网络使用者分类

按照网络的使用者，可以将计算机网络分为公用网和专用网。公用网，即人们日常使用的、向ISP服务商缴费使用的网络。专用网，即某个部门或行业组织为了满足本单位业务需要而搭建的网络，如银行、电力系统、铁路系统等专用网络；这种网络基于安全性以及保密性的考虑，不对本单位以外的人提供服务。

■ 1.2.4 局域网的分类

局域网是人们日常接触最多的网络，学习网络技术一般都从局域网技术开始。根据局域网组建技术可以将局域网分为以太网、令牌环网、FDDI网、ATM网和无线网。

1. 以太网

以太网是当前使用最多的局域网技术。电气电子工程师协会（Institute of Electrical and Electronics Engineers，IEEE）下辖的IEEE 802.3工作组定义了有线以太网的物理层和数据链路层的介质访问控制技术。以太网通过各种类型的铜缆或光缆在节点和/或基础设施设备（集线器、交换机、路由器）之间建立物理连接。以太网是目前应用最普遍的局域网技术，取代了其他局域网技术，如令牌环、FDDI（fiber distributed data interface，光纤分布式数据接口）和ARCNET等。

以太网又分为经典以太网（使用CSMA/CD的访问控制机制，将在模块3中详细介绍）和交换式以太网（交换机的原理）。按照传输速率，以太网又分为以下几类。

（1）标准以太网

拥有10 Mb/s的速率，最常见的4种类型为10Base5、10Base2、10Base-T和10Base-F，传输介质为粗缆、细缆、双绞线和光纤。目前标准以太网基本已经被淘汰了。

（2）快速以太网

拥有100 Mb/s的速率，采用IEEE 802.3u标准，现在如果看到仅仅标有该标准的网络设备，已没有必要购买。

（3）千兆以太网

拥有1 000 Mb/s的速率，采用IEEE 802.3ab的双绞线标准和IEEE 802.3z的光纤标准。在其上还有采用IEEE 802.3bz标准的、速率可以达到2 500 Mb/s和5 000 Mb/s的千兆以太网。现在购买的千兆以太网设备建议至少支持802.3ab的标准，用户可以到网上查询该设备的具体参数。

（4）万兆以太网

拥有10 Gb/s的速率，采用IEEE 802.3ae标准，需要的用户可以使用符合该标准的网卡、网线等。

2. 令牌环网

令牌环网是IBM公司于20世纪70年代研发的，现在这种网络比较少见。在老式的令牌环网中，数据传输速率为4 Mb/s或16 Mb/s，新型的快速令牌环网速率可达100 Mb/s。令牌环网的传输方法在物理上采用了星形拓扑，但逻辑上仍是环形拓扑结构。由于目前以太网技术发展迅速，而令牌环网因为存在固有缺点，所以在整个计算机局域网中已很少使用。

3. FDDI网

光纤分布式数据接口（FDDI）标准是由美国国家标准协会建立的一套标准，它使用基本令牌的环形体系结构，以光纤为传输介质，传输速率可达100 Mb/s，主要用于高速网络主干线路，能够满足高频宽信息的传输需求。

FDDI的优点：传输介质采用光纤，抗干扰性和保密性好；为保证备份和容错，一般采用双环结构，可靠性高；环的最大长度为100 km，适用场合广；具有大型的包规模和较低的差错率，能够满足宽带应用的要求。但缺点是造价太高，主要应用于大型网络的主干网中。

4. ATM网

ATM是高速分组交换技术，中文名为"异步传输模式"，其基本数据传输单元是信元。在ATM交换方式中，文本、语音、视频等所有数据都被分解成长度固定的信元，信元由一个5字节的元头和一个48字节的用户数据组成，长度为53个字节。

ATM网的优点：ATM网的网络用户可以独享全部频宽，即使网络中增加计算机的数量，传输速率也不会降低；由于ATM数据被分成等长的信元，能够比传统的数据包交换更容易达到较高的传输速率；能够同时满足数据、语音、影像等多媒体数据的传输需求；可以同时应用于广域网和局域网中，无须选择路由，能够极大地提高广域网的传输速率。

5. 无线网

无线局域网是目前最新且最受欢迎的一种局域网，它与传统局域网的主要不同之处就是传输介质不同。传统局域网都是通过有形的传输介质进行连接的，如同轴电缆、双绞线和光纤等，而无线局域网则是采用无线电波作为传输介质的。它摆脱了有形传输介质的束缚，所以这种局域网的最大特点就是自由，只要在网络的覆盖范围内，可以在任何一个地方与服务器及其他工作站连接，而不需要重新铺设电缆。这一特点非常适合移动办公族，无论是在机场、宾馆、酒店或其他场所，只要无线网络能够覆盖到，都可以随时随地连接上无线网络。

无线局域网所采用的是802.11系列标准，它也是由IEEE 802标准委员会制定的。目前这一系列的主要标准有：802.11b（ISM 2.4 GHz，11 Mb/s）、802.11a（5 GHz，54 Mb/s）、802.11g（ISM 2.4 GHz，54 Mb/s）、802.11n（2.4 GHz/5 GHz，600 Mb/s）、802.11ac（2.4 GHz/5 GHz，2.3 Gb/s）、802.11ax（2.4 GHz/5 GHz，10 Gb/s）。802.11ax标准就是现在所说的Wi-Fi 6，普通用户选择主流的802.11ac标准即可，喜欢抢先体验的用户，可以考虑配备Wi-Fi 6的路由器和终端设备。

1.3 计算机网络体系结构与参考模型

在计算机网络的发展过程中，为了解决各大厂商各自为政、网络无法互通的情况，国际标准化组织ISO制定了OSI参考模型，这一参考模型对网络标准化具有重大的理论参考价值。而现实中真正实用的应用模型是TCP/IP参考模型。下面将介绍计算机网络体系结构制定的意义及模型的含义。

1.3.1 计算机网络体系结构简介

计算机网络体系结构是指计算机网络的层次结构模型，它是各层的协议以及层次之间端口的集合。在计算机网络中实现通信必须依靠网络通信模型及其协议。

1. 体系结构的出现

20世纪70年代，网络开始发展，各个计算机厂商都有一套自己的网络体系结构，且互相不兼容，用户在购买时需要考虑很多问题。1977年，ISO提出：应该制定一个标准，按照该标准生产出来的网络产品，就能够互相兼容和通信。经过多年的研究和开发，在1983年最终形成了OSI参考模型及其正式的文件。但在ISO研发标准的过程中，很多网络产品已经投入使用并且遵循各自的规则进行推广，且这些产品能够实现互通，这已经逐渐形成一种事实上的协议。

早在70年代初期，美国国防部高级研究计划局（ARPA）为了实现异种网之间的互联与互通，大力资助网络技术的研究开发工作。ARPANET开始使用的是一种称为网络控制协议（network control protocol，NCP）的协议，随着ARPANET的发展，需要更为复杂的协议。于是，1973年引进了传输控制协议（TCP），之后，在1981年又引入了互联网协议（IP）。1982年，TCP和IP协议被标准化成为TCP/IP协议组，于1983年取代了ARPANET上的NCP协议，且最终形成较为完善的TCP/IP体系结构和协议规范，并被广泛应用于因特网中。而各厂商在等待国际标准期间，发现TCP/IP非常好用，因此都使用了该协议。随着协议的完善以及大量需求的推动，TCP/IP迅速占领了市场，一直到现在。

2. OSI参考模型的固有缺点

OSI参考模型只取得了一些理论研究成果，在市场上输给了TCP/IP协议，其主要问题有以下几点。

- OSI协议没有商业驱动力，而TCP/IP协议与因特网紧密联系，被作为标准进行推广。
- OSI协议实现起来过分复杂且运行效率较低。
- OSI制定周期过长，致使其无法迅速普及，无法与支持TCP/IP协议的设备争夺市场。
- OSI的层次划分中有些功能重复，不利于功能的细化与实现。

3. 网络层次结构模型

计算机网络是一个复杂的系统，为降低设计和实现难度，OSI参考模型采用分层的设计思想，将整个庞大而复杂的问题划分为若干个容易处理的小问题，将整体功能分为几个相对独立的子功能层次，各层次之间进行有机的连接，下层为上层提供必要的功能服务，这就是网络层次结构模型。在OSI中，采用了三级抽象，即体系结构、服务定义、协议规格说明。

OSI模型的分层原则如下：

- 各层的功能及技术实现要有明显的区别，各层要互相独立。
- 每层都应有定义明确的功能。
- 应当选择服务描述最少、层间交互最少的地方作为分层点。
- 层次数量要适当，同时还要根据数据传输的特点，使通信双方形成对等层的关系。
- 对于每一层功能的选择应当有利于标准化。

4. 网络体系结构的一些专业术语

在学习网络体系结构时，需要了解一些专业术语的含义，以便更好地理解网络体系结构。

（1）实体与对等实体

任何可以发送或接收信息的硬件或软件进程称为实体。不同网络设备上位于同一层次、完成相同功能的实体称为对等实体。

（2）协议

网络协议是对等实体之间交换数据或通信时所必须遵守的规则或标准的集合。网络协议有以下三要素。

- **语法**：确定通信双方"如何讲"，定义了数据格式、编码和信号电平等。
- **语义**：确定通信双方"讲什么"，定义了用于协调同步和差错处理等控制信息。
- **时序**：同步规则，确定通信双方"讲话的次序"，定义了速率匹配和排序等。

（3）服务和接口

在网络分层结构模型中，每一层为相邻的上一层所提供的功能称为服务。在同一系统中，相邻两层的实体进行交互的地方通常称为服务访问点，即接口。

（4）服务原语

上层使用下层所提供的服务必须通过与下层交换命令，这些命令被称为服务原语。服务原语包括：

- **请求**：由服务用户发往服务提供者，请求它完成某项工作，如发送数据。
- **指示**：由服务提供者发往服务用户，指示发生了某些事件。
- **响应**：由服务用户发往服务提供者，作为对前面发生的指示的响应。
- **确认**：由服务提供者发往服务用户，作为对前面发生的请求的证实。

（5）服务数据单元、协议数据单元和接口数据单元

服务数据单元（service data unit，SDU），指的是第n层待传送和处理的数据单元。

协议数据单元（protocol data unit，PDU），指的是同层水平方向传送的数据单元。它通常将服务数据单元分成若干段，每一段加上报头，作为单独的协议数据单元在水平方向上传送。

接口数据单元（interface data unit，IDU），指的是在相邻层接口间传送的数据单元，它由服务数据单元和一些控制信息组成。

这里要着重说明服务与协议的区别：协议是"水平的"，控制对等实体之间通信的规则；服务是"垂直的"，由下层向上层通过层间接口提供。

■1.3.2　OSI-RM参考模型

在学习网络时，需要了解OSI参考模型的内容和定义，以方便理解网络的工作原理。

开放式互连参考模型（OSI-RM）是国际标准化组织（ISO）于1983年发布的ISO 7498标准。模型将计算机网络通信协议分为七层，从低到高分别是物理层、数据链路层、网络层、传输层、会话层、表示层和应用层，所以也称OSI七层模型，如图1-28所示。

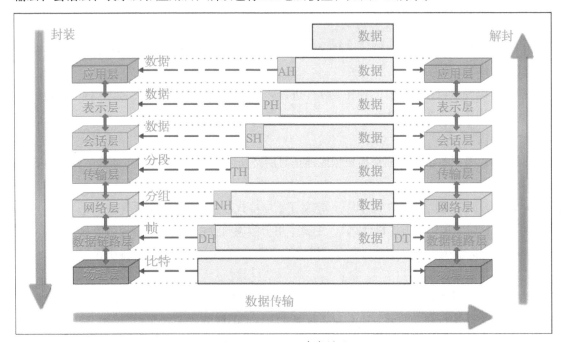

图 1-28　OSI-RM 参考模型

模型中的数据流向是垂直的，由一侧用户发送进程给应用层，再向下一层一层进行转换，到达物理层后，发送给对方。在对方处再从下向上一层一层进行转换，最终到达另一侧用户的进程中。

发送时，数据从上而下，按照每一层的标准对上层交付的数据进行填充或分割成标准数据块后，再加上本层的标识（识别和控制信息），也就是图1-28中各层的AH、PH、SH、TH、NH、DH等头部信息（DT是数据链路层加入的尾部信息），然后交给下一层。而对端的数据会从下而上，在每一层去掉本层的封装，对数据重新组合后，再交给上层做进一步处理。相同层可以互相读懂对方的意思。

现在制订各种网络协议和标准时，都会将OSI参考模型作为基准。下面详细介绍该模型各层的功能。

1. 物理层

按照由下向上的顺序，物理层是OSI模型的第一层，它处于参考模型的最底层。物理层的任务就是利用传输介质为上层（数据链路层）提供物理连接，实现比特流的透明传输。物理层定义了通信设备与传输线路接口的电气特性、机械特性、应具备的功能等。物理层需要考虑诸如如何产生"1""0"的电压大小、变化间隔、电缆如何与网卡连接、如何开始建立链路、如何传输数据、结束后如何撤销连接等问题。物理层负责在数据终端设备、数据通信和交换设备之间完成数据链路的建立、保持和拆除操作。这一层关注的问题大都是机械接口、电气接口、过程接口以及物理层以下的物理传输介质等。

目前典型的物理层协议有EIA/TIA RS232C、EIA/TIA RS449、V.35、RJ-45等。常见的物理层设备有中继器、集线器、调制解调器等。

2. 数据链路层

数据链路层是OSI参考模型中的第二层，介乎物理层和网络层之间。数据链路层在物理层提供服务的基础上向网络层提供服务，该层将源自网络层来的数据按照一定格式分割成数据帧，然后将帧按顺序送出，等待由接收端送回的应答帧。该层的主要任务就是解决两个相邻节点的通信问题。

在数据帧中包含物理地址〔MAC（media access control，媒体访问控制）地址〕、控制码、数据和校验码等信息。该层的主要功能有：

- **数据链路连接**：数据链路连接的建立、拆除、分离。
- **帧定界和帧同步**：数据链路层的数据传输单元是帧。每一帧包括数据和一些必要的控制信息。协议不同，帧的长短和界面也有差别，但无论如何必须对帧进行定界，以及调节发送速率以使其与接收方相匹配。
- **顺序控制**：指对帧的收发顺序的控制。
- **差错检测、恢复、链路标识、流量控制等**：因为传输线路上有大量的噪声，所以传输的数据帧有可能被破坏。差错检测多用方阵码校验和循环码校验来检测信道上数据的误码，而帧丢失等用序号检测。各种错误的恢复则通常靠反馈重发技术完成。

数据链路层的目标就是在两个相连节点之间建立数据链路，把一条可能出错的链路转变成让网络层看起来就像一条不出差错的理想链路，将发送方发送的数据帧可靠地传输到接收方。数据链路层可以使用的协议有同步数据链路控制（synchronous data link control，SDLC）协议、SLIP（serial line internet protocol，串行线路网际协议）协议、点到点协议（point-to-point protocol，PPP）、X.25和帧中继、生成树协议（spanning tree protocol，STP）等。除了网桥外，工作在该层上的交换机被称为"二层交换机"，它是按照存储的MAC地址表进行数据传输的。

3. 网络层

网络层又被称为通信子网层，是通信子网与资源子网的接口，为传输层提供服务，负责解决如何使数据包通过各节点传输，还有管理网络地址、定位设备、决定路由的作用。为大家熟知的IP协议和路由器就是工作在这一层。上层（传输层）的数据段在这一层被分割，封装后叫作包或分组。包有两种：一种叫用户数据包，是上层传下来的用户数据；另一种叫路由更新包，是直接由路由器发出来的，用来和其他路由器进行路由信息的交换。网络层负责对子网间的数据包进行路由选择。网络层的主要作用有：

- **数据包封装与解封**。
- **异构网络互联**：用于连接不同类型的网络，使终端能够通信。
- **路由与转发**：指按照复杂的分布式算法，根据从各相邻路由器所得到的关于整个网络拓扑的变化情况，动态地改变所选择的路由，并根据转发表将用户的IP数据报从合适的端口转发出去。
- **拥塞控制**：获取网络中发生拥塞的信息，利用这些信息进行控制，以避免由于拥塞而出现分组的丢失或是因为严重拥塞而产生网络死锁的现象。

除了IP协议外，该层还有路由信息协议（routing information protocol，RIP）等。除了路由器外，工作在该层的设备还有三层交换机等。

4. 传输层

传输层是一个真正的端到端（即主机到主机）的层。传输层负责将上层数据分段并提供端到端的、可靠或不可靠的透明数据传输。此外，传输层还要处理端到端的差错控制和流量控制问题。传输层的任务是提供建立、维护和取消传输连接的功能，负责端到端的可靠数据传输。该层向上层屏蔽了下层数据通信的细节，使高层用户看起来只是在两个传输实体之间的一条主机到主机的、可由用户控制和设定的、可靠的数据通路。在这一层，信息传送的协议数据单元称为段或报文。通常说的TCP三次握手、四次断开就是在本层完成。

网络层只是根据网络地址将源节点发出的数据包传送到目的节点，而传输层则负责将数据可靠地传送到相应的端口。常见的QoS（quality of service，服务质量）就是这一层的主要服务。

传输层是计算机网络体系中最重要的一层，传输层协议也是最复杂的，其复杂程度取决于网络层所提供的服务类型及上层对传输层的要求。典型的传输层协议有传输控制协议（TCP）、用户数据报协议（user datagram protocol，UDP）等，常见的传输层设备有传输网关等。

5. 会话层

会话层主要管理主机之间的会话进程，即负责建立、管理和终止会话进程。会话层还利用在数据中插入校验点来实现数据的同步。

会话层不参与具体的数据传输，而是利用传输层提供的服务，在本层提供会话服务（如访问验证）、会话管理和会话同步等功能以及建立和维护应用程序间通信的机制。最常见的服务器验证用户登录便是由会话层完成的。另外，本层还提供单工（simplex）、半双工（half duplex）、全双工（full duplex）三种通信模式的服务。

会话层服务包括会话连接管理服务、会话数据交换服务、会话交互管理服务、会话连接同步服务和异常报告服务等。会话服务过程可分为会话连接建立、报文传送和会话连接释放三个阶段。

6. 表示层

上述五层主要关注的是如何传输数据，而表示层主要处理流经端口的数据代码的表示方式问题。表示层的作用之一是为异种机通信提供一种公共语言，以便能进行相互操作。之所以需要这种类型的服务，是因为不同的计算机体系结构使用的数据表示法不同。例如，IBM主机使用EBCDIC编码（extended binary coded decimal interchange code，扩展二进制编码的十进制交换码），而大部分PC机使用的是ASCII码（American standard code for information interchange，美国信息交换标准码），所以便需要在本层完成这种转换。表示层主要包括如下服务。

- **数据表示**：解决数据语法表示问题，如文本、声音、图形图像的表示，确定数据传输时的数据结构。
- **语法转换**：为使各个系统间交换的数据具有相同的语义，应用层采用的是对数据进行一般结构描述的抽象语法。表示层为抽象语法指定一种编码规则，从而构成一种传输语法。
- **语法选择**：传输语法与抽象语法之间是多对多的关系，一种传输语法可对应于多种抽象语法，而一种抽象语法也可对应于多种传输语法。所以，传输层应能根据应用层的要求，选择合适的传输语法传送数据。对传送信息加密、解密也是表示层的任务之一。
- **连接管理**：利用会话层提供的服务建立表示连接，并管理在这个连接之上的数据传输和同步控制，以及正常或异常地释放这个连接。

7. 应用层

应用层是OSI参考模型的最高层，是用户与网络的接口，用于确定通信对象，并确保有足够的资源用于通信。应用层为操作系统或网络应用程序提供访问网络服务的接口，应用层向应用程序提供服务。这些服务按其向应用程序提供的特性分成组，被称为服务元素。有些可为多种应用程序共同使用，有些则为较少的一类应用程序使用。应用层是OSI的最高层，是直接为应用进程提供服务的，它的作用是在实现多个系统应用进程相互通信的同时，完成一系列业务处理所需的服务。

应用层通过支持不同应用协议的程序来解决用户的应用需求，如常用的文件传送协议（file transfer protocol，FTP）、超文本传送协议（HTTP）、域名系统（domain name system，DNS）等。

■1.3.3 数据的传输过程

在OSI-RM参考模型中，数据的传输过程如下：

① 发送端主机中某程序的应用进程将数据交给应用层，并在应用层加上所使用的协议的标记，以便接收方的应用层知道使用什么软件来处理该数据。应用层的数据称为应用层协议数据单元（application PDU，APDU）。应用层对数据进行处理后交给表示层。

② 表示层对数据按照标准进行格式转换，并使用双方都能识别的编码处理数据。表示层的数据称为表示层协议数据单元（presentation PDU，PPDU）。表示层将处理后的数据交给会话层。

③ 会话层会在两主机之间建立一条用户传输该数据的会话通道，并监视连接状态，直到完成数据同步工作才断开通道。会话层数据称为会话层协议数据单元（session PDU，SPDU）。

④ 传输层为了保证数据传输的可靠性，会对数据进行必要的处理差错校验、确认、重传等。传输层传输的数据单元称为段。

⑤ 网络层对数据段进行再次封装，添加双方的IP地址，并为每个分组找到一条到达接收方的最优路径。网络层传输的数据单元称为分组。

⑥ 数据链路层再次对分组进行封装，添加设备的介质访问控制地址（MAC地址）后，将其交给物理层。数据链路层传输的数据单元称为帧。

⑦ 物理层将数据帧转换为比特流，在不同的传输介质中，通过不同的信号（光信号或电磁波），将其传输到接收端。接收端接收后，会按照相反的步骤，去掉各层的封装信息，完全解封后，交给接收端的对应进程进行处理，整个传输过程完成。

每两层之间，上层叫服务用户，下层叫服务提供者。下层通过一个服务接入点为上层提供服务，上层也可以通过该接入点要求下层为其提供服务。

■1.3.4 TCP/IP参考模型

TCP/IP参考模型是在TCP/IP协议的基础上总结、归纳而来，该模型以其中最主要的传输控制协议（TCP）和互联网协议（IP）而命名，可以说TCP/IP模型是OSI模型的应用实例。OSI模型虽然概念清楚、理论完整，但非常复杂，没有实际应用的协议和具体的操作手段，所以更像是一种指导意见。TCP/IP参考模型则不同，它是在TCP/IP协议成功应用后，不断调整、完善并进行归纳和总结，具有现实的参考意义。需要注意的是，TCP/IP参考模型不适用于非TCP/IP网络。

TCP/IP参考模型是一个四层协议的体系结构，自下而上分别是网络接口层、网络层、传输层和应用层。TCP/IP体系结构为了将不同的网络互联，其网络接口层并没有规定具体内容，没有设计底层的网络技术。为了学习完整体系，一般采用一种折中的方法，综合OSI模型与TCP/IP参考模型的优点，采用一种原理参考模型，也就是TCP/IP五层原理参考模型。TCP/IP四层及五层模型与OSI模型的关系如图1-29所示。

在TCP/IP四层或五层模型中，相当于将OSI参考模型的应用层、表示层和会话层合并形成了新的应用层。四层模型将数据链路层和物理层合并成网络接口层，为了方便研究原理，在五层模型中，又将其分成了数据链路层和物理层，并且这两层的功能与OSI参考模型对应层次的功能一致。

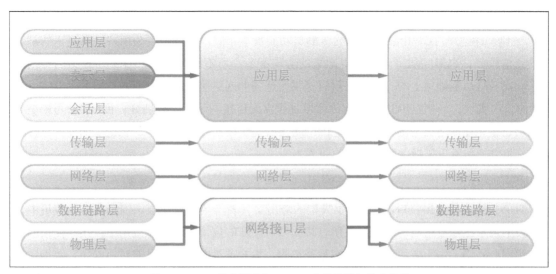

图 1-29　OSI 参考模型与 TCP/IP 参考模型之间的关系

在TCP/IP四层模型中，各层有各层的功能与作用。

1. 网络接口层

对应OSI模型中的数据链路层和物理层，TCP/IP参考模型的网络接口层实际上并没有真正定义，只是一些概念性的描述。而OSI参考模型不仅分了两层，并且每一层的功能都描述得很详尽，甚至在数据链路层又分出一个介质访问子层，专门解决局域网的共享介质问题。

TCP/IP模型完全撇开了网络的物理特性，它把任何一个能传输数据分组的通信系统都看作网络，这种网络的对等性大大简化了网络互联技术的实现。但实际上TCP/IP模型并未定义该层的协议，所以可以理解为支持所有标准和专用的协议，其中的网络可以是局域网、城域网或广域网。因此从这个角度来说，TCP/IP实际上只有三层。

2. 网络层

TCP/IP参考模型的网络层和OSI参考模型的网络层在功能上非常相似，其功能主要包含三个方面。

- 处理来自传输层的分组发送请求，收到请求后，将分组装入IP数据报，填充报头，选择去往目的地的路径，然后将数据报发往适当的网络接口。
- 处理输入数据报。首先检查其合法性，然后进行寻径：假如该数据报已到达目的主机，则去掉报头，将剩下部分交给相关的传输协议；假如该数据报尚未到达目的主机，则转发该数据报。
- 处理路径、流控、拥塞等问题。

该层的协议包括互联网协议（IP）、互联网组管理协议（internet group management protocol，IGMP）和互联网控制报文协议（internet control message protocol，ICMP）。IP协议是网络层最重要的协议，它提供了一个可靠的、无连接的数据传递服务。

3. 传输层

OSI参考模型与TCP/IP参考模型的传输层功能基本相似，都是负责为用户提供真正的端对端的通信服务，也对高层屏蔽了底层网络的实现细节。所不同的是TCP/IP参考模型的传输层是建立在网络层基础之上的，而网络层只提供无连接的网络服务，所有面向连接的功能完全在TCP协议中实现。当然TCP/IP模型的传输层也提供无连接的服务，如UDP；而OSI参考模型的传输层是建立在网络层基础之上的，它的网络层既提供面向连接的服务，也提供面向无连接的服务，但它的传输层只提供面向连接的服务。

4. 应用层

TCP/IP协议的应用层对应OSI七层模型的应用层、表示层、会话层，因为在实际应用中，所涉及的表示层和会话层功能较弱，所以将其归入了新的应用层。实际应用中，用户使用的都是应用程序，均工作于应用层。互联网是开放的，用户都可以开发自己的应用程序，数据也多种多样，所以必须规定好数据的组织形式，而应用层的功能就是规定应用程序的数据格式。

为了从实用角度完整地学习计算机网络的原理，从下一模块开始会按照TCP/IP五层参考模型向读者介绍相关内容。

■1.3.5　两种参考模型的比较

TCP/IP参考模型与OSI参考模型有不少共同点，但在某些方面也有很大的区别。

1. 共同点

两者的共同点如下：

① 两者都以协议栈概念为基础，并且协议栈中的协议彼此相互独立。

② 两个模型中各层的功能大致相似。

③ 在这两个模型中，传输层之上的各层都是传输服务的用户，并且是面向应用的。

2. 不同点

两者的不同点如下：

① OSI参考模型的最大贡献在于明确区分了三个概念：服务、接口和协议。而TCP/IP模型并没有明确区分服务、接口和协议。因此OSI参考模型中的协议比TCP/IP模型中的协议具有更好的隐蔽性，当技术发生变化时OSI参考模型中协议更容易被新协议所替代。

② OSI参考模型在协议发明之前就已经出现了，这种顺序关系意味着OSI模型不会偏向于任何一组特定的协议，这个事实使得OSI模型更具有通用性。但这种做法也有缺点，就是设计者在这方面没有太多经验，因此对于每一层应该设置哪些功能没有特别好的想法。例如，数据链路层最初只处理点到点网络，当广播式网络出现后，必须在模型中嵌入一个新的子层。而且，当人们使用OSI模型和已有协议来构建实际网络时，才发现这些网络并不能很好地满足所需的服务规范，因此不得不在模型中加入一些汇聚子层，以便提供足够的空间来弥补这些差异。

TCP/IP参考模型却正好相反，它是先有协议，TCP/IP参考模型只是已有协议的一个描述而已。因此毫无疑问，协议与模型高度吻合，而且两者结合得非常完美。唯一的不足在于TCP/IP模型并不适合任何其他协议栈。因此，要想描述其他非TCP/IP网络，该模型并不适用。

③ 从两个模型的基本思路转到更为具体的层面上来，它们之间一个很明显的区别是有不同的层数：OSI模型有七层，而TCP/IP模型只有四层。它们都有网络层、传输层和应用层，TCP/IP模型中没有专门的表示层和会话层，它将与这两层相关的表达、编码和会话控制等功能都整合到了应用层中去完成。

④ 两者在无连接和面向连接的通信领域的特点有所不同。OSI模型在网络层支持无连接和面向连接的两种服务，而在传输层仅支持面向连接的服务。TCP/IP模型在网络层则只支持无连接的一种服务，但在传输层支持面向连接和无连接两种服务。

TCP/IP一开始就考虑到多种异构网的互联问题，将互联网协议（IP）作为TCP/IP的重要组成部分，并且作为从因特网上发展起来的协议，已经成了网络互联的事实标准。但是，目前还没有实际网络是建立在OSI七层模型基础上的，OSI仅仅作为理论的参考模型被广泛使用。

课后作业

一、单选题

1. 从逻辑层面，计算机网络由资源子网与（   ）组成。

    A. 设备子网　　　　B. 逻辑子网　　　　C. 通信子网　　　　D. 物理子网

2. 世界范围内最大的互联网是（   ）。

    A. 因特网　　　　　B. 以太网　　　　　C. 广域网　　　　　D. 万维网

二、多选题

1. 时延包括（   ）。

    A. 处理时延　　　　B. 排队时延　　　　C. 发送时延　　　　D. 传播时延

2. 根据网络覆盖范围，可以将计算机网络划分为（   ）。

    A. 个域网　　　　　B. 局域网　　　　　C. 城域网　　　　　D. 广域网

3. 网络协议的三要素包括（   ）。

    A. 语法　　　　　　B. 语速　　　　　　C. 语义　　　　　　D. 时序

三、简答题

1. 简述计算机网络的功能。
2. 简述计算机网络发展的四个阶段。
3. 简述计算机网络按照拓扑结构可以划分为哪些结构。
4. 简述局域网的分类。
5. 简述OSI-RM参考模型及其各层功能。
6. 简述TCP/IP参考模型及其各层功能。

◎ 配套学习资料
◎ 网络原理详解
◎ 理论与实践课
◎ 网络安全专讲

即刻学习

模块 2

物理层详解

内容概要

    在学习TCP/IP参考模型时，为了更好地理解原理，一般是按照TCP/IP五层参考模型进行介绍，所以第一层就是物理层，与OSI参考模型的第一层一致。在物理层中，涉及传输介质、数据通信基础、编码与调制、数据交换技术、信道复用技术等。本模块对这些知识点进行详细介绍。

知识要点

- 物理层的功能及特性。
- 物理层的传输介质。
- 数据交换技术。
- 信道复用技术。
- 宽带接入技术。

2.1 物理层简介

物理层是OSI参考模型和TCP/IP五层参考模型的最底层，也是整个开放系统的基础。在物理层中，主要研究的是设备的各种特性和如何完成相邻节点之间比特流的传输。

■2.1.1 物理层的功能

物理层的主要功能是完成相邻节点之间比特流的传输，为设备之间的数据通信提供传输媒体，提供可靠的传输环境。物理层主要解决的问题有：只考虑完成本层的协议和服务；尽可能屏蔽物理设备和传输媒体，使数据链路层感觉不到这些差异，给其服务用户（数据链路层）在一条物理的传输媒体上传送和接收比特流（一般为串行按顺序传输的比特流）的能力。为此，物理层应该解决物理连接的建立、维持和释放问题；在两个相邻系统之间唯一地标识数据链路的问题。基于这些，物理层需具备以下主要功能。

1. 提供数据传输通道

为数据端设备提供传送数据的通道，数据通道可以是一个物理媒体，也可以是由多个物理媒体连接而成。一次完整的数据传输，包括激活物理连接、传送数据和终止物理连接。所谓激活物理连接，就是不管有多少物理媒体参与，都要在通信的两个数据终端设备间连接起来，形成一条通路。

2. 信号调制及转换

对信号进行调制及转换，让设备中的数字信号（比特流）定义能够与传输介质上传送的信号（如电信号、光信号、电磁波信号等）相匹配，使这些信号可以通过有线信道或无线信道进行传输。

3. 传输数据

物理层要形成适合数据传输需要的实体，为数据传送服务。一是要保证数据能在其上正确通过，二是要提供足够的带宽，以减少信道上的拥塞。传输数据的方式能满足点到点、一点到多点、串行或并行、半双工或全双工、同步或异步传输的需要。

4. 提供服务

实现比特流的透明传输，并为其上层（即数据链路层）提供服务。由于物理层的设备种类非常多，通信方式也不同，物理层要做的就是尽可能屏蔽这些差异，做到透明传输，让数据链路层感受不到差异，从而可更专注于本层的协议与服务。同时，物理层也执行一些管理工作。

■2.1.2 物理层的特性

物理层主要研究的是设备的机械特性、电气特性、功能特性和过程特性，按照这些标准生产的不同厂家的网络设备之间就可以相互连接和通信。

1. 机械特性

机械特性又称为物理特性，指通信实体之间硬件连接接口的机械特点。具体研究的内容包括：物理接口（插头与插座）是什么样子，也就是形状和尺寸；有多少插针，插孔插针芯的数量、排列方式；每个插针的作用；有多少引线，如何排列；固定和锁定装置的形式等。例如，常见的网线接口RJ-45，如图2-1所示；RS-232的接口，如图2-2所示。如果要传输数据，必须要按照标准确定相关参数。

图 2-1　RJ-45 接口

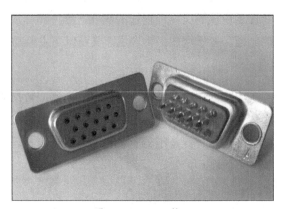

图 2-2　RS-232 接口

2. 电气特性

电气特性是指通信实体之间硬件接口的各根导线的电气连接及有关电路的特征。具体内容包括收发器的电路特征说明、信号电压范围、信号间隔和持续时间、信号强度控制、最大传输速率的说明、与电缆互连有关的规则、收发器输入输出抗阻等电气参数。

3. 功能特性

功能特性是指通信实体间硬件连接接口的各信号线的用法和用途。例如，各信号线的作用，如何建立及终止发送过程，信号能否实现双向传输等。接口信号线一般可以分为接地线、数据线、控制线、定时线等。

4. 过程特性

过程特性也叫规程特性，主要指通信实体之间硬件连接接口中各信号线之间的工作过程与时序的关系。接口信号线的过程特性指明了利用接口传输比特流的操作过程及各项用于传输事件发生的合法顺序，包括事件的执行顺序、各信号线的工作顺序和时序以及数据传输方式等，从而实现比特流通过接口在通信实体之间的稳定传输。

2.2 物理层的传输介质

物理层常见的传输介质包括了导向型传输媒体（固体媒体），如同轴电缆、双绞线、光纤等，以及非导向型传输媒体（自由空间），如无线电波、激光、微波等。关于非导向型传输媒体将在介绍无线网络时详细阐述，下面主要介绍导向型传输媒体的作用及特点。

2.2.1 同轴电缆

同轴电缆，最早用于局域网，如总线型网络中。同轴电缆本身由中间的铜制导线（也叫内导体）、外面的导线（也叫外导体），以及两层导线之间的绝缘层和最外面的保护套组成。有些外导体做成了螺旋缠绕式，如图2-3所示，叫作漏泄同轴电缆；有些做成了网状结构，且在外导体和绝缘层之间使用了铝箔进行了隔离，如图2-4所示，这就是常见的射频同轴电缆。

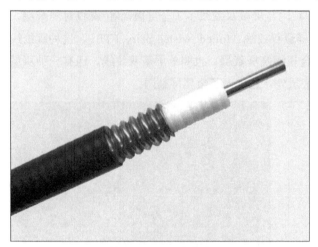
图 2-3 漏泄同轴电缆

图 2-4 射频同轴电缆

另外，同轴电缆的两端需要有终结器，一般使用50 Ω或者75 Ω的电阻连接内、外导体。同轴电缆分为基带同轴电缆和宽带同轴电缆。宽带同轴电缆主要用于高带宽的数据通信，支持多路复用，一般用于有线电视的数据传输。而以前局域网中通常使用的是50 Ω的基带同轴电缆，速率基本上能达到10 Mb/s。

同轴电缆可以传递数字及模拟信号，在2000年左右，同轴电缆在局域网中的使用达到了历史最高峰。但由于总线型网络的固有缺点以及成本因素，同轴电缆逐渐淡出了局域网领域，被双绞线所代替。现在，随着无线通信产业的发展，以及各行各业对于移动信号的要求不断提高，移动通信信号覆盖范围逐渐扩大。在基站的扩增中，同轴电缆起到了关键作用，尤其是漏泄同轴电缆，因兼具射频传输线及天线收发的双重功能，主要应用于无线传输受限的地铁、铁路隧道以及大型建筑的室内。另外在监控领域，同轴电缆可以作为音视频传输载体，应用也非常广泛。有些音频线也使用了同轴电缆，这种音频线叫作同轴音频线，用来传输模拟信号。

■2.2.2 双绞线

双绞线俗称网线，是最常使用的传输介质。拆开双绞线可以发现，双绞线由8根具有不同颜色绝缘保护层的铜导线组成，它们根据颜色两两缠绕，分为4组。这样，每一根导线在传输过程中所产生的电波会被另一根上发出的电波所抵消，还可以有效抵御部分来自外界的信号干扰。双绞线被广泛应用于局域网中，用来传输网络信号。

双绞线既可以传输模拟信号，也可以传输数字信号。对于模拟信号，在传输距离过大时，需要添加放大器将衰减的信号放大到合适程度。对于数字信号，则应使用中继设备，以便对失真信号进行整形。

1. 非屏蔽双绞线与屏蔽双绞线

最常见的双绞线叫作非屏蔽双绞线（unshielded twisted pair，UTP），如图2-5所示，而常见的屏蔽双绞线（shielded twisted pair，STP）比非屏蔽双绞线多了全屏蔽层和/或线对屏蔽层，如图2-6所示。屏蔽双绞线中常见的是铝箔屏蔽双绞线（foiled twisted pair，FTP），这种双绞线是在内部双绞线与外层绝缘层之间有一层金属铝箔屏蔽层，也叫单屏蔽双绞线。还有一种双层屏蔽双绞线，这种双绞线除了金属铝箔屏蔽层外，还加入了金属屏蔽网。

图 2-5　非屏蔽双绞线

图 2-6　屏蔽双绞线

屏蔽层可减少辐射，防止信息被窃听，也可阻止外部电磁干扰，使屏蔽双绞线比同类的非屏蔽双绞线具有更高的传输速率和更低的误码率。但屏蔽双绞线的价格较贵，安装也比非屏蔽双绞线困难，通常用于电磁干扰严重或对传输质量和速度要求较高的场合。现在比较常见的就是铝箔屏蔽或者金属编织网屏蔽，或者双屏蔽，一般在室外使用。

需要注意的是，屏蔽只在整个电缆均有屏蔽装置且两端正确接地的情况下才起作用。如果要求整个系统全部是屏蔽器件，包括电缆、插座、水晶头和配线架等，则建筑物需要有良好的地线系统。如果网卡、水晶头、模块、交换机、路由等全部都带屏蔽，那么只要有一个地方接地了，整个系统就都接地了。但是，在实际施工时很难全部完美接地，从而使屏蔽层本身成为最大的干扰源，甚至导致性能远不如非屏蔽双绞线。因此，除非有特殊需要，一般在综合布线系统中只采用非屏蔽双绞线。

2. 双绞线的分类

根据频率和信噪比，双绞线可以分成多种。以前的一类到五类双绞线已经被淘汰了，现在常见的双绞线种类、特性及其应用领域介绍如下：

（1）超五类网线

超五类网线是现在使用范围最广的一类双绞线，超五类网线的裸铜芯直径在0.45～0.51 mm，外皮上会印有"CAT5e"的字样，传输频率为100 MHz，带宽最大可达1 000 Mb/s。与五类网线相比较，它具有衰减小，串扰少，并且有更高的衰减与串扰的比值和信噪比，有更小的时延误差，性能有很大提升。超五类网线也分为屏蔽和非屏蔽两类，常见的非屏蔽超五类网线如图2-7所示，网线使用的水晶头如图2-8所示。

一般所说的"水晶头"，指的是网线的连接接头，俗称为"水晶头"，其专业术语为RJ-45连接器（常简写为RJ-45），属于网线的标准连接部件。此外，电话线使用的双芯水晶头的专业术语为RJ-11连接器。

超五类网线现在应用比较广，在家庭或者中小企业的网络环境中比较常见，因为性价比高，一般应用在不超过100 m的短距离的终端连接上。超五类网线的带宽最高可以达到1 000 Mb/s，在线材质量较好、应用范围不太大时可以达到该标准，但从稳定性上考虑，其默认带宽为100 Mb/s。如果组建千兆局域网，除了线材本身要达到标准，还要使用规范的水晶头，以及全千兆口的交换机，还有千兆的网卡。千兆仅限于局域网传输，访问外网不会变快，也没有太大的优势。

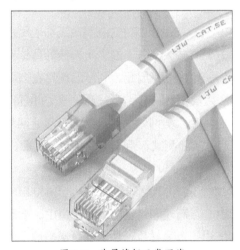

图 2-7　非屏蔽超五类网线

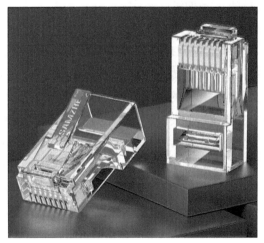

图 2-8　水晶头

（2）六类网线

六类网线从外观上更加扎实，而且比超五类线要粗很多。这是因为六类网线的线芯使用的是0.56～0.58 mm直径的铜芯，且六类网线在内部增加了十字骨架，十字骨架会随着线缆长度而旋转角度，十字骨架将4对线缆进行了分隔，主要是为了解决串扰问题。六类网线的外皮一般有"CAT.6"的字样。六类网线的传输频率为250 MHz，适用于传输速率高于1 Gb/s的网络，主要适用于千兆位以太网（1 000 Mb/s）的布线。一般千兆网络的布线，建议选用六类及六类以上的网线。六类非屏蔽网线如图2-9所示。

六类网线的水晶头中的线并不像五类及超五类那样，8根线是一排的，而是四高四低，如图2-10所示。这是由于六类线比五类线要粗一些，加上绝缘层的厚度，如果还是按照一排进行设计，会发生穿不进线孔或出现穿错的情况，因此在设计上使用了上下分层穿线。当然，除了四高四低这种标准的水晶头，也有二高六低的水晶头。为了方便穿线，还增加了分线模块的小工具。按照标准套入网线，然后再放入水晶头中，使用专用的压线钳压制即可。

图 2-9 六类非屏蔽网线

图 2-10 六类网线水晶头

（3）超六类网线

超六类网线是六类网线的改进版，同样是ANSI/EIA/TIA-568B.2和ISO 6类/E级标准中规定的一种非屏蔽双绞线电缆，在串扰、衰减和信噪比等方面有较大改善。超六类网线的传输频率是600 MHz，最大传输速率可达到10 000 Mb/s，也就是10 Gb/s，因此，它可以应用在万兆网络中。超六类网线的标识为"CAT6A"。超六类网线和六类网线一样，也分为屏蔽与非屏蔽两类，它主要应用于大型企业等需要高速应用的场所，它将和六类网线一并成为未来高速网络布线的主要线材。六类网线也可以达到万兆带宽，但是经过实际测试，距离上最多50 m左右。

（4）七类网线

从七类网线开始，只有屏蔽双绞线，没有非屏蔽双绞线了。七类网线传输频率为1 000 MHz，传输速率为10 Gb/s，最远为100 m，主要应用在数据中心、高速和带宽密集型应用中。七类网线使用的屏蔽水晶头和非屏蔽水晶头的区别就是前者使用了金属材质，便于屏蔽层接地，而且带有固定屏蔽层的燕尾夹，也叫"燕尾夹水晶头"。

（5）八类网线

八类网线是目前最新的一种网线，传输频率可达2 000 MHz，传输速率有25 Gb/s和40 Gb/s两种，最大距离只有30 m，现在应用并不广泛，主要还是在部分数据中心使用。建议七类及八类网线购买成品跳线或者购买免打水晶头。

免打水晶头也叫免压水晶头，如图2-11所示，不需要压线钳，只需要按照标签排好线序，插入模块，剪去多余网线，然后放入卡槽，盖上盖子就可以使用了。如果需要，可以使用扎带进行固定即可，并且可以重复使用。

除了免打水晶头外，还有穿孔式水晶头，如图2-12所示。穿孔式水晶头主要用在超五类及六类网线中，主要也是为了防止新手制作水晶头时会发生接触不良、排序排错、线芯插不到底的情况。

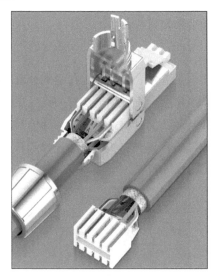

图 2-11　免打水晶头

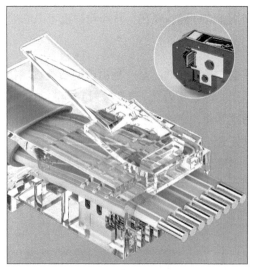

图 2-12　穿孔式水晶头

3. 双绞线的线序

由于TIA（Telecommunications Industry Association，美国电信工业协会）和ISO两大组织经常进行标准制定方面的协调，所以TIA和ISO颁布的标准差别不是很大。在北美，乃至全球，在双绞线标准中应用最广的是ANSI/EIA/TIA-568A和ANSI/EIA/TIA-568B（实际应为ANSI/EIA/TIA-568B.1，简称为T568B）。最常使用的就是T568B标准，该标准规定的线序为：橙白-橙-绿白-蓝-蓝白-绿-棕白-棕。而T568A不太常用，一般与T568B对应，作为制作交叉线时使用，其规定的线序为：绿白-绿-橙白-蓝-蓝白-橙-棕白-棕。两种线序如图2-13所示。

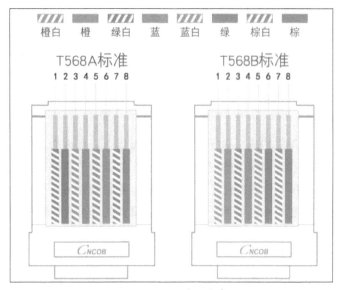

图 2-13　双绞线的线序

■2.2.3 光纤

光纤是另一种最常见的传输介质，用于光纤通信。在早期主要用于互联网主干线路中。随着网络的发展和运营商设备的升级换代，光纤经历了光纤到路边、光纤到大楼、光纤到户、甚至光纤到桌面的过程。现在，普通用户也可以享受光纤带来的高速网络。

1. 光纤简介

光纤也称光导纤维，是一种由透明石英玻璃拉丝制成的纤维，可作为光传导的介质。传输的原理是"光的全反射"。当光线射到内芯和包层界面的角度大于产生全反射的临界角时，光线无法透过界面，全部反射，从而实现光线的最大距离传输。光纤传输的是光脉冲信号，在发送端通过发光二极管或半导体激光器作为光源，在接收端使用发光二极管作为光检测器，将光脉冲信号还原为电脉冲信号。普通的光纤结构及组成如图2-14所示。

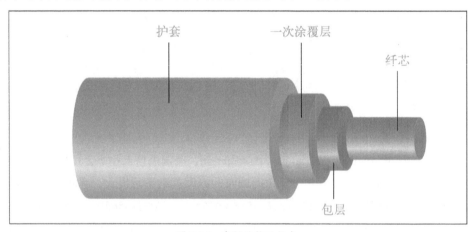

图 2-14　光纤结构及组成

- **纤芯**：为折射率较高的玻璃材质，直径在5～75 μm。
- **包层**：为折射率较低的玻璃材质，直径为0.1～0.2 mm，是实现光线全反射的主要结构层。
- **一次涂覆层**：主要用于保护裸纤，在其表面上涂抹一种材质，厚度一般为30～150 μm。该层主要保护光纤表面不受潮湿气体侵蚀和外力擦伤，赋予光纤提高抗微弯性能，降低光纤的微弯附加损耗功能。
- **护套**：用于保护光纤。

纤芯、包层和一次涂覆层构成了裸纤。在一次涂覆层上，可再加入缓冲层及二次被覆，二次被覆可提高光纤抗纵向和径向应力的能力，方便光纤加工。二次被覆一般分为松套被覆和紧套被覆两大类。紧套被覆所制作的紧包光纤，外径标称通常为0.6 mm和0.9 mm两种，是制造各种室内光缆的基本元件，也可单独使用。二次被覆的紧套光纤可直接制作尾纤以及各种跳线，用于各类光有源或无源器件的连接、仪表和终端设备的连接等，如图2-15所示。

光缆，是一定数量的光纤按照一定防护标准组成缆芯，外包有护套，有的还包覆外护层，用以实现光信号远距离传输的一种通信线路，其内部结构如图2-16所示。

图 2-15　光纤跳线

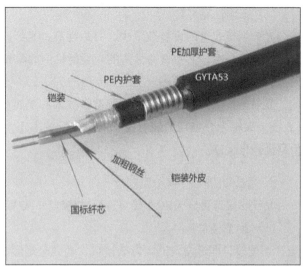

图 2-16　光缆内部结构

2. 光纤的优势

光纤的主要优势如下所述。

（1）容量大

光纤工作频率比电缆的工作频率高出8～9个数量级，多模光纤的频带约几百兆赫兹，好的单模光纤可达10 GHz以上。

（2）损耗低

在同轴电缆组成的系统中，最好的电缆在传输800 MHz信号时，每千米的损耗都在40 dB以上。相比之下，光纤的功率损耗要小一个数量级以上，这样能传输的距离要远得多，而且其损耗几乎不随温度变化而变化，不用担心因环境温度变化造成干线电平的波动。

（3）质量轻

因为光纤非常细，单模光纤芯线直径一般为4～10 μm，外径也只有125 μm，加上防水层、加强筋、护套等，用4～48根光纤组成的光缆的直径还不到13 mm，比标准同轴电缆的直径47 mm要小得多，加之光纤是玻璃纤维，密度小，因此具有直径小、质量轻、安装方便的特点。

（4）抗干扰能力强

光纤的基本成分是石英，只传光，不导电，不受强电、电气信号、雷电等干扰，并且在其中传输的光信号不受电磁场的影响，故光纤传输对电磁干扰、工业干扰有很强的抵御能力。也因为如此，在光纤中传输的信号不易被窃听，利于保密。

（5）节能环保

一般通信电缆要耗用大量的铜、铅或铝等有色金属。光纤本身是非金属，光纤通信的发展将为国家节约大量有色金属资源。

（6）工作性能可靠

光纤系统包含的设备数量少，可靠性高，光纤设备的工作寿命都很长，无故障工作时间达50万～75万小时，其中寿命最短的光发射机中的激光器的最低工作寿命也在10万小时以上。

（7）成本不断下降

光通信技术的发展，为因特网宽带技术的发展奠定了非常好的基础。由于制作光纤的材料（石英）来源十分丰富，随着技术的进步，成本还会进一步降低；而电缆所需的铜原料有限，价格会越来越高。

3. 光纤的接口

光纤的接口可分为SC型接口、LC型接口、FC型接口和ST型接口。

（1）SC型接口

SC型接口即通常说的大方头接口，外壳呈矩形，如图2-17所示。该接口采用了插拔销闩式的紧固方式，不需要旋转，插拔操作很方便，而且介入损耗波动较小，具有抗压强、安装密度高等优点，这种接口在光纤收发器中较为常见。

（2）LC型接口

LC型接口即通常说的小方头接口，如图2-18所示。它采用模块化插孔（RJ）闩锁的紧固方式，即插即用，是当下最为流行的一种光纤接口（跳线）。它能有效地减少空间的使用，适合高密度连接，这种接口一般在光模块中较为常见。

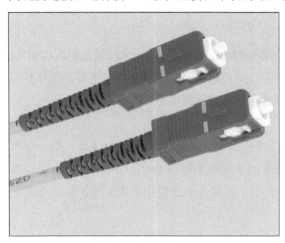

图 2-17　SC 型接口

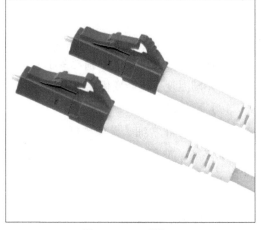

图 2-18　LC 型接口

（3）FC型接口

圆旋头接头即FC型接口，如图2-19所示。FC型接口采用螺丝扣的紧固方式，外部加强方式又采用金属套，插入设备后较为牢固，连接器不容易脱落，这种接口一般在光纤配线架上使用。

（4）ST型接口

卡接式圆型接头即ST型接口，如图2-20所示。卡接式圆型接头外壳呈圆形，紧固方式为螺丝扣。

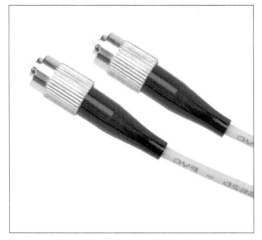

图 2-19　FC 型接口

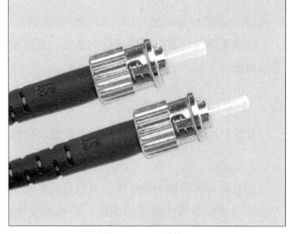

图 2-20　ST 型接口

4. 单模与多模光纤

按照传输模式进行分类，光纤可以分为单模光纤与多模光纤。

单模光纤是指在工作波长中，单根光纤只能传输一种传播模式的光纤。单模光纤纤芯小于10 μm，色散小，一般用于远距离传输。单模光纤通常使用波长为1 310 nm或者1 550 nm的光，传播模式如图2-21所示。单模光纤的外护套一般为黄色，连接头一般为蓝色或绿色。

单根可以同时传输多个模式的光纤称为多模光纤。多模光纤纤芯直径为50/62 μm，光在其中按照波浪形传播，传输模式可达几百个，传播模式如图2-22所示。多模光纤使用的光波长为850 nm或1 310 nm。多模光纤的外护套一般为橙色，万兆为水蓝色，连接头多为灰白色。

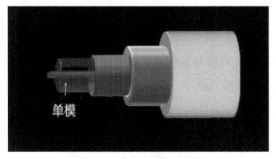

图 2-21　单模光纤传播模式

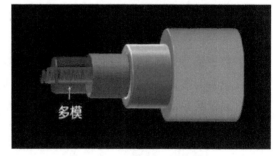

图 2-22　多模光纤传播模式

单模光纤用于高速、长距离的数据传输，损耗极小，而且非常高效，但需要激光源，成本较高。单模光纤速率在100 Mb/s或1 Gb/s，传输距离可达5 km以上。

相比较来说，多模光纤适合短距离、速率要求相对低的情况，成本较低。多模光纤聚光性好，但耗散较大。在10 Mb/s及100 Mb/s的以太网中，多模光纤最长可支持2 000 m的传输距离，而在速率达1 Gb/s的千兆网中，多模光纤最高可支持550 m的传输距离。

2.3　数据通信基础

数据通信是计算机网络通信的基础，在了解数据传输技术前，需要先了解数据通信的一些基本概念。

■2.3.1　信息、数据与信号

计算机网络组建的目的之一就是数据的传输，这就涉及信息、数据和信号的相关知识。

1. 信息

信息是对客观事物的反映，可以是对物质的形态、大小、结构、性能等的描述，也可以是对物质与外部世界的联系的描述，泛指人类社会传播的一切内容。信息的载体包括语音、文字、图形、图像、数字等。

2. 数据

数据是对客观事物的一种符号表示，在计算机科学中，数据是指所有能输入到计算机中进行存储并能被计算机程序处理的内容的总称。数据是运送信息的实体。

3. 信号

信号是数据在各种传输介质中传输的物理表示形式，如电信号、光信号、电磁信号等。只有将数据转换成信号，才能在传输介质中传输。依照数据在介质上传输时信号表示形式的不同，将信号分为模拟信号和数字信号两类。

- **模拟信号**：在时间或幅度上连续的信号，常见的模拟信号为光、声、温度等各种传感器的输出信号。模拟信号经模拟线路传输，在模拟线路中，模拟信号通过电流和电压的连续变化表示，如图2-23所示。
- **数字信号**：数字信号用于离散取值的传输，连续取值经量化后转换为离散取值，以数字信号的形式经数字线路进行传输。数字信号在通信线路中一般以电信号的高电平/低电平表示其数据的"1"和"0"，如图2-24所示。

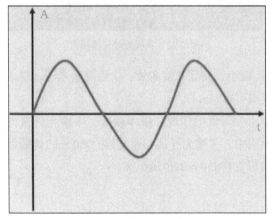

图 2-23　模拟信号的表示

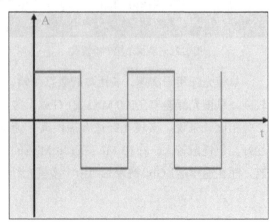

图 2-24　数字信号的表示

■2.3.2 数据通信系统模型

典型的数据通信系统模型如图2-25所示，两台计算机通过电话线路连接，再经过公用电话网进行通信。系统共分为三大部分：源系统、传输系统和目的系统。

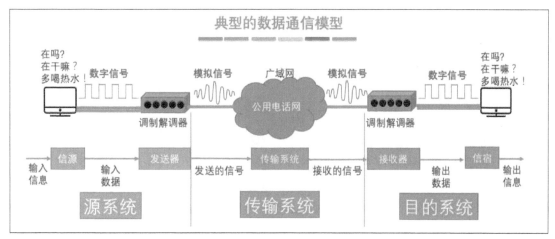

图 2-25 典型的数据通信系统模型

1. 源系统

源系统一般包含信源和发送器。信源一般为计算机或服务器等生成要传输数据的设备。发送器对要传输的数据进行转换和编码，将数字信号转换为模拟信号。常见的发送器有调制解调器（俗称"猫"）。

2. 传输系统

传输系统属于网络通信的信号通道，包括负责转发数据的路由器与交换机。

3. 目的系统

接收发送端信号的另一端，包括接收器及信宿。接收器将接收到的模拟信号转换为数字信号，交给信宿。信宿是指接收信源信息的设备，如计算机或服务器。

■2.3.3 数据通信的技术指标

数据通信的技术指标主要用来反映数据的传输速率、出错率、可靠性等性能的高低。常见的数据通信技术指标如下：

1. 码元、波特率与比特率

码元是时间轴上的一个信号编码单位，在数字通信中常常用时间间隔相同的符号来表示一个二进制数字，这样的时间间隔内的信号称为（二进制）码元，而这个间隔被称为码元长度。对于数字通信来说，一个数字脉冲就是一个码元；对于模拟通信来说，载波的某个参数或者几个参数的变化就是一个码元。无论在数字通信还是在模拟通信中，一个码元所携带的信息量都是由码元所取的有效离散值的个数（状态值）所决定的。

假定基带信号为101011000110111010，如果直接传送，则每个码元携带的信息是1 bit（可以理解为每个二进制位就是一个码元），而将上面的信号分为101 011 000 110 111 010，则视为6个码元，每个码元为3 bit，有8（即2^3）种表现形式。按这种表现形式，接收方要唯一确定这个码元，就需要8种不同的振幅或者频率或者相位。也可以将基带信号分为1010 1100 0110 1110 10，这种分法分为5个码元，每个码元有16（即2^4）种表现形式。

码元携带的信息量n（比特）与码元取的离散值个数N的关系如下：

$$n=\log_2 N \tag{2.1}$$

波特率也称码元率，指单位时间所传输的码元数量，单位为波特（Band）。波特率B与码元宽度T的关系如下：

$$B=1/T \tag{2.2}$$

比特率是指单位时间内传送的比特（bit）数，单位为比特每秒（bit per second, b/s）。在通信领域，比特率经常被用作连接速度、传输速率、信道容量、最大吞吐量和数字带宽容量的同义词。比特率越高，传送的数据越大。比特率R的计算公式中，T为一个数字脉冲信号的宽度或重复周期，单位为秒。N为一个码元所取的有效离散值个数，N一般取2的整数次方。计算比特率的公式如下：

$$R=n/T=（\log_2 N）/T \tag{2.3}$$

2. 信道带宽

一个信道中最大频率与最小频率的差，叫作信道带宽，这个值体现了信道覆盖的频率范围的大小。通常称信道带宽为信道的通频带，单位用Hz表示。

3. 信道容量

信道容量代表着传输数据的能力，即信道的最大数据传输速率。模拟信道的最大数据传输速率是受模拟信道带宽制约的，对于该问题，奈奎斯特和香农展开研究，提出了奈奎斯特定理和香农定理。

奈奎斯特定理指出，在理想的低通道信道中（不考虑噪声干扰），为了避免码间串扰，码元速率的极限值B与信道带宽H之间的关系为：

$$B=2H \tag{2.4}$$

由该定理可知，码元的传输速率是受限制的，不可以任意提高，否则在接收端会导致码间串扰而无法判断码元边界。实际的信道中，最高码元速率比奈奎斯特定理得出的理想值还要小。

因为奈奎斯特考虑的是无噪声的理想情况，但是在实际生活中，由于分子热运动，随机热噪声总是存在的，所以不存在无噪声的信道。

热噪声可以用信号功率与噪声功率的比值进行衡量，即信噪比。如果将信号功率记作S，噪声功率记作N，则信噪比为S/N。人们通常不使用信噪比本身，而是使用$10\lg(S/N)$，该值的单位为分贝（dB）。

香农在考虑热噪声存在的条件下，给出了信道容量（即信道的最大数据传输速率）C的计算公式，其中S/N表示信噪比，H为信道宽度。

$$C=H\cdot\log_2 (1+S/N) \tag{2.5}$$

4. 误码率

误码率是二进制数据位在传输时出错的概率，是衡量数据通信系统在正常工作时传输可靠性的指标，是衡量通信线路质量的一个重要参数。误码率 P_e 近似等于被传错的二进制符号数 N_e 与传输的二进制符号总数N的比值，即：

$$P_e \approx N_e/N \qquad (2.6)$$

在计算机网络中，一般要求误码率要低于 10^{-6}，而且可以通过差错控制机制检错和纠错以降低误码率。

■2.3.4 数据传输

在计算机内部和计算机网络中，数据的传输方式分为很多种，下面介绍一些常见的数据传输方式。

1. 并行与串行通信

在计算机内部各部件之间、计算机与各种外部设备之间及计算机与计算机之间都是以通信的方式传递和交换数据信息的。通信有两种基本方式，即串行方式和并行方式。

在并行数据传输中有多个数据位，如8个数据位，同时在两个设备之间传输。发送设备将8个数据位通过8条数据线传送给接收设备，还可附加一位数据校验位。接收设备可同时接收到这些数据，不需做任何变换就可直接使用。并行的数据传送线也叫总线，如并行传送8位数据就叫8位总线，并行传送16位数据就叫16位总线。并行数据总线的物理形式有好几种，但功能都是一样的。

并行传输时，需要一根至少有8条数据线的电缆将两个通信设备连接起来。当进行近距离传输时，采用这种方法的优点是传输速度快，处理简单；但进行远距离数据传输时，采用这种方法的线路费用就难以接受了。

串行数据传输时，数据是一位一位地在通信线上传输的，与同时可传输好几位数据的并行传输相比，串行数据传输的速度要比并行传输慢得多，但因为传输距离远，对于计算机网络来说具有更大的现实意义。

串行数据传输时，先由具有8位总线的计算机内的发送设备，将8位并行数据经并—串转换硬件转换成串行方式，再逐位经传输线到达接收端的设备中，并在接收端将数据从串行方式重新转换成并行方式，以便使用。并行通信与串行通信的通信示意如图2-26所示。

图 2-26　并行通信与串行通信的通信示意图

2. 通信方向

在网络传输中，数据在线路上的传送方式可分为单工通信、半双工通信和全双工通信三种。

(1) 单工通信

单工通信中，数据传输只支持在一个方向上传输，即发送端A仅能把数据发往接收端B，接收端B也只能接收发送端A的数据，如图2-27所示。例如，传统的广播、电视等就属于单工通信数据传输。

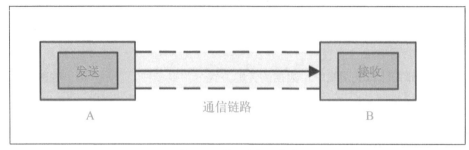

图 2-27　单工通信示意图

(2) 半双工通信

半双工通信中，数据传输允许在两个方向上传输，但是在某一时刻，只允许数据在一个方向上传输，它实际上是一种可以切换方向的单工通信。通信双方都备有发送和接收装置，如对讲机的通信就是半双工模式。半双工通信示意图如图2-28和图2-29所示。

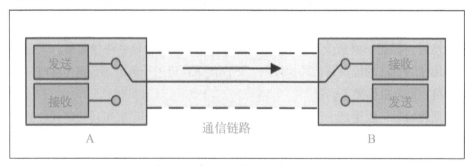

图 2-28　半双工通信由 A 向 B 传输

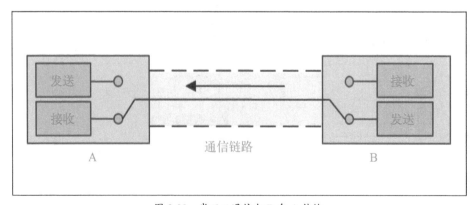

图 2-29　半双工通信由 B 向 A 传输

（3）全双工通信

全双工通信中，允许数据同时在两个方向上传输，因此，全双工通信是两个单工通信方式的结合，它要求发送设备和接收设备都有独立的接收和发送能力，如图2-30所示。

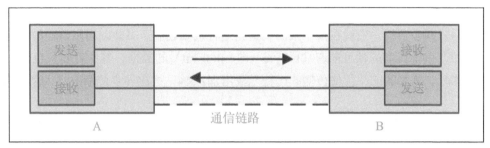

图2-30　全双工通信示意图

3. 异步与同步传输

在网络通信过程中，通信双方要交换数据，需要高度的协同工作。为了正确解释信号，接收方必须确切知道信号应当何时接收和处理，因此定时是至关重要的。在计算机网络中，定时的因素称为位同步。同步是要接收方按照发送方发送的每个位的起止时刻和速率来接收数据，否则会产生误差，因此通常会采取异步或同步的传输方式对位进行同步。

（1）异步传输

异步传输一般以字符为单位。起始位：先发出一个逻辑"0"信号，表示传输字符的开始。空闲位：处于逻辑"1"状态，表示当前线路上没有资料传送。

异步传输将比特分成小组进行传送，小组可以是8位的1个字符或更长。发送方可以在任何时刻发送这些比特组。异步传输存在一个潜在的问题，即接收方并不知道数据会在什么时候到达。可能在它检测到数据并做出响应之前，第一个比特就已经过去了。因此，每次异步传输的信息都以一个起始位开头，它通知接收方数据已经到达了，这就给了接收方响应、接收和缓存数据比特的时间；在传输结束时，一个停止位表示该次传输信息的终止。

按照惯例，空闲（没有传送数据）的线路实际携带着一个代表二进制1的信号，异步传输的开始位使信号变成0，其他的比特位使信号随传输的数据信息而变化。最后，停止位使信号重新变回1，该信号一直保持到下一个开始位到达。

异步传输的实现比较容易，由于每个信息都加上了"同步"信息，因此计时的漂移不会产生大的积累，但却产生了较多的开销。在上面的例子中，每8个比特要多传送两个比特，总的传输负载就增加25%。对于数据传输量很小的低速设备来说问题不大，但对于那些数据传输量很大的高速设备来说，25%的负载增值就相当多了。因此，异步传输常用于低速设备。

（2）同步传输

同步传输的比特分组要大得多。它不是独立地发送每个字符，而是把它们组合起来一起发送。每个字符都有自己的开始位和停止位，一般将这些组合称为数据帧，或简称为帧。

数据帧的第一部分包含一组同步字符，它是一个独特的比特组合，类似于前面提到的起始位，用于通知接收方一个帧已经到达，但它同时还能确保接收方的采样速度和比特的到达速度

帧的最后一部分是一个帧结束标记。与同步字符一样，它也是一个独特的比特串，类似于前面提到的停止位，用于表示在下一帧开始之前没有别的即将到达的数据了。

同步传输通常要比异步传输快速得多。接收方不必对每个字符进行开始和停止的操作。一旦检测到帧同步字符，它就在接下来的数据到达时接收它们。另外，同步传输的开销也比较少。例如，一个典型的帧可能有500 byte（即4 000 bit）的数据，其中可能只包含100 bit的开销。这时，增加的比特位使传输的比特总数增加2.5%，这比异步传输中25%的增值要小得多。

随着数据帧中实际数据比特位的增加，开销比特所占的百分比将相应地减少。但是，数据比特位越长，缓存数据所需要的缓冲区也越大，这就限制了一个帧的大小。另外，帧越大，它占据传输媒体的连续时间也越长。在极端的情况下，这将导致其他用户等待太久。

（3）异步传输与同步传输的区别

二者的区别有如下几点。

- 异步传输是面向字符的传输，而同步传输是面向比特的传输。
- 异步传输的单位是字符，而同步传输的单位是帧。
- 异步传输通过字符起止的开始和停止码抓住再同步的机会，而同步传输则是从数据中抽取同步信息。
- 异步传输对时序的要求较低，同步传输往往通过特定的时钟线路协调时序。
- 异步传输相对于同步传输效率较低。

2.4 编码与调制

编码与调制是计算机中常见的数据转换技术，将信号编码或调制后，可以在数字信道或模拟信道中传输。编码的核心是频谱的整形，调制的核心是频带的搬移。

2.4.1 编码与调制简介

编码是用数字信号承载数字或模拟数据；调制是用模拟信号承载数字或模拟数据。计算机直接输出的数字信号往往并不适合在信道上传输，需要将其编码或调制成适合在信道上传输的信号。由信源发出的原始信号称为基带信号，如计算机输出的文字、图像、音视频文件的数字信号都叫作基带信号。基带信号中往往包含很多低频的成分，甚至直流成分（多个连续的0或1构成的），而很多信道往往不能传输这种低频分量或直流分量。因此要对基带信号进行调制后才能在信道上传输。编码与调制示意图如图2-31所示。

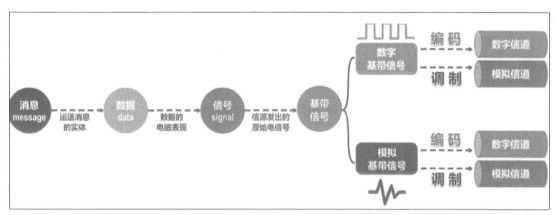

图 2-31　编码与调制示意图

调制分为基带调制和带通调制。基带调制只对基带信号波形进行变换，并不改变其频率，变换后仍然是基带信号。带通调制（频带调制）使用载波将基带信号的频率迁移到较高频段进行传输，解决了很多传输介质不能传输低频信息的问题，并且使用带通调制信号可以传输得更远。

虽然数字化已成为当今的趋势，但并不是使用数字数据和数字信号就一定是"先进的"，使用模拟数据和模拟信号就一定是"落后的"。数据究竟应当是数字的还是模拟的，是由所生成数据的性质决定的。例如，传输话音信息的声波就是模拟数据，但数据必须转换成数字信号才能在网络上传输。一般地，模拟数据和数字数据都可以转换为模拟信号或数字信号。

■2.4.2　常见的编码方式

下面介绍常见的4种编码方式，其编码方法如图2-32所示。

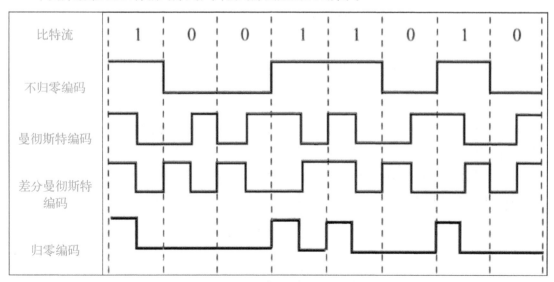

图 2-32　常见的编码方法

1. 不归零编码

不归零编码是效率最高的编码。光接口1000Base-SX、1000Base-LX采用此码型。不归零编码是一种很简单的编码方式，用0电位和1电位分别表示二进制的0和1，编码后速率不变，有很明显的直流成分，不适合电接口传输。不归零码的缺点：存在直流分量，传输中不能使用变压器，不具备自动同步机制，传输时必须使用外同步。

2. 归零编码

归零编码是以高电平和零电平分别表示二进制码的1和0，而且在发送码1时高电平在整个码元期间T只持续一段时间τ，其余时间返回零电平。在单极性归零码中，τ/T 称为占空比。它与单极性不归零码不同之处在于：输入二元信息为1时，给出的码元前半时间为1，后半时间为0，输入0时也完全相同。它的占空比为50%。单极性归零码的主要优点是可以直接提取同步信号，因此单极性归零码常常用作其他码型提取同步信号时的过渡码型，也就是说，其他适合信道传输但不能直接提取同步信号的码型，可先变换为单极性归零码，然后再提取同步信号。

3. 曼彻斯特编码

在曼彻斯特编码中，每一位的中间有一跳变，位中间的跳变既作时钟信号，又作数据信号；从高到低跳变表示"1"，从低到高跳变表示"0"。这给接收器提供了可以与之保持同步的定时信号，因此也叫作自同步编码。10 M以太网使用的就是曼彻斯特编码。曼彻斯特编码常用在LAN上。曼切斯特编码的缺点：需要双倍的传输带宽（即信号速率是数据速率的2倍）。

4. 差分曼彻斯特编码

差分曼切斯特码是曼彻斯特编码的一种修改格式，其不同之处在于：每位的中间跳变只用于同步时钟信号；而0或1的取值判断是用位的起始处有无跳变来表示（若有跳变则为0，若无跳变则为1）。这种编码的特点是每一位均用不同电平的两个半位来表示，因而始终能保持直流的平衡。这种编码也是一种自同步编码。

■2.4.3 模拟信号转换为数字信号

计算机内部处理的是二进制数据，即都是数字信号，所以需要将模拟信号通过采样、量化转换成有限个数字表示的离散序列（即实现数字化）。最典型的例子就是对音频信号进行编码的脉码调制。在计算机应用中，能够达到最高保真水平的就是PCM编码（pulse code modulation，脉冲编码调制），此编码被广泛用于素材保存及音乐欣赏，CD、DVD以及常见的WAV文件中均有应用。它主要包括三步：抽样、量化、编码，整个过程如图2-33所示。

1. 抽样

对模拟信号周期性扫描，把时间上连续的信号变成时间上离散的信号。为了使所得的离散信号能无失真地代表被抽样的模拟数据，要使用采样定理进行采样：

$$f_{采样频率} \geq 2f_{信号最高频率} \tag{2.7}$$

2. 量化

把抽样取得的电平幅值按照一定的分级标度转化为对应的数字值，并取整数，这就把连续的电平幅值转换为离散的数字量。

3. 编码

把量化的结果转换为与之对应的二进制编码。

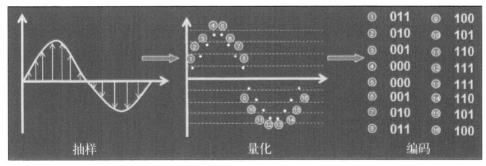

图 2-33 转换过程

■2.4.4 常见的调制方法

数字数据的调制技术是指在发送端将数字信号转换为模拟信号，而在接收端将模拟信号还原为数字信号，分别应用于调制解调器的调制和解调过程。最常见的二元调制方法有以下三种，如图2-34所示。

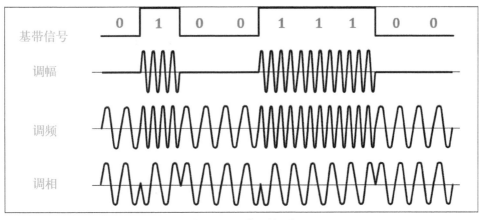

图 2-34 三种调制方式

1. 调幅（amplitude modulation，AM）

载波的振幅随基带数字信号而变化。有载波输出表示1，无载波输出表示0。

2. 调频（frequency modulation，FM）

载波的频率随基带数字信号而变化。用两种不同的频率分别表示1和0。

3. 调相（phase modulation，PM）

载波的初始相位随基带数字信号而变化。0相位表示0，180相位表示1。

2.5 数据交换技术

数据经过编码后在通信线路上进行传输的最简单形式，就是在两个互连的设备之间直接进行数据通信。但网络中所有的设备并不都是两两相连的，而是可能通过多个中间节点相连，中间节点并不关心所传数据的内容，而只是提供一种交换技术。常见的网络交换技术包括电路交换、报文交换和分组交换三种交换模式，如图2-35所示。

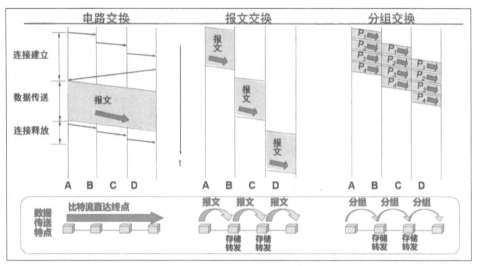

图 2-35 数据交换技术示意

2.5.1 电路交换

电路交换（circuit switching）是在两个站点之间通过通信子网的节点建立一条专用的通信线路，这些节点通常是一台采用机电与电子技术的交换设备（如程控交换机）。在两个通信站点之间需要建立实际的物理连接，其典型实例就是两电话之间通过公共电话网络的互连实现通话。

电路交换实现数据通信需经过下列三个步骤：首先是建立连接，即建立端到端（站点到站点）的线路连接；其次是数据传送，所传输数据可以是数字数据（如远程终端到计算机），也可以是模拟数据（如声音）；最后是拆除连接，通常在数据传送完毕后由两个站点之一终止连接。

电路交换的优点是实时性好，但将电话采用的电路交换技术用于传送计算机或远程终端的数据时，会出现下列问题。

- 用于建立连接的呼叫时间大大长于数据传送时间。这是因为在建立连接的过程中，会涉及一系列硬件的开关动作，时间延迟较长。例如，某段线路被其他站点占用或物理断路，将导致连接失败，需重新呼叫。
- 通信带宽不能充分利用，效率低。这是因为两个站点之间一旦建立起连接，就独自占用实际连通的通信线路，而计算机通信时真正用来传送数据的时间一般不到10%，甚至可低到1%。

● 由于不同计算机与远程终端的传输速率不同，因此必须采取一些措施才能实现通信，例如，不直接连通终端与计算机，而是设置数据缓存区等。

2.5.2　报文交换

报文交换（message switching）是通过通信子网上的节点采用存储转发的方式来传输数据，它不需要在两个站点之间建立一条专用的通信线路。报文交换中传输数据的逻辑单元称为报文，其长度一般不受限制，可随数据不同而改变。一般将接收报文站点的地址附加于报文一起发出，每个中间节点接收报文后暂存报文，然后根据其中的地址选择线路，再把它传到下一个节点，直至到达目的站点。

实现报文交换的节点通常就是一台计算机，它要有足够的存储容量来缓存所接收的报文。一个报文在每个节点的延迟时间等于接收报文的全部位码所需的时间、等待时间和传到下一个节点的排队延迟时间之和。

报文交换的主要优点是线路利用率较高，多个报文可以分时共享节点间的同一条通道。此外，该系统很容易把一个报文送到多个目的站点。报文交换的主要缺点是报文传输延迟较长（特别是在发生传输错误后），而且随报文长度发生变化，因而不能满足实时或交互式通信的要求，不能用于声音连接，也不适于远程终端与计算机之间的交互通信。

2.5.3　分组交换

分组交换（packet switching）的基本思路包括数据分组、路由选择与存储转发。它类似于报文交换，但它限制每次所传输数据的单位长度（典型的最大长度为数千位），对于超过规定长度的数据必须分成若干个等长的小单位，称为分组。从通信站点的角度来说，每次只能发送其中一个分组。

各节点将要传送的大块数据信号分成若干等长而较小的数据分组，然后顺序发送；通信子网中的各个节点按照一定的算法建立路由表（各目标节点各自对应的下一个应发往的节点），同时负责将收到的分组存储于缓存区中（而不使用速度较慢的外存储器），再根据路由表确定各分组下一步应发向哪个节点，在线路空闲时再转发。以此类推，直到各分组传到目标节点。由于分组交换在各个通信路段上传送的分组不大，故只需很短的传输时间（通常仅为毫秒级），传输延迟小，因此非常适合远程终端与计算机之间的交互通信，也适用于多对时分复用通信线路。此外，由于采取了错误检测措施，因而可保证非常高的可靠性。而在线路误码率一定的情况下，小的分组还可减少重新传输出错分组的开销。与电路交换相比，分组交换带给用户的优点则是费用低。根据通信子网的不同内部机制，分组交换子网又可分为面向连接分组与面向无连接分组两类。前者要求建立称为虚电路的连接，一对主机之间一旦建立虚电路，分组即可按虚电路号传输，而不必给出每个分组的显式目标节点地址，在传输过程中也无须为之单独寻址，虚电路在关闭连接时撤销。后者不建立连接，数据报（datagram），即分组带有目标节点的地址，在传输过程中需要为之单独寻址。

分组交换的灵活性高，可以根据需要实现面向连接或无连接的通信，并能充分利用通信线

路，因此现有的公共交换数据网都采用分组交换技术。局域网也采用分组交换技术，但在局域网中，从源站到目的站只有一条单一的通信线路，因此不需要公用交换数据网中的路由选择与交换功能。

2.6 信道复用技术

信道复用技术是物理层常见的技术之一，信道复用技术可以大大增加信道的数据承载能力，在传输数据时可以更有效。

■2.6.1 信道复用技术简介

所谓的信道复用技术，简单来说就是两地之间有多条传送带，如果每条传送带只传送一件货物，会极大地浪费传送带资源，效率非常低，性价比也很低，如图2-36所示。如果在保证货物不会丢失或者损坏的情况下，让多件货物同时从一条传送带通过，货物摞在一起、套在一起、并排在一起都是允许的，这样就充分利用了传送带的带宽，如图2-37所示。在到达目的地时，放货和拆货会稍微麻烦，这就是信道复用技术。

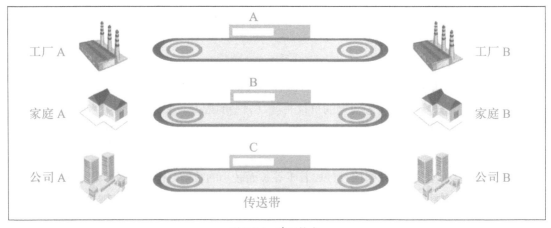

图 2-36 单用技术

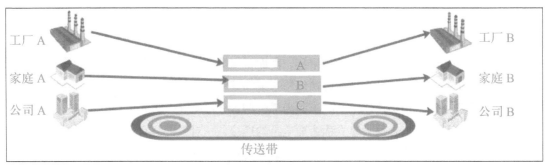

图 2-37 复用技术

信道复用技术可分为频分复用、波分复用、时分复用、码分复用、空分复用、统计复用、极化波复用等，其中一些常用的信道复用技术会在随后详细介绍。

■2.6.2 频分复用技术

频分复用（frequency-division multiplexing，FDM），是将用于传输信道的总带宽划分成若干个子频带（或称子信道），每一个子信道固定并始终传输一路信号，如图2-38所示。频分复用要求总频率宽度大于各个子信道频率之和，同时为了保证各子信道中所传输的信号互不干扰，应在各子信道之间设立隔离带，这样就保证了各路信号互不干扰（条件之一）。频分复用技术的特点是：所有子信道传输的信号以并行的方式工作，每一路信号传输时可不考虑传输时延，因而频分复用技术得到了非常广泛的应用。频分复用技术除传统意义上的频分复用外，还有一种是正交频分复用（orthogonal frequency-division multiplexing，OFDM）。

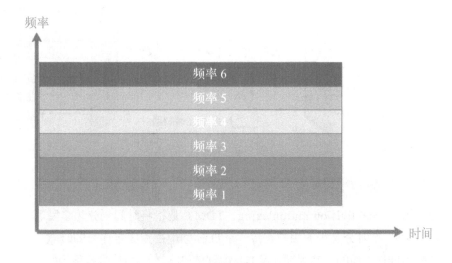

图 2-38　频分复用技术

早期的通过电话线上网运用的就是这种原理，如图2-39所示。因为频分复用的所有用户在同样的时间占用不同的带宽资源（注意，这里的"带宽"是频率带宽而不是数据的发送速率），所以牺牲的是单信道的带宽，获得的是多路传输。

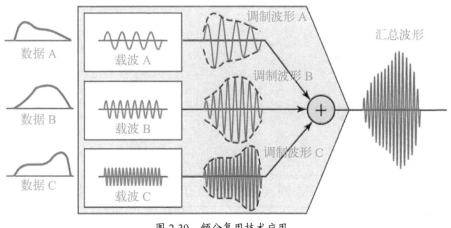

图 2-39　频分复用技术应用

■2.6.3 波分复用技术

在光纤传输中使用的是波分复用技术（wave-division multiplexing，WDM），其实就是光的频分复用技术。因为波速=波长×频率，所以，在波速一定的情况下，波长和频率是互相关联的。"光猫"的复用技术，就是使用单模光纤，在上传和下载时使用不同的波长，从而在一条线路中传输多种不同波长和频率的光，也就是不同的信号，如图2-40所示。准确地说，"光猫"在上传时使用的是波分复用，而下行时则采用广播的方式。

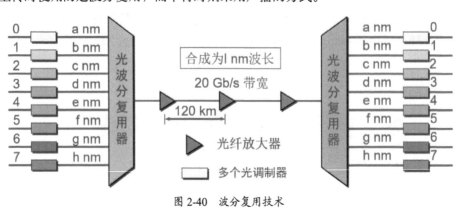

图 2-40 波分复用技术

■2.6.4 时分复用技术

时分复用（time-division multiplexing，TDM）是指将时间划分为多段等长的时分复用帧（TDM帧），每一个时分复用的用户在每一个TDM帧中占用固定序号的时隙。每一个用户所占用的时隙是周期性出现的（其周期就是TDM帧的长度）。TDM信号也称为等时信号。时分复用的所有用户是在不同的时间占用同样的频带宽度。

简言之，就是大家排排队，每个人说句话，组合起来作为一个包发出。然后大家再来一遍，再发送这个包，以此类推。当一个人在说话时，就占有全部的带宽，但是不能一直占用，占有一个单位时间后，由下一个人继续占用，直到最后一个人，如此循环往复，如图2-41所示。从图中可以看到时分复用和频分复用的区别。

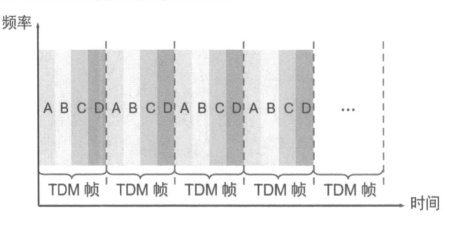

图 2-41 时分复用技术

时分复用可能会有个问题，就是A、B、C、D并不是每个时间都有话说，即使没有，也要占用一个空的位置，这样就间接造成了带宽的浪费，如图2-42所示。

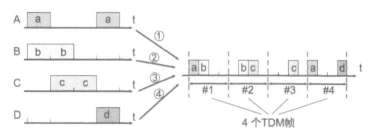

图 2-42　时分复用技术示例

基于这种情况研发出统计时分复用（statistical time-division multiplexing，STDM）技术，其核心思想是发送前给数据贴上标签，到达规定的TDM帧间隔就发送数据，没有数据的就不发送。到达对方后，根据标签组合数据，而不是按照帧中的位置机械地组合了。这样虽然浪费了一些时间，但是提高了带宽利用率和性价比，如图2-43所示。

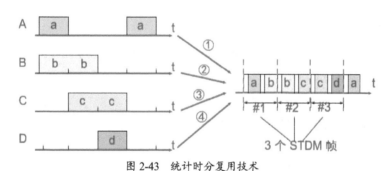

图 2-43　统计时分复用技术

■2.6.5　码分复用技术

码分复用（code-division multiplexing，CDM）与频分复用和时分复用不同，它既共享信道的频率，也共享时间，是一种真正的动态复用技术。码分复用的原理是每比特时间被分成m个更短的时间槽，称为码片，通常情况下每比特分为64或128个码片。每个节点（通道）被指定一个唯一的m位的代码或码片序列。当发送1时节点就发送码片序列，发送0时就发送码片序列的反码。当两个或多个节点同时发送时，各路数据在信道中被线性相加。为了从信道中分离出各路信号，要求各个节点的码片序列相互正交。

码分复用也是一种共享信道的方法，每个用户可在同一时间使用同样的频带进行通信，但使用的是基于码型的分割信道的方法，即每个用户分配一个地址码，各个码型互不重叠，通信各方之间不会相互干扰，且抗干扰能力强。

码分复用技术主要用于无线通信系统，特别是移动通信系统，它不仅可以提高通信的语音质量和数据传输的可靠性以及减少外界干扰对通信的影响，还增大了通信系统的容量。笔记本计算机、或掌上电脑（personal digital assistant，PDA）等移动类计算机的联网通信通常使用这种技术。

2.7 常见的宽带接入技术

用户接入互联网需要向ISP服务商提出申请，交纳费用后，由专业人员布线、连接设备，再通过拨号验证后就可以接入到因特网中。常见的宽带接入技术主要有以下三种：xDSL技术、以太网接入技术和光纤接入技术。

2.7.1 xDSL技术

所谓xDSL技术就是用数字技术对现有的模拟电话用户线进行改造，使它能够承载宽带业务。虽然标准模拟电话信号的频带被限制在300~3 400 kHz的范围内，但用户线本身实际可通过的信号频率仍然超过1 MHz。xDSL技术把0~4 kHz的低端频谱留给传统的电话使用，而把原来没有被利用的高端频谱留给上网用户使用。DSL就是数字用户线（digital subscriber line）的缩写，DSL的前缀x则表示在数字用户线上实现的不同宽带方案。随着电话线路的带宽问题和移动电话的发展，电话线接入逐渐被淘汰，但不影响对其工作原理的介绍。

1. xDSL技术的种类

xDSL技术包括以下几类。

- **ADSL（asymmetric digital subscriber line）**：非对称数字用户线。
- **HDSL（high speed DSL）**：高速数字用户线。
- **SDSL（single-line DSL）**：一对线的数字用户线。
- **VDSL（very high speed DSL）**：甚高速数字用户线。
- **DSL**：ISDN用户线。
- **RADSL（rate-adaptive DSL）**：速率自适应数字用户线，是 ADSL的一个子集，可自动调节线路速率。

2. ADSL技术

ADSL是一种异步传输模式。在电信服务提供商端，需要将每条开通ADSL业务的电话线路连接在数字用户线路访问多路复用器上。而在用户端，用户需要使用一个ADSL终端〔因为和传统的调制解调器（modem）类似，所以也被称为"猫"〕来连接电话线路。由于ADSL使用高频信号，所以在两端还需要使用ADSL信号分离器将ADSL数据信号和普通音频电话信号分离出来，避免打电话的时候出现噪声干扰。

通常的ADSL终端有一个电话线路输入接口（Line-In）和一个以太网口，有些终端集成了ADSL信号分离器，还提供一个连接的Phone接口。某些ADSL调制解调器使用USB接口与计算机相连，此时需要在计算机上安装指定的软件以添加虚拟网卡来进行通信。

ADSL线路的上行带宽和下行带宽不对称。我国目前采用的方案是离散多音频（discrete multi-tone modulation，DMT）调频技术，这里的"多音频"是"多载波"或"多子信道"的意思。

3. DMT技术

DMT调制技术采用频分复用的方法，把40 kHz以上一直到1.1 MHz的高端频谱划分为许多个子信道，其中，25个子信道用于上行信道，249个子信道用于下行信道。每个子信道占据4 kHz带宽，并使用不同的载波进行数字调制。这种做法相当于在一对用户线上使用许多小的调制解调器并行地传送数据，如图2-44所示。

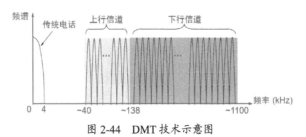

图2-44　DMT技术示意图

■2.7.2　以太网接入技术

以太网接入俗称小区宽带，网络服务商会采用光纤连到小区或进到楼内，然后使用双绞线接入到用户家中，直接连接用户的路由器而不需要调制解调器。采用以太网作为互联网接入手段的主要原因是目前所有流行的操作系统和应用都是与以太网兼容的，不仅性价比高、可扩展性强、可靠性高，而且容易安装和开通。以太网接入方式与IP网很适应，技术已有重大突破，带宽分为10/100/1 000 Mb/s三级，可按需升级。

多年来，以太网除带宽有大幅度增加外，还有两个重要变化：一是采用星形布线，二是LAN交换的出现。采用类似电话网的星形布线后，共享性质的集线器将由交换机代替。此时业务量将不再自动广播给所有计算机，而是由交换机经由连至特定计算机的双绞线将业务送至该计算机，在一定程度上实现了计算机间的信息隔离，而且也解决了系统带宽问题。更重要的影响是使以太网转向全双工传输，消除了链路带宽的竞争，因而也就可以省掉传统以太网所必需的CSMA/CD（carrier sense multiple access with collision detection，带碰撞检测的载波侦听多址访问）算法。

就像局域网中使用交换机和路由器共享上网一样，这种接入方式共享网络出口，在用户较多时会影响用户的网速。另外，由于传输距离、运营成本、升级、管理、设备安全及耗能的问题，以太网接入技术已经逐渐被光纤接入技术所取代。

■2.7.3　光纤接入技术

由于光纤传输具有通信容量大、质量好、性能稳定、防电磁干扰、保密性强等优点，因而被快速普及，光纤接入技术是现在主流的宽带接入技术。特别是无源光网络（passive optical network，PON），几乎是综合宽带接入技术中最经济有效的一种方式。光纤接入技术主要分为以下几种。

- **光纤到户**：FTTH（fiber to the home），光纤一直铺设到用户家庭可能是居民接入网络最好的解决方法，也是普通用户接触最多的。
- **光纤到大楼**：FTTB（fiber to the building），光纤进入大楼后就转换为电信号，然后用电缆或双绞线分配到各用户。

● **光纤到路边**：FTTC（fiber to the curb），从路边到各用户均可使用星形结构双绞线作为传输媒体。

光纤上网的拓扑图如图2-45所示。

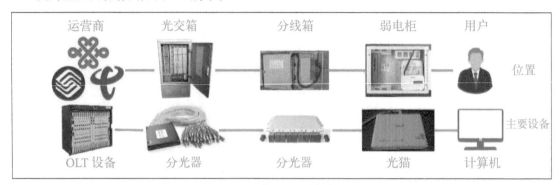

图 2-45　光纤上网的拓扑图

从拓扑图中可以看到，从运营商的OLT（optical line terminal，光线路终端）设备（图2-46）出来后，会进到光纤的第一级分级设备，也就是人们常在路边看到的运营商使用的大箱子，即光交箱，如图2-47所示。

图 2-46　OLT 设备

图 2-47　光交箱

光交箱会使用1：16、1：32甚至更高比例的分光器（图2-48）将光纤分为多路或者将多路信号汇总，而下级的分纤箱，一般使用1：8的分光器，如图2-49所示。

图 2-48　高比例分光器

图 2-49　1：8分光器

最后经由家庭使用的"光猫"将光信号转换成电信号，再通过双绞线连到计算机。这样，数据就可以在运营商和用户之间进行传递了，这种方式也称为PON。PON采用的是WDM（波分复用）技术，实现单光纤的双向传输，其上行波长为1 310 nm，下行波长为1 490 nm。

课后作业

一、单选题

1.物理层的传输介质不包括（　　）。

 A.同轴电缆   B.声音   C.双绞线   D.光纤

2.常见的宽带接入技术不包括（　　）。

 A.ADSL   B.光纤   C.以太网   D.路由器

二、多选题

1.物理层的主要功能包括（　　）。

 A.提供数据传输通道   B.信号调制及转换

 C.数据传输   D.为上层提供服务

2.在数据传输中，可以按照传输方向，将通信分为（　　）。

 A.单工   B.半双工   C.全单工   D.全双工

3.常见的数据交换技术包括（　　）。

 A.电路交换   B.报文交换   C.分组交换   D.帧交换

三、简答题

1.简述物理层主要研究哪些设备的特性。

2.简述单模光纤与多模光纤的区别。

3.简述常见的编码方式。

4.简述信道复用技术的分类和内容。

即刻学习
◎ 配套学习资料
◎ 网络原理详解
◎ 理论与实践课
◎ 网络安全专讲

模块 3

数据链路层详解

内容概要

　　数据链路层是OSI参考模型的第二层，也是TCP/IP四层模型第一层的一部分。数据链路层实现的是相邻节点之间数据的可靠传输。本模块重点介绍数据链路层的传输原理和传输设备。

知识要点

- 数据链路层的作用。
- PPP协议。
- MAC地址。
- 共享式以太网与交换式以太网。
- 数据链路层的常见设备及其工作原理。

3.1 数据链路层简介

数据在数据链路层是以点对点的方式进行传输的。数据链路层定义了在单个链路上如何传输数据，其主要作用就是确保数据可以准确快速地到达目的地。

■3.1.1 数据链路层的作用

数据链路层向上为网络层提供支持，对网络层负责，并将无差错的数据帧传送给网络层（物理层并没有差错控制的功能），以便进行下一步的传递或者向上层提供数据支持，如图3-1所示。从图中可以看到，其中的网络设备都在进行数据交换，而网络设备最高只到网络层。不同的网络设备之间都可以通过协议在对应层中进行数据的交换，数据链路层也是如此。

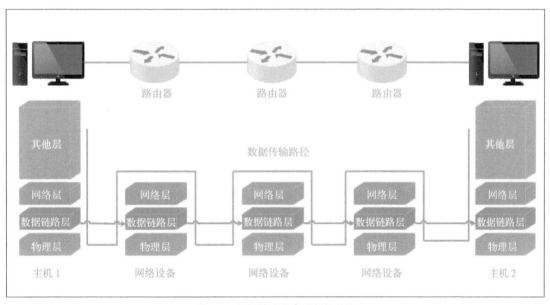

图 3-1 数据链路层中的数据传输

在发送数据时，数据链路层的主要作用包括：链路的建立、维护、拆除；帧的包装、传输、同步、差错控制及流量控制等。

1. 数据链路层关注的问题

数据链路层主要关注的问题有：

- 物理地址及网络拓扑。
- 将网络层传过来的数据封装成帧，并按照顺序进行发送。
- 生成帧，并准确识别帧的范围和边界。
- 使用错误重传的方法进行差错控制。
- 确保相邻节点间数据传输的稳定性、速率的匹配等。

2. 数据链路层解决的问题

数据链路层最主要的任务是解决封帧、透明传输和差错检测三个问题。

（1）封帧

数据链路层的任务首先是将网络层的数据报封装成帧结构。封装非常简单，就是在数据报前后分别添加首部和尾部，从而完成封帧，并且确定帧的范围，也就是帧定界，如图3-2所示。这样，接收端在收到帧后就会知道帧的范围，完成帧的正确提取。封帧的4种常见方法是字符计数法、字符（节）填充法、零比特填充法、违规编码法。

图 3-2　帧定界

（2）透明传输

透明传输是指不管传输的数据是什么样的组合，都可以在链路上传送，链路只起一个通道的作用。而要实现这个目标，就需要在处理链路数据时解决各种错误和一些不算错误的误判断，例如，在数据中正好存在与控制信息相同的数据段（图3-3），那么帧就会被错误地对待。只有处理了这些问题，才能真正做到透明传输。而上面提及的几种封帧方式，就可以解决透明传输所产生的问题。

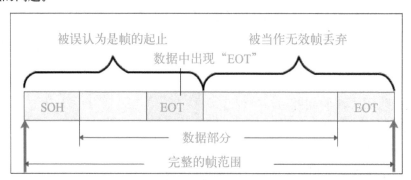

图 3-3　帧的误判断

常见的帧错误的处理方法有以下几种。

- 字符计数法：发送时，扫描到5个1，立即加入0。接收端扫描到5个1，删除后面的0。
- 字符填充法：发送时，扫描数据，如发现"SOH"或"EOT"则直接在其前方插入一个转义字符"ESC"。接收端在接收后，扫描到"ESC"，则删除该字符，再向网络层递交。而如果数据中有"ESC"呢？很简单，再加一次转义字符"ESC"即可。整个过程如图3-4所示。

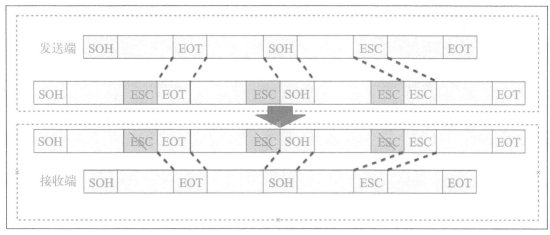

图 3-4　字符填充法

（3）差错检测

差错的产生有几种情况，包括传输中的比特差错，就是1和0的错误。在一段时间内，如果网络信噪比较大，就会出现这种问题，因此必须采用各种差错检测措施予以应对。

在数据链路层中，传输的是数据帧，所以，检测帧就是差错检测的主要目标了。检测措施包括广泛使用的循环冗余检验（cyclic redundancy check，CRC）技术。在数据后面添加的冗余码称为帧检验序列（frame check sequence，FCS）。循环冗余检验CRC和帧检验序列FCS并不等同，CRC是一种常用的检错方法，而FCS是添加在数据后面的冗余码。FCS可以用CRC这种方法得出，但CRC并非用来获得FCS的唯一方法。

CRC技术可以做到无差别接受，就是基本上认为这些帧在传输中没有产生差错（有差错的会被丢弃）。但要做到可靠传输，还需要加上确认和重传机制。

■3.1.2　数据链路层的分层

为了使数据链路层更好地适应多种局域网标准，802委员会将局域网的数据链路层拆分成两个子层：逻辑链路控制子层和媒体访问控制子层。

1. 逻辑链路控制子层

逻辑链路控制（logical link control，LLC）子层与传输媒体无关，不管采用何种协议的局域网对LLC子层来说都是透明的，也就是不需要进行考虑的，如图3-5所示，而且在TCP/IP模型的局域网标准DIX Ethernet V2标准中也没有关于LLC的使用。

2. 媒体访问控制子层

媒体访问控制（MAC）子层，与接入到传输媒体有关的内容都放在MAC子层。现在很多厂商生产的网络适配器（即网卡）上，只有MAC协议而没有LLC协议了。

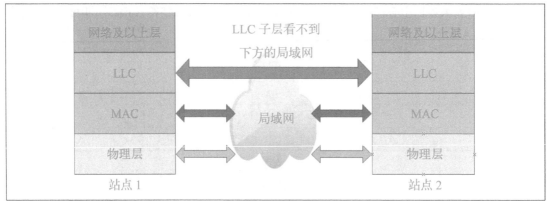

图 3-5 数据链路层的分层

■3.1.3 数据链路层的术语

在学习数据链路层其他功能前，需要了解一些数据链路层的术语。

1. 链路与数据链路

链路指的是一条无源的点到点的物理线路段，中间没有其他的交换节点。原始的链路是指没有采用高层差错控制的基本的物理传输介质与设备。而数据链路，则除了物理线路外，还必须有通信协议来控制这些数据的传输。若把实现这些协议的硬件和软件加到链路上，就构成了数据链路。最常见的实现这些协议的硬件和软件就是网卡了。

2. 帧

"帧"是数据链路层对等实体之间在水平方向进行逻辑通信的协议数据单元。数据链路层使用"帧"完成主机间、对等层之间的数据可靠传输（图3-6），并进行有效的流量控制。因为物理层总是可能出现这样那样的问题，而数据链路层保证了对数据进行可靠的传输，在网络层看来，它是一条无差错的链路。

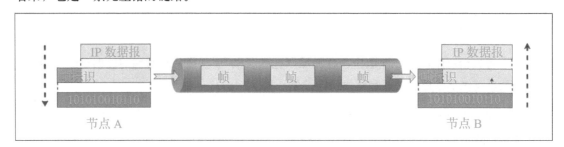

图 3-6 数据帧的传输

3. MTU

最大传输单元（maximum transmission unit，MTU），用来通知接收方所能接收数据服务单元的最大尺寸，说明发送方能够接收的有效载荷大小，是包或帧的最大长度，一般以字节计。如果MTU过大，在碰到路由器时会被拒绝转发，因为它不能处理过大的包；如果太小，因为协议一定要在包（或帧）上加上包头，那实际传送的数据量就会过小，这样也不合算。大部分操作系统会提供给用户一个默认值，该值对一般用户是比较合适的。

例如，设置MTU为1 700，发送一个2 000字节的包，则包会被拆分成1 700+300的两个包，再加上头信息进行传输。其实默认的以太网帧是1 518字节，是由14字节的头信息、1 500字节的包和4字节的FCS校验组成的。如果MTU设置得特别大，会降低网络性能。如果超出允许范围还会被拒绝转发。

3.2 点到点协议PPP

原始链路只是解决了数据的传输道路，至于这些数据如何在道路上传输，使用什么规则，出现问题如何进行处理，就需要协议规范和支持了。首先介绍数据链路层经常使用的协议PPP。PPP主要应用在早期的电话线上网和后来的宽带上，现在也仍在使用，例如，用户在路由器中查看WAN口的上网配置时，其中的PPPoE就是使用PPP协议的。

■3.2.1 PPP协议简介

PPP协议（point-to-point protocol），也就是点到点协议，主要是为在点对点连接上传输多协议数据包提供了一个标准方法。PPP最初设计是为两个对等节点之间的IP流量传输提供一种封装协议。在TCP/IP协议集中，它是一种用来同步调制连接的数据链路层协议（OSI模式中的第二层），替代了原来非标准的第二层协议，即SLIP。除了IP以外，PPP还可以携带其他协议，包括DECnet和Novell的Internet网包交换（IPX）。

PPP协议是为在同等单元之间传输类似数据包的简单链路设计的链路层协议。这种链路提供全双工操作，并按照顺序传递数据包。它的设计目的主要是用于通过拨号或专线方式建立点对点连接并发送数据，使其成为各种主机、网桥和路由器之间实现简单连接的一种共通的解决方案。PPP具有以下功能。

- PPP具有动态分配IP地址的能力，允许在连接时刻协商IP地址。
- PPP支持多种网络协议，如TCP/IP、NetBEUI、NWLINK等。
- PPP具有错误检测能力，但不具备纠错能力，所以PPP是不可靠传输协议。
- 无重传的机制，网络开销小，速度快。
- PPP具有身份验证功能。
- PPP可以用于多种类型的物理介质上，包括串口线、电话线、移动电话和光纤〔如SDH（synchronous digital hierarchy，同步数字体系）〕，PPP也用于因特网接入，如图3-7所示。

网络设备之间都可以通过协议在对应层中进行数据的交换，数据链路层也是如此。

当PPP协议不提供使用序号和确认的可靠传输，在数据链路层出现差错的几率不大时，使用PPP协议是非常合适的。因为在因特网中，上层的网络层数据报被封装到帧中，而数据链路层的可靠传输并不能保证网络层的传输也是可靠的。另外，帧的检验序列FCS字段可以保证无差错接收。

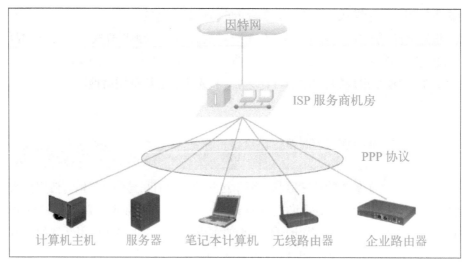

图 3-7　使用 PPP 协议接入因特网

3.2.2　PPP协议的组成

PPP协议于1992年制定，经过两次修订，如今的PPP协议已经成为因特网的正式标准。PPP协议主要由三个部分组成。

- 将IP数据报封装到串行链路。
- 链路控制协议（link control protocol，LCP）。
- 网络控制协议（NCP）。

其中，PPP封装提供了不同网络层协议同时在同一链路传输的多路复用技术。PPP封装经过精心设计，能保持对大多数常用硬件的兼容性，是克服了SLIP不足之处的一种多用途、点到点协议，它提供的WAN数据链接封装服务类似于LAN所提供的封装服务。PPP不仅仅提供帧定界，还提供协议标识和位级完整性检查服务。

LCP是一种扩展链路控制协议，用于建立、配置、测试和管理数据链路连接。而NCP协议用于协商该链路上所传输的数据包格式与类型，建立、配置不同的网络层协议。

3.2.3　PPP协议的帧格式

PPP协议所使用的帧格式如图3-8所示。

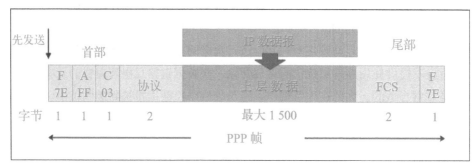

图 3-8　PPP 协议的帧格式

其中，各部分的含义如下：

- **标志字段F**：设置为0x7E。符号"0x"表示后面的字符是十六进制数。
- **地址字段A**：设置为0xFF，地址字段实际上并不起作用。
- **控制字段C**：通常设置为0x03。
- **PPP帧所能容纳的最大数据**：值为1 500字节，是传输效率最高的。
- **两字节的协议字段**：当协议字段为0x0021时，PPP帧的信息字段就是IP数据报；若为0xC021，则信息字段是PPP链路控制数据（LCP数据）；若为0x8021，则信息字段是网络控制数据（NCP数据）。

■3.2.4　PPP协议的主要工作流程

家庭宽带如果使用的是路由器的拨号功能，一般会使用PPP协议。PPP协议的工作流程如图3-9所示。

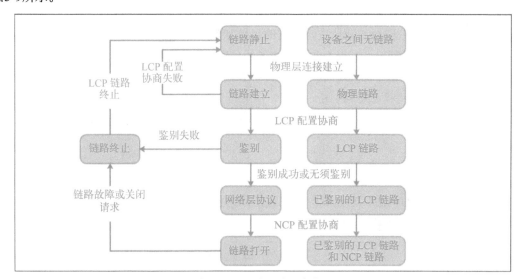

图 3-9　PPP 协议的工作流程

拨号的具体工作过程如下：

① 用户拨号时，调制解调器对拨号做出确认，并建立一条物理连接。

② PC机向路由器发送一系列的LCP分组（封装成多个PPP帧）。

③ 这些分组及其响应选择一些PPP参数进行网络层配置，NCP给新接入的PC机分配一个临时的IP地址，使PC机成为因特网上的一台主机。

④ 通信完毕时，NCP释放网络层连接，收回原来分配出去的IP地址；接着，LCP释放数据链路层连接；最后释放的是物理层的连接。

■3.2.5　PPP协议的透明传输

在PPP中，可以使用的透明传输解决方法有字符填充和零比特传输。字符填充，就是将0x7E字节转变成为2字节序列（0x7D,0x5E），将0x7D变成2字节序列（0x7D,0x5D）。另外，

若信息字段中出现ASCII码的控制字符（即数值小于0x20的字符），则在该字符前面要加入一个0x7D字节，同时将该字符的编码加以改变。

当该协议用于SONET/SDH链路，就是一连串比特连续传输时，PPP协议采用零比特填充方法，实现透明传输。如果发现有5个连续的1（即会误认为是字段F），则立即填入一个0。到达对方后，对方发现连续的5个1，则删除其后跟随的一个0，如图3-10所示。

信息字段中包含了"F"：0110011111101100101

发送端使用零比特填充：01100111110101100101

接收端删掉填充的比特：0110011111101100101

图 3-10　零比特填充法

3.3　以太网MAC地址

在以太网中主要使用MAC地址进行数据的寻址和数据的传输。在数据链路层上使用的是MAC帧，主要的设备是网卡，下面介绍与此相关的知识。

■3.3.1　网卡与MAC地址

网卡是每个联网设备进行数据传输必须要有的设备，而MAC地址就像是网卡的身份证，用来保证地址的唯一性。

1. 网卡简介

网卡是比较通俗的叫法，专业的叫法应该是网络接口卡或者网络适配器。常见的计算机PCI-E独立网卡，如图3-11所示；光纤网卡及其光纤模块，如图3-12所示。

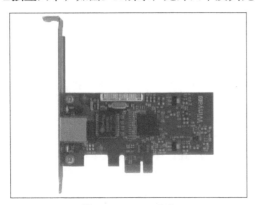

图 3-11　PCI-E 网卡

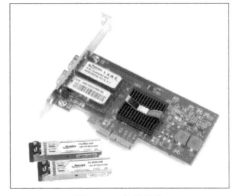

图 3-12　光纤网卡

2. 网卡的结构及作用

网卡上装有处理器和存储器〔包括RAM（random access memory，随机存储器）和ROM（read-only memory，只读存储器）〕。网卡和局域网之间的通信是通过电缆或双绞线以串行传输方式进行的，而网卡和计算机之间的通信则是通过计算机主板上的I/O总线以并行传输方式进行。因此，网卡的一个重要功能就是进行串行/并行转换。由于网络的数据传输率和计算机总线的数据传输率并不相同，因此，网卡必须带有对数据进行缓存的存储芯片。

网卡具有连接网络、链路管理、帧的封装与解封、数据缓存、数据收发、串行/并行转换、介质访问控制等功能。

3. 网卡的分类

网卡按照不同的划分标准可以分为不同的种类。

（1）按照存在形式分类

按照存在的形式，网卡可以分为集成网卡和独立网卡。集成网卡的网卡模块位于主板上，用户可以拆开计算机主机，在网络接口附近找到这块芯片，如图3-13所示。

（2）按照接口分类

按照接口，网卡可以分为PCI网卡、PCI-E网卡、USB有线网卡、PCMCIA网卡等。PCI网卡已经逐渐退出历史舞台，现在主要使用的是PCI-E网卡（图3-11）。USB有线网卡经常在一些特殊场合使用，如图3-14所示。USB网卡的特点是携带方便、易于安装、节省资源。PCMCIA网卡是笔记本计算机的网卡，现在也基本被淘汰了。

图 3-13 主板集成网卡芯片

图 3-14 USB 有线网卡

（3）按照速率分类

按照速率划分，可以将网卡分为10 M网卡、100 M网卡、1 000 M网卡和100 M/1 000 M自适应网卡、2 500 M网卡和万兆网卡。10 M网卡已被淘汰，目前的主流主板在从100 M/1 000 M自适应网卡向2 500 M网卡过渡，这些网卡都能够自动侦测网络速度并选择合适的带宽来适应网络环境。随着网络技术的发展，以后的主流网卡将会是万兆网卡。

（4）按照传输介质分类

按照传输介质划分，网卡可以分为有线网卡和无线网卡。

有线网卡就是可以连接RJ-45接口的网卡。无线网卡用于连接无线网络。无线网卡与有线网卡的用途十分类似，最大的不同在于传输媒介的不同，无线网卡利用无线电技术取代了网线。

使用光纤进行传输时，如果配备了光纤网卡，则可以通过光纤模块直接连接到计算机上进行数据传输。

4. MAC地址

MAC地址，也就是常说的硬件地址或者物理地址。每台网络设备都存在且必须存在这个地址。MAC地址用于在网络中确认网络设备的地址信息。MAC地址的长度为48位（6个字节），通常表示为12个十六进制的数，如00-18-EA-AB-4A-62，或者数字间用"："分隔表示。其中前6位为网络硬件制造商编号，主要由IEEE（电气与电子工程师协会）分配，而后6位十六进制数代表该制造商所制造的某个网络产品（如网卡）的系列号。MAC地址在世界范围内是唯一的。形象地说，MAC地址就如同身份证号码一样，具有唯一性。

网络适配器，就是俗称的网卡，在收到一个MAC帧时会检查MAC帧的MAC地址，如果是自己的，则保留并且交由上层处理，否则就丢弃该帧。

5. 查看计算机的MAC地址

在Windows系统中，如果要查看计算机的MAC地址，可以在命令提示符界面中使用"ipconfig/all"命令查看，如图3-15所示，也可以在网络连接详细信息界面中查看，如图3-16所示。

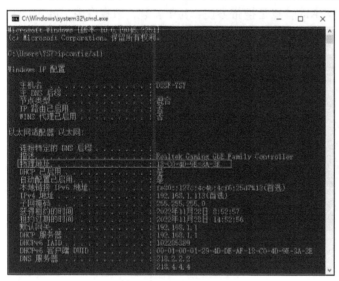

图 3-15　命令提示符界面查看 MAC 地址

图 3-16　"网络连接详细信息"界面查看 MAC 地址

■3.3.2　MAC帧的种类及其格式

在以太网的数据链路层中，数据的格式就是MAC帧，通过MAC帧进行数据的传输。下面介绍MAC帧的种类及其格式。

1. MAC帧的种类

和PPP的点对点传输模式不太一样，MAC帧包括以下3种。

- **一对一的单播帧**：用于两个节点之间，互相已知对方的MAC地址时的通信。
- **一对多的多播帧**：用于一个节点对一组节点的通信。
- **一对全的广播帧**：在不知道目标MAC地址，或需要对其他所有设备都进行通信时使用。

2. MAC帧的格式

以太网的MAC帧格式有两种标准：DIX Ethernet V2标准和IEEE的802.3标准。鉴于TCP/IP的广泛应用，现在使用比较多的是以太网V2的标准，该标准规定的以太网的MAC帧格式如图3-17所示。

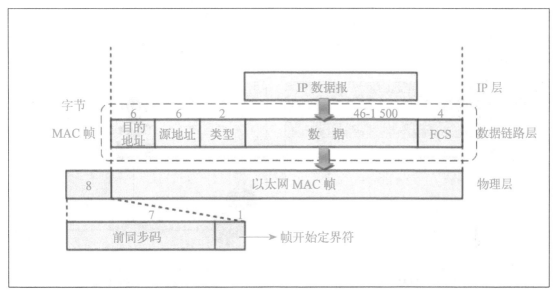

图 3-17　以太网的 MAC 帧格式

从图3-17中可以看到，以太网中IP数据报会封装到整个MAC帧之中。MAC帧中包括：

- 用6个字节标识目的地址，6个字节标识源地址，源地址用于数据回传使用。
- "类型"主要标识上一层使用什么协议，以便将拆出的数据报交给上层的对应协议处理。
- "数据"是指从上层传下来的数据报文信息。因为MAC帧的长度最小为64字节，最大为1 518字节，所以，上层的"IP数据报"的长度最小为64字节-18字节（MAC帧中除"数据"段外其他段的固定字节数）= 46字节，最大为1 518字节-18字节=1 500字节。

当传输媒体的误码率为1×10^{-8}时，MAC子层可使未检测到的差错小于1×10^{-14}。

如果数据字段长度小于46字节时，会在数据字段后面加入整数字节的填充字段，以保证MAC帧长度不小于64字节。

另外，为了达到比特同步，在实际向物理层传送数据帧时，还会在MAC帧前插入8个字节。这8个字节包括用来实现MAC帧比特同步的7个字节和1个字节的帧开始定界符。

3. 无效MAC帧的界定

无效的MAC帧包括：数据字段的长度与长度字段的值不一致；帧的长度不是整数个字节；用收到的帧检验序列FCS查出有差错；数据字段的长度不在46～1 500字节之间（有效的MAC帧长度一般为64～1 518字节）。对于检查出的无效MAC帧会直接丢弃，以太网不负责重传。

■3.3.3 MAC地址的实际应用

MAC地址在实际的应用中，主要是为了网络管理便利及网络安全。因为设备的MAC地址在未经更改时具有唯一性，所以将设备的MAC地址与IP地址进行绑定（图3-18），并设置权限：只有绑定的设备可以上网，或者禁止一些MAC地址上网以避免蹭网的发生，也能防止其他未授权的设备获取重要的共享资源；另外，绑定后可以限制网速；防火墙使用MAC地址绑定功能可防止由ARP（address resolution protocol，地址解析协议）欺骗造成数据泄露的隐患，如图3-19所示。

图 3-18　MAC 绑定

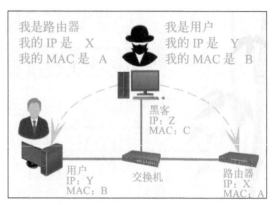

图 3-19　ARP 欺骗

3.4　共享式以太网与交换式以太网

共享式以太网是以太网早期的形态，后来逐步被交换式以太网所取代。下面通过原理及协议说明两者之间的区别。

■3.4.1 共享式以太网简介

前文介绍网络的结构时提到了总线型结构，共享式以太网就是采用这种结构。在共享式以太网中，所有节点都共享一段传输通道，并且通过该通道传输信息。除了总线型结构外，一部分采用了集线器的星形结构的网络也属于共享式以太网。共享式以太网的主要特点有：

- 通信采用半双工，即所有节点都可以发送和接收数据，但同一时刻只能选择发送或者接收数据。
- 对于长度较大的数据，以太网通过分包的方式传输，这种数据包就是数据帧。
- 在出现通信冲突时，会使用CSMA/CD协议，该协议将在模块3中详细介绍。
- 共享带宽：所有设备都共享总带宽，每个设备获得$1/n$的带宽。

■3.4.2 共享式以太网的工作过程

共享式以太网的标准结构就是总线型网络，如图3-20所示。

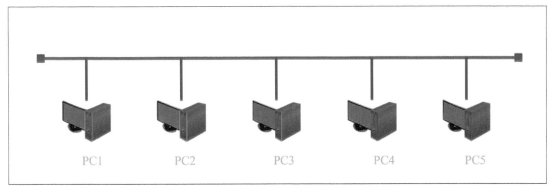

图 3-20 共享式以太网的标准结构

共享式以太网的工作过程如下：

如果PC3给PC1发送信息，则PC3向总线发送一个数据帧，其他所有计算机都能接收到该数据帧。随后所有计算机都会检测该数据帧，当PC1发现数据帧的目的地址是自己时，就会接收该数据帧，并向上层提交；其他计算机发现数据帧的目的地址不是自己，就会将该数据帧丢弃。这样，以太网就在具有广播特性的总线上实现了一对一的数据通信。

因为以太网的信道质量较好，误差较小，所以以太网对数据帧不进行编号，也不要求对方发回确认，这点和PPP协议类似。另外，它也不必先建立连接后才能发送数据，而是可直接发送数据。因此，以太网提供的是不可靠的交付，它只管尽最大努力交付。

共享式以太网中，接收端通过校验数据帧，若发现数据帧发生了错误，接收端就会丢弃该数据帧，对所发生的错误，接收端上层会有对应的机制解决，数据链路层不做考虑。当接收端上层发现数据少了，会要求发送端重传，对于数据链路层来说，这次发送的帧和之前发送的帧，按照同样的标准进行发送和接收，不会考虑是不是上一次的后续或者是其他跟上一次有任何联系的情况。

■3.4.3 CSMA/CD协议

CSMA/CD（carrier sense multiple access with collision detection）的全称是"带碰撞检测的载波侦听多址访问"。"载波侦听"指的是用电子技术检测网线，"多址访问"指的是网络上的计算机以多点方式接入。它的工作原理是：每台设备发送数据前都需要检测网络上是否有其他计算机在发送数据，如果有，则暂时停止发送数据。

从电气原理层面看，计算机在发送数据的同时检测网线上电压的大小。如果有多个设备在发送数据，往往网线上的电压就会有大的波动，计算机就会认为发生了碰撞，也就是冲突，因此CSMA/CD也称"带冲突检测的载波监听多路访问"。

CSMA/CD的工作过程：当网络设备A检测到网络处于空闲状态时，开始向设备B发送数据，虽然电信号传输非常快，但也不是瞬时就可以到达的，总会经历一段极其微小的时间。若在这段时间内，恰巧B因为检测到网上没有传输信号，于是开始发送数据，那么结果就是B刚发送，就发生碰撞了，两个帧都没法使用了。整个过程如图3-21所示。

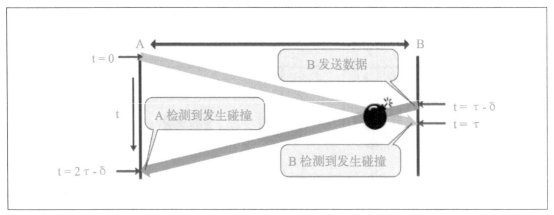

图 3-21　碰撞发生过程

其中，B本来应该在t＝τ时收到A数据，但因其在t＝τ-δ时检测到网络上没有数据传输后，立刻发送了数据，并在t＝τ时收到了A发来的数据。经过检测判断，刚才发送的包与现在接收的包已经发生了碰撞。而A在发送完数据后，应该等到t＝2τ时接收到B返回的信息，但是因为B提前发送了，所以A收到数据的时间其实是小于2τ的，经过检测判断，网络上发生了碰撞。2τ被称为征用期，也叫碰撞窗口。如果在这段时间后，没有检测到碰撞，就认为发送未产生碰撞。因此，使用CSMA/CD协议的以太网不能使用全双工模式，只能使用半双工模式通信。每个节点发送数据后，都存在碰撞的可能，这种不确定性直接降低了以太网的带宽。

当检测到碰撞发生后，发送端及接收端都会立即停止发送数据，并继续发送若干比特的人为干扰信号，让所有用户都知道现在已经发生了碰撞。

■3.4.4　交换式以太网

交换式以太网是以交换机为中心构成的一种星形拓扑结构的网络，现在已经广泛应用于局域网中。它将共享式以太网的冲突问题隔绝在每一个端口，并摆脱了所有设备共享一条数据总线的固有缺陷。

在共享式以太网中，因为都处于一条总线中，所以会发生冲突而导致数据发送失败的情况。而在交换式以太网中，将冲突隔绝在每一个端口，涉及该端口通信的设备之间才可能发生冲突，对于其他端口则正常传输数据。关于冲突域将在模块3中介绍。

在共享式以太网中，所有节点共享一条通信线路，因此，当多个节点同时访问线路时，会造成线路拥塞，从而降低数据的传输速率。而交换式以太网以交换机为中心，为所有设备提供连接的接口，由它来提供数据的转发和传输，就好像每个节点都拥有一条独立的通信线路，节点之间的数据传输可以同时进行，且不会造成线路阻塞，不会引发传输速率降低。

3.5 数据链路层的常见设备及其工作原理

数据链路层的常见设备包括网卡、网桥以及最重要的设备——交换机。这些设备都工作在数据链路层中，使用MAC地址进行数据的收发。网卡在前面已经介绍过，在介绍网桥和交换机前，首先介绍一种特殊设备——集线器。

■3.5.1 集线器

在星形网络拓扑中，多台计算机之间相互通信需要一台中心设备进行数据包的转发工作，在以前最常用的就是集线器了。不过需要说明的是，集线器属于物理层设备，之所以放在这里介绍，是因为集线器涉及以太网中很多的知识点，如冲突域等。为了更好地理解数据链路层的作用，方便与网桥和交换机做比较，首先介绍集线器的一些基础知识。

1.集线器简介

集线器，也称"hub"，就是中心的意思，如图3-22所示。它已逐渐被淘汰，但在以前使用非常广泛，通常作为星形网络的中心节点。集线器属于OSI参考模型第一层的设备。

图 3-22　集线器

2.集线器的工作原理

当集线器某个接口收到数据（其实不应该称为数据，作为第一层设备，本身处理的只是简单的"0""1"而已）时，会将信号进行放大，然后通过其他所有端口发送出去。例如，收到1就发送1，收到0就发送0，本身不会进行碰撞检测。集线器并不具备交换机一样的学习和存储记忆功能，也没有MAC地址表，它所做的就是类似广播一样将信号进行转发。

当然，相对于总线型网络，集线器还是有优势的，因为它采用的是类似星形拓扑的结构，这使得网络中无论哪一条链路发生故障，都不会影响其他链路的正常工作。但是，集线器的缺点也非常明显，因为所有加入到集线器中的设备是共享带宽的，所以每个设备能得到的带宽仅为总带宽/总设备数量。

集线器的工作模式类似于广播，但是从本质上说就是信号的放大和中转，而且属于"无脑式"电子信号的中转。它从一个端口接收信号，然后发送给其他所有接口。此时，若发生环路，或者网络故障，例如，直接将集线器的两个端口用一根网线连接起来，或者某个端口不停接收到毫无意义的电子信号，而集线器就只会"无脑"地不断转发，这种情况，直接造成了网络冲突，理论上最后会达到无限大，网络就会直接崩溃。虽然前面说过，任意一条链路发生故障不会影响其他的链路，这指的是该链路接口没有信号再传入。如果恰巧损坏的接口不断有数字信号流入，其结果可想而知，整个网络就会崩溃。

3. 冲突域

处在同一个CSMA/CD中的两台或者多台主机，在发送信号时会发生冲突，因而认为这些主机处在同一个冲突域中。同一个冲突域中的设备通信，会发生数据的碰撞，造成数据帧的丢失。而集线器并不能避免冲突，因此连接到同一个集线器的所有设备，也被认为处于同一个冲突域中。冲突域相连，会成为一个更大的冲突域，如图3-23所示。在此图中，不要认为这是3个冲突域，因为最上方中心集线器的关系，它们全部都在一个冲突域中。

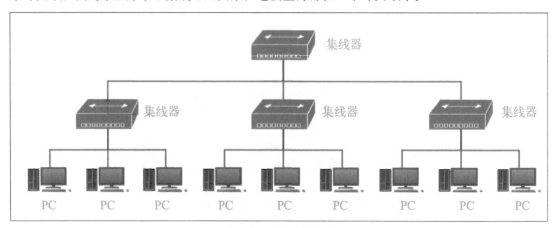

图 3-23　扩大的冲突域

冲突域中的网络设备越多，冲突的发生频率越高，直接的结果就是造成网络质量的下降和带宽的减少，严重的情况会造成网络阻塞甚至崩溃。

4. 集线器的特点

集线器的工作模式有如下特点。

● 从OSI模型可以看出集线器只是对数据的传输起到同步、放大和整形的作用，对数据传输中的短帧、碎片等无法进行有效处理，不能保证数据传输的完整性和正确性。

● 所有端口都共享一条带宽，在同一时刻只能有一个端口传送数据，其他端口只能等待，因此只能工作在半双工模式下，传输效率低。如果是8口的集线器，那么每个端口得到的带宽就只有总带宽的1/8了。

● 集线器采用的是一种广播工作模式，也就是说集线器的某个端口工作的时候，其他所有端口都能够收听到信息，因此集线器的安全性差。因为所有的网卡都能接收到所发数据，只是非目的地网卡自动丢弃了这个不是发给它的信息包而已。

■3.5.2 网桥

网桥是数据链路层的设备，现在也基本被淘汰了，但是根据网桥的原理制造的交换机却一直都在使用。所以，在学习交换机前需要先了解网桥。

1.网桥简介

网桥属于早期的网络设备，是数据链路层的设备，它一般有两个端口。网桥的两个端口各有一条独立的交换信道，而不是共享一条背板总线，所以可隔离冲突域。网桥比集线器性能更好，集线器的各端口都是共享同一条背板总线的。后来，网桥被具有更多端口、同时也可隔离冲突域的交换机所取代。

网桥根据MAC帧进行寻址，如果不是广播帧，查看目的MAC地址后，可确定是否进行转发，以及应该转发到哪个端口。

2.网桥的结构

网桥的逻辑拓扑如图3-24所示。

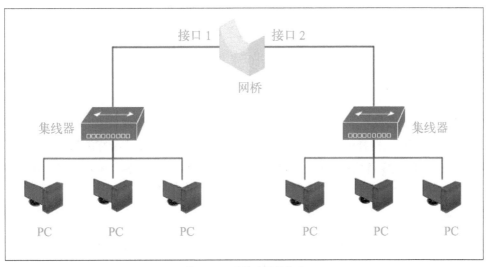

图 3-24　网桥的逻辑拓扑

因为网桥工作在逻辑链路层，所以网桥的内部结构要比集线器复杂得多。网桥的内部结构如图3-25所示。

集线器在信号转发时，不会对数据进行检测，并且也检测不了。网桥在转发帧的时候，必须要执行CSMA/CD算法，如果发现碰撞，会立即停止发送。

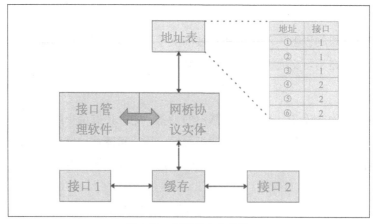

图 3-25　网桥的内部结构

3. 网桥的优缺点

网桥替代了集线器，可以隔绝冲突域，但由于本身性能的局限性，也已逐渐被淘汰。

（1）优点

网桥隔绝了冲突域，使各端口都成为一个独立的冲突域，间接过滤了一些占用带宽的通信量；经过网桥的中转，也扩大了网络的覆盖范围，提高了可靠性；可以连接不同物理层、不同MAC子层和不同速率的局域网。

（2）缺点

和集线器的直接转发不同，网桥需要将比特流变成帧，然后读取信息，并形成表，再根据表确定帧的转发端口。这样的存储、转发会增加时延，而在MAC层没有流量控制功能。当具有不同MAC子层的网段桥接在一起时，时延会更大。因此，网桥适合用户不多和通信量不大的场景，否则极易产生"网络风暴"。

4. 网桥的工作过程

网桥的工作过程和交换机基本类似，虽然只有两个接口，但是也会执行和交换机一样的工作过程。下面以最简单的网桥结构，介绍网桥的工作过程，如图3-26所示。

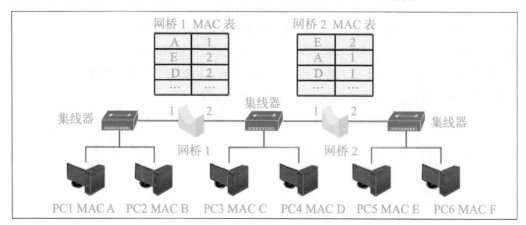

图 3-26　网桥工作过程示意图

例如，PC1要给PC5发送数据帧，发送目标是PC5，采用广播方式。当网桥1收到广播帧后，记录下PC1对应的MAC地址A和端口1（从1号端口来的）这两个重要数据。接着，网桥1的端口2继续广播。广播帧到达网桥2后，同样记录，并继续向网桥2的端口2发送广播。然后，PC5收到广播帧，并反馈一个回复信息给PC1。该数据帧通过网桥2，会记录PC5对应的MAC地址E和端口2（从2号端口过来的）。查找到目标PC1的MAC地址A对应的端口是1，就直接从1号端口将数据帧转发出去就可以了。然后到达网桥1后，同样记录下PC5的MAC地址E和来源端口2并查找网桥1的MAC表，对应的PC1的MAC地址为A，所对应的端口是1，就从网桥1的1号端口转发出去就可以了。最后PC1就收到了PC5回复的帧，包括其MAC地址。之后，PC1继续发送的帧就不用广播了，直接填入PC5的MAC地址，网桥收到帧后，因为有PC5的对应端口2，所以直接转发即可。以此类推。在这个过程中，其他PC收到目标帧后检查，发现不是自己的帧，就直接丢弃。

从上述整个过程可以看到网桥的主要功能有两个：学习和转发。

（1）学习

网桥的工作首先就是学习，所有进入的帧，网桥都会读取其MAC地址，并记录下MAC地址和进入的端口号，形成MAC地址表。另外，MAC地址表中记录的还有时间，因为要考虑到拓扑的变化以及和终端离线的情况，必须保证网络拓扑以及MAC地址表的实时、有效，所以要不断更新MAC地址表。网桥默认，如果A的帧从某端口进入，那么通过该端口就肯定能找到A。

（2）转发

依据学习到的MAC地址表，在表中能查到的，就转发到对应的端口。如果没有，则除了接收数据帧的端口外，向其他所有端口进行转发。如果发现目标MAC地址对应的端口就是数据帧进入的端口（如PC1向PC2发送数据帧，PC3向PC4发送数据帧等），那么丢弃该数据帧。在整个转发过程中，网桥的端口遵循CSMA/CD规则。

5. 冲突域的分割及广播域

前面介绍了冲突域的概念，也提及网桥可以分割冲突域。从图3-26中可以看到，两个网桥将整个6台主机分割成了3个冲突域。

PC1、PC2、网桥1的1号端口在一个冲突域，发送数据时，不需要考虑PC3至PC6会产生冲突，只仅仅在这3台设备之间，执行CSMA/CD协议。通过这种方法，降低发送数据时产生冲突的概率，可以提高数据帧的发送效率，从而间接地提高了网络的利用率和网络的带宽。另外两个区域同样如此。因此可以说网桥能分割冲突域。

广播的概念在网络层会着重介绍，广播可以查找通信的对象，但过多的广播会影响整个网络的带宽和质量，严重时可能会造成网络崩溃。从上面的过程可以看到，不论哪台设备，发送的如果是广播帧，或者目标并不在MAC地址表中，该帧会通过网桥，转发到其他所有的端口。因此，PC1到PC6都在一个广播域中，网桥是无法分割的。而要分割广播域只能使用第三层的设备，也就是路由器才能实现。二层的设备仅仅保证数据帧能够顺利且快速地转发。

3.5.3 交换机

交换机是另一种工作在数据链路层的设备，在大、中、小型企业中被广泛使用。因为工作原理的关系，交换机也被称为多口网桥。

1. 交换机简介

交换机（switch）是一种用电（光）信号转发数据的网络设备，如图3-27所示。交换机工作在数据链路层，它可以为接入交换机的任意两个网络节点提供独享的电信号通路。最常见的交换机是以太网交换机，其他常见的还有电话语音交换机、光纤交换机等。企事业单位或者家用的交换机，主要提供大量可以通信的传输端口，以方便局域网内部设备共享上网使用，或者局域网中各终端之间或终端与服务器之间进行数据高速传输服务。

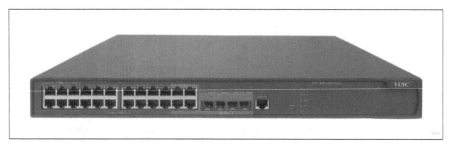

图 3-27　交换机

2. 交换机的工作原理

和网桥的工作原理类似，交换机的工作过程示意如图3-28所示。

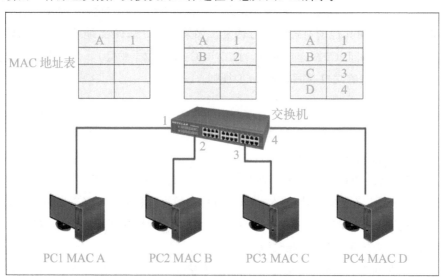

图 3-28　交换机工作过程示意图

交换机的工作过程与网桥的工作过程类似。简单介绍如下：PC1要向PC2发送数据，首先会发送一个目标为MAC B的数据帧，交换机收到后，会将PC1的MAC地址和使用的端口记录在MAC地址表中；然后查询地址表有无对应的目标MAC地址，如果有则直接转发，如果没有,则向2、3、4号端口转发,PC3及PC4接收到帧后,发现不是自己的,就丢弃,PC2发现是自己的,就会回传一个帧用于确认;交换机收到后,记录PC2的MAC地址B和端口2,然后查询路由表,发现目标是MAC A,则直接从1号端口转发出去,不会向3号、4号端口再转发了。PC1收到返回包,就开始正式发送数据了。一段时间后,交换机会记录所有的MAC地址和对应的端口号,以后再收到MAC地址表中存在的地址帧,就不会再广播,而直接进行数据帧的转发了。

交换机拥有一条带宽很大的背部总线和内部交换矩阵,其所有的端口都挂接在这条背部总线上。当控制电路收到数据帧后,处理端口会查找内存中的地址对照表以确定目的MAC地址挂接在哪个端口上,通过内部交换矩阵迅速将数据包传送到目的端口。目的MAC地址若不存在,则广播到所有的端口,这一过程叫作泛洪(flood)。接收端口回应后,交换机会"学习"新的MAC地址与端口的对应关系,并把它添加到内部MAC地址表中。使用交换机也可以把网络分段,通过对照地址表,交换机只允许必要的网络流量通过交换机。通过交换机的过滤和转发,可以有效减少冲突域,但它不能划分网络层广播,即广播域,除非划分了VLAN(virtual local area network,虚拟局域网)。

交换机的背板总线可以理解成交换机的最大吞吐量,即交换机能够同时转发的最大数据量,也就是交换机总的数据带宽。该参数是交换机总交换能力的标志。

交换矩阵,指的是背板式交换机的硬件结构,用于在各个线路之间实现高速的点到点连接。每个交换机端口都有一条专用线路直通其他的端口。交换机负责整个线路的连接、中断等。

有了交换矩阵,交换机就可以实现多条线路同时工作,使每一对相互通信的主机都能像独占通信媒体那样进行无碰撞的数据传输,而不必像集线器那样通过广播的方式了,这样便减少了冲突域,提高了网络的速度。例如,PC1和PC2之间的通信并不影响PC3与PC4之间的通信,它们各自都可以完全享受到100 M或者1 000 M的直连速度,和集线器不同,交换机可以做到全双工工作模式。

3. 交换机的功能

从上面的整个过程中,可以了解到交换机具有以下主要功能。

(1)学习

以太网交换机了解每一端口相连设备的MAC地址,并将地址和相应的端口映射存放在交换机缓存中的MAC地址表中。

(2)转发

当一个数据帧的目的地址在MAC地址表中有映射时,它被转发到连接目的节点的端口而不是所有端口(如该数据帧为广播/组播帧,则转发至所有端口)。

(3)避免回路

如果交换机被连接成回路状态,很容易使广播包反复传递,从而产生广播封闭,造成广播风暴,导致设备瘫痪。高级交换机会通过生成树协议STP技术避免回路的产生,并且起到线路冗余备份的作用。

（4）提供大量网络接口

交换机一般为网络终端的直连设备，为大量计算机及其他有线网络设备提供接入端口，完成星形拓扑结构。

（5）分割冲突域

此功能和网桥的作用类似，这里不再赘述。

4. 交换机与广播风暴

广播风暴（broadcast storm）是指当广播数据充斥网络而无法处理，并占用大量网络带宽，导致正常业务不能运行，甚至网络彻底瘫痪，就称发生了广播风暴。

一个数据帧或包被传输到本地网段上的每个节点就是广播。由于网络拓扑的设计和连接问题，或其他原因导致广播在网段内大量复制、传播数据帧，致使网络性能大大下降甚至瘫痪，即发生了广播风暴。发生广播风暴的原因有很多，包括网线短路、病毒、环路产生（图3-29）等。其实，两台交换机如果没有配置相应功能，或者直接用两根线连接起来，也会发生广播风暴。

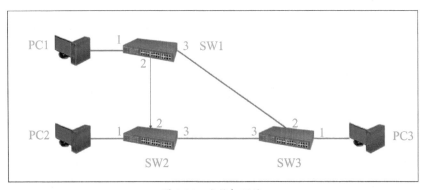

图 3-29　交换机环路

如果PC1要想找PC4，发送数据帧后，交换机SW1接收到，查看MAC地址表，发现并没有PC4的MAC信息，就将该数据从2、3号端口继续发送出去。该数据到达SW2后，做同样的工作，并从1、3号端口发出。1号端口的PC2会将该帧丢弃。在SW3中，会收到SW1、SW2发过来的帧，又会分别发送到其余两个端口，如此一遍遍循环，导致整个网络中全是这种广播帧。最后，耗尽交换机资源，网络崩溃。

现在的网管型交换机增加了针对广播风暴的功能，如使用生成树协议，可以在一定程度上遏制广播风暴的发生。但是因为工作机制的关系，只能尽可能降低而无法彻底避免。使用生成树协议后，经过计算会将其中一根环路的线禁用（实际是禁止一个交换机端口）。这样，网络拓扑就从环路变成了正常的拓扑结构，如图3-30所示。关掉的那条线路也不是没用了，而是起到冗余的功能。如果这两条交换机的线路中某一条发生故障，就会启动被禁用的那条线路，网络就重新恢复了。

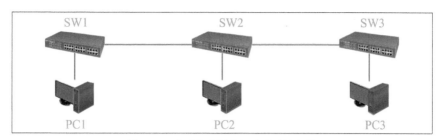

图 3-30 启用生成树协议后的网络拓扑

5. 交换式网络的分层

对于一套大中型网络系统，其交换机配置一般由接入层交换机、汇聚层交换机、核心层交换机三部分组成，如图3-31所示。

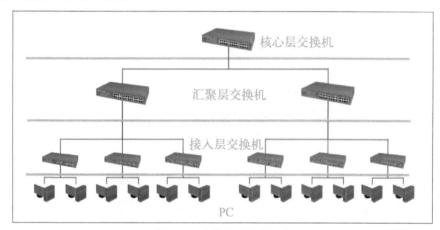

图 3-31 交换式网络的分层

（1）接入层

接入层的目的是允许终端用户连接到网络，因此接入层交换机具有低成本和高端口密度的特性。在接入层设计上主张使用性价比高的设备，同时应该易于使用和维护。

接入层为用户提供了在本地网段访问应用系统的能力，主要解决相邻用户之间的互访需求，并且为这些访问提供足够的带宽，接入层还应当适当负责一些用户管理功能（如地址认证、用户认证、计费管理等）。

（2）汇聚层

汇聚层是网络接入层和核心层的"中介"，也就是在工作站接入核心层前先做汇聚，以减轻核心层设备的负荷。汇聚层必须能够处理来自接入层设备的所有通信量，并提供到核心层的上行链路。汇聚层交换机与接入层交换机比较，需要更高的性能、较少的接口和更高的交换速率。汇聚层具有实施策略、安全、工作组接入、源地址或目的地址过滤等多种功能。在汇聚层中，应该采用支持VLAN的交换机，以达到网络隔离和分段的目的。

（3）核心层

核心层是网络的高速交换主干，对整个网络的连通起到至关重要的作用。核心层应该具有的特性有可靠性、高效性、冗余性、容错性、可管理性、适应性、低延时性等。在核心层中，

应该采用高带宽的千兆以上交换机。核心层设备采用双机冗余热备份是非常必要的，也可以使用负载均衡功能来改善网络性能。网络的控制功能最好尽量少在核心层上实施。核心层设备将占投资的主要部分。

6. 交换机的重要参数

以某交换机的产品说明为例介绍交换机的重要参数。例如，某交换机产品说明标明：24×10/100/1000 BASE-T端口，2×10G BASE-T端口，4×10G SFP+ 端口，交换容量336 G，64-Byte数据包转发率144 Mp/s。

（1）端口

在挑选交换机时，首先要满足端口数量的要求。产品说明中标明：有24个10/100/1 000M自适应的双绞线端口（实际需要如果超过了24，就要选购两台或者选择48口交换机了）；2×10G BASE-T端口，表示有2个万兆的双绞线端口，用于和其他交换机连接；4×10G SFP+ 端口表示有4个万兆的光纤端口，用于进行远距离的光纤连接。

（2）背板带宽

背板带宽表示交换机的交换容量，是指交换机接口处理器或接口卡和数据总线间所能吞吐的最大数据量。交换容量表明了交换机总的数据交换能力，单位是Gb/s。所有端口容量×端口数的2倍应该小于背板带宽，才可实现全双工无阻塞交换，从而证明交换机具备发挥最大数据交换性能的条件。一般来说，选择交换机时，标明的交换容量应该大于或者等于实际使用时的最大数据交换量，才能算是好的交换机。可以计算一下，24口千兆，应该是24×1 Gb/s=24 Gb/s；其余6个口都是万兆，应该是6×10 Gb/s=60 Gb/s；两者加起来是84 Gb/s。另外需要考虑全双工方式，那么再乘以2，最后得出交换容量应该是84 Gb/s×2=168 Gb/s<336 Gb/s。所以，该交换机符合要求，可以实现全双工无阻塞的交换。

全双工端口可以同时发送和接收数据，但需要交换机和所连接的设备都支持全双工工作方式。具有全双工功能的交换机有以下优点。

- **高吞吐量**：两倍于单工模式通信的吞吐量。
- **避免碰撞**：没有发送/接收碰撞。
- **突破长度限制**：由于没有碰撞，所以不受CSMA/CD链路长度的限制。通信链路的长度限制只与物理介质有关。

现在支持全双工通信的协议有快速以太网、千兆以太网和ATM。

（3）包转发率

包转发率，指交换机端口在转发数据包时的速率。交换机包转发率的单位一般为Mb/s，指的是二层交换机，对于三层以上交换机采用Mp/s。p/s指packet/s，即每秒包数。

有些常量需要了解：100 M端口的包转发率应该是0.148 8 Mp/s，1 000 M端口的包转发率是1.488 Mp/s，10 G端口的包转发率是14.88 Mp/s。这些是指包为64 Byte大小时的转发率。

下面计算示例中所给交换机的所有端口在全速工作时的包转发率，即24×1.488 Mp/s+6×14.88 Mp/s=124.992 Mp/s<144 Mp/s，所以，该交换机完全满足满负载时的包转发率（即吞吐量）。包转发率一般和交换容量一起作为判断交换机是否合格的重要参数。

（4）转发技术

转发技术是指交换机采用的转发数据包的机制。不同的转发技术各有其优缺点。

① 直通转发技术（cut through）。

交换机一旦解读到数据包目的地址，就开始向目的端口发送数据包。通常，交换机在接收到数据包的前6个字节时，就已经知道目的地址，从而可以决定向哪个端口转发这个数据包。直通转发技术的优点是转发速率快、减少延时和提升整体吞吐率；其缺点是交换机在没有完全接收并检查数据包的正确性之前就已经开始进行数据转发，这样，在通信质量不高的环境下，交换机会转发所有的完整数据包和错误数据包，实际上给整个交换网络带来许多垃圾通信包，交换机可能会被误认为发生了广播风暴。直通转发技术适用于网络链路质量较好、错误数据包较少的网络环境。

② 存储转发技术（store and forward）。

存储转发技术要求交换机在接收到所有数据包后再决定如何转发。这样一来，交换机可以在转发之前检查数据包的完整性和正确性。这种转发技术的优点是没有残缺数据包转发，减少了潜在的不必要的数据转发。它的缺点是转发速率比直接转发技术慢。存储转发技术比较适应于普通链路质量的网络环境。

③ 碰撞逃避转发技术。

某些厂商的交换机还提供该厂商特定的转发技术。碰撞逃避转发技术通过减少网络错误繁殖，在高转发速率和高正确率之间选择了一个折中的办法。

（5）转发延时

交换机延时是指从交换机接收到数据包到开始向目的端口复制数据包之间的时间间隔。有许多原因会影响延时大小，如转发技术等。采用直通转发技术的交换机有固定的延时，因为直通式交换机不考虑数据包的整体大小，而只根据目的地址来决定转发方向，所以它的延时是固定的，取决于交换机解读数据包前6个字节中目的地址的解读速率。采用存储转发技术的交换机由于必须要接收完完整的数据包后才开始转发数据包，因此，它的延时与数据包的大小有关。数据包大，则延时大；数据包小，则延时小。

（6）交换机的其他功能

一般的接入层交换机，需要考虑背板带宽、转发性能等。另外，简单的QoS保证、安全机制、支持网管策略、生成树协议和VLAN都是必不可少的功能。用户应该根据实际网络环境进行选择，存储转发方式是目前交换机的主流交换方式。

链路聚合可以让交换机之间、交换机与服务器之间的链路带宽有非常好的伸缩性，如可以把2个、3个、4个千兆的链路绑定在一起，使链路的带宽成倍增长。链路聚合技术可以实现不同端口的负载均衡，同时也能够互为备份，保证链路的冗余性。在一些千兆以太网交换机中，最多可以支持4组链路聚合，每组中最多4个端口。也有支持8组链路聚合的交换机。在一个网络中设置冗余链路，并用生成树协议让备份链路阻塞，在逻辑上不形成环路，一旦出现故障便可启用备份链路。

选择交换机时，除了考虑交换机的端口需要冗余，还应根据实际需要选择是否需要支持

PoE（power over ethernet，以太网供电）功能，如果需要，就应选择具有PoE供电功能的交换机，如图3-32所示。另外，查看交换机提供的扩展端口中是否有光纤端口、级联端口等，从而决定是否需要配备光纤模块（图3-33）。

图 3-32　具有 PoE 供电功能的交换机

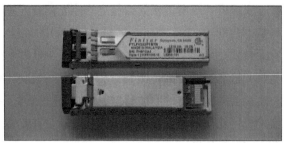
图 3-33　交换机的光纤模块

3.6　差错控制技术与流量控制技术

　　数据链路层的一项重要工作就是差错控制，并且在检错的基础上，增加了流量控制技术。下面介绍这两项技术的具体内容。

■3.6.1　差错控制技术

　　差错控制是指在数据通信过程中，能发现或纠正错差，并把差错控制在尽可能小的允许范围内的技术和方法。

1. 差错产生的原因

　　信号在物理信道中传输时，由线路本身的电器特性造成的随机噪声、信号幅度的衰减、频率和相位的畸变、电器信号在线路上产生反射造成的回音效应、相邻线路间的串扰以及各种外界因素（如大气中的闪电、开关的跳火、外界强电流磁场的变化、电源的波动等）都会造成信号的失真，信号波形传到接收方就可能会发生错误。在数据通信中，可能会使接收端收到的二进制数位和发送端实际发送的二进制数位不一致，从而造成由"0"变成"1"或由"1"变成"0"的差错。

　　为了减少传输差错，一般采用两种策略：改善线路质量和差错检测与纠正。

2. 检测方法

　　差错控制最常用的技术是在发送端通过对数据单元进行计算得到一个校验码作为发送数据的冗余码，然后由数据单元和冗余码组成发送数据进行传输。接收端收到数据后，采用相同的校验码计算方法求得标准的冗余码，与数据帧携带的冗余码进行比较，如果不正确就表明数据出错了。这种技术被称为"冗余校验技术"，一旦传输被确认无误，那些附加的冗余数位便被自动丢弃。

　　一般在被传送的K位信息后附加r位冗余位，接收方对收到的信息应用同一算法，将结果与发送方的结果进行比较，若不相等则表明数据出现了差错。如果接收方知道有差错发生，但不知道是怎样的差错，于是向发送方请求重传，这种策略称为检错；如果接收方知道有差错，并且知道是怎样的差错，这种策略称为纠错。

差错控制编码可以分为检错码（用于自动发现传输差错的编码）和纠错码（能自动发现并且能自动纠正传输差错的编码）。在数据链路层进行差错控制的两大目标是尽量降低误码率和尽量提高编码效率。

差错控制编码的类型根据检测方法的不同，可以分为垂直奇偶校验（vertical redundancy check，VRC）、水平奇偶校验（longitudinal redundancy check，LRC）和循环冗余校验（CRC）。

3. 差错检测技术

差错检测技术一般分为两种：奇偶校验检错码和循环冗余CRC检错码。

（1）奇偶校验检错码

奇偶校验码是在所发送的每个字符后面添加一个校验位，称为奇偶位。奇校验是指若字符中有奇数个1则添校验位0，若有偶数个1则添校验位1，最终保证字符中有奇数个1。偶校验是指若字符中有奇数个1则添校验位1，若有偶数个1则添校验位0，最终保证字符中有偶数个1。例如，发送1110010时，采用奇校验为11100101，偶校验为11100100。奇偶校验可以检测奇数位错误，而不能检测偶数位错误。奇偶校验也无法判断是哪些位发生错误。偶校验一般用于同步传输，奇校验一般用于异步传输。

（2）循环冗余CRC检错码

在网络协议中最常用的差错检测技术是循环冗余码校验技术CRC，它能检测出更多的错误，常用在数据链路层。在网络传输的数据帧的后面有一个帧校验序列FCS，它就是CRC检错码。

4. 差错控制技术

在数据链路层进行差错控制时，会使用的技术有自动重传请求机制、停等ARQ（automatic error request，自动检错重发）协议、后退N-ARQ协议和选择重发ARQ协议。

（1）自动重传请求机制

当接收端检测出数据帧中的错误后，就会有错误的帧丢弃，那么出错的数据帧如何恢复呢？这就需要差错控制技术。该技术最基本的就是自动重传请求机制，其核心是通过收发双方的确认和重传方式实现。确认技术有：

- **正确认超时重传**：接收方在成功接收无差错的数据帧后，返回给发送方一个正确认消息ACK。若发送方在超过一定时间间隔后没有收到ACK（acknowledgement），则重新发送该数据帧。
- **负确认重传**：接收方在检测到数据帧有差错时，返回负确认消息NAK（non-acknowledgement），发送方则重发该数据帧。

（2）停等ARQ协议

停等差错控制技术采用的是正确认超时重传机制。发送方每发送一个数据帧就等待一个正

确认，在收到接收方发送的ACK后才发送下一个数据帧。

帧的差错可能有：

- **数据帧丢失和出错**：接收方没有收到或检测到出错的数据帧时，丢弃该出错的数据帧，发送方通过超时重传方式重发该数据帧。
- **ACK消息出错**：帧正确到达目的地，接收端也正确接收，但是返回的ACK丢失或出错，发送方仍收不到正确认，超时后，发送方仍然重发该帧，这样，接收端就会收到两个一样的数据帧。解决方法是给每个数据帧编上序号，如F0、F1、F2、F3等，若接收方连续收到两个序号相同的帧，则为重复的数据帧，应丢弃一个。

ACK要指明下一个准备接收的数据帧的序号，例如，ACK2表示准备接收的是F2，且F2以前的帧已全部正确接收。停等ARQ最大的优点就是简单，但缺点是效率低下，每发送一个数据帧，发送方都要停下来等待，浪费了大量的网络时间。

任何一个编号系统的序号所占用的比特数一定是有限的，所以发送序号总是循环出现。序号占用的比特越少，数据传输的额外开销就越小。

（3）后退N-ARQ协议

后退N-ARQ技术，就是在发送方收到ACK之前可以连续发送多个数据帧而不必等待正确认ACK(n)的到来。但是如果在这期间接收到一个错误的NAK(n)，则n以后的所有已发送的帧都需重发，这就是后退N机制。

例如，发送方最多可发送8个数据帧而无须确认，即窗口大小为8。如果第4帧出错，即收到NAK(4)，则表明编号为0~3的数据帧已正确接收，而帧4及以后的数据帧全部被接收端丢弃或忽略，发送方从第4帧，再重新发送一遍后面的所有数据帧。后退N机制采取累计确认的方式，可以应用ACK和NAK结合的方式实现。

（4）选择重发ARQ协议

后退N机制解决了停等ARQ的网络利用率低的问题，但是后退N在重发的时侯，不管N后面的数据帧是否有错，都要重新发送，这样浪费了系统资源，于是提出了选择重发ARQ技术。选择重发ARQ只是发送出错的数据帧，这样提高了信道的利用率，但是要求接收方维持较大的缓冲区间，以便存储已到达、无差错但序号不连续的帧，等到发送方重发的帧到齐后，再将其插入到适当位置进行按序接收。

■3.6.2 流量控制技术

在数据链路层，由于收发双方各自工作速率和缓冲存储空间的差异，当发送方发送的数据速率大于接收方接收的能力时，就会发生数据的溢出和丢失。这时，就需要对收发双方的数据流量进行控制，使发送方的速率不致超过接收方所能承受的范围。这就是数据链路层的流量控制。流量控制有滑动窗口和HDLC协议两种技术。

1. 滑动窗口

流量控制的过程需要通过某种反馈机制使发送方知道接收方是否能跟得上发送速率，需要有一些规则控制发送方的发送和等待时机。最简单的流控机制就是停等流控，但是这种流控技术效率太低，所以现在普遍采用的是滑动窗口流控机制，其工作原理是：

① 通信双方在数据交换前，准备好各自接收缓存区作为对方的发送窗口，并通告对方。

② 发送方在收到确认前，可以发送的最大数据量由发送窗口大小决定，在没有收到ACK消息时，窗口不断缩小，只有收到ACK消息，窗口才能向右滑动。

③ 接收端可以接收的最大数据量是由接收窗口的大小决定的。每接收一个数据帧，窗口就收缩一个空位，当通过帧的差错检测并向发送端发送ACK消息后，接收窗口就向右滑动并扩展空位。

④ 帧的顺序号占据帧的一个域，域的位数决定了顺序号的大小，例如，域的大小是3位，则帧的编号为$0\sim(2^3-1)$。

滑动窗口流量控制机制的特点是：发送方根据接收方的接收窗口大小界定发送的数据量，滑动窗口左边为已发送并确认的数据，窗口内为可以一次发送的数据，窗口右边为待发送的数据。

2. HDLC协议

高级数据链路控制（high level data link control，HDLC）协议是一个面向比特流的通用数据链路协议，它描述了数据链路层帧的结构和收发双方对数据链路的控制规程，可实现完全可靠的数据帧的传输控制，包括帧的确认重传、差错控制、流量控制等。当有多个节点时，HDLC对链路的使用采用轮询控制机制，该机制有主站发起、从站发起和混合发起三种模式。HDLC的操作模式有主节点方式操作、从节点方式操作和混合节点方式操作。其中，主节点负责对数据流的组织和数据差错控制的实施，主节点到从节点发送的是命令帧，反之为响应帧。

HDLC常用的响应方式有：

- **正常响应方式**：属于非平衡数据链路操作方式，适用于面向终端的点到点或点到多点的链路。通常采用主节点启动，具有管理整个链路、超时重传、轮询、选择从节点等管理功能。
- **异步响应方式**：属于非平衡数据链路操作方式。一般采用从节点启动，由从节点向主节点发送帧，且由从节点控制超时重传和轮询。
- **异步平衡方式**：允许任何节点启动数据传输。

HDLC适用于点到点和点到多点式的系统结构。从工作方式而言，适用于半双工或全双工结构。从传输方式而言，适用于同步传输及中高速传输。HDLC开始发送一帧后，就可以连续不断地发送所有的帧，可同时确认多幅帧。HDLC的每幅帧都含有地址字段。在多点结构中，每个从节点只接收含有本节点地址的帧，主节点在选中一个从节点并与之通信的同时，不用拆除链路，就可以选择其他节点通信，所以具有很高的传输效率。HDLC所有帧都包含帧检验序列（FCS），按照窗口序号顺序传输。HDLC采用"0比特插入法"对数据进行透明传输，传输信息的组合方式无任何限制。HDLC采用统一的帧格式实现数据、命令、响应的传输。在链路控制方面，HDLC利用改变帧中控制字段的编码格式来完成各种规定的链路操作，提供面向比特的传输功能。

3.7 虚拟局域网

前面介绍了交换机能隔绝冲突域而不能隔绝广播域，要隔绝广播域，需要使用路由器，或者使用虚拟局域网技术。

■3.7.1 虚拟局域网简介

虚拟局域网，也叫作VLAN（virtual local area network，VLAN），是一种将局域网内的设备逻辑地而不是物理地划分成一个个网段的技术。这里的网段是逻辑网段的概念，而不是真正的物理网段。VLAN是一组逻辑上的设备和用户，这些设备和用户并不受物理位置的限制，可以根据功能、部门及应用等因素将它们组织起来，相互之间的通信就好像它们在同一个网段中一样，因此取名虚拟局域网，如图3-34所示。

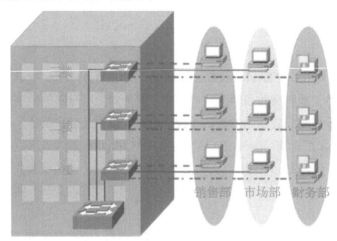

图 3-34　虚拟局域网示意

■3.7.2 划分虚拟局域网的原因

划分虚拟局域网主要出于三方面考虑。

第一是基于网络性能的考虑。对于大型网络，现在常用的Windows NetBEUI用的是广播协议，当网络规模很大时，网上的广播信息会很多，这会恶化网络性能，甚至形成广播风暴，引起网络阻塞。此时可以通过划分很多虚拟局域网以减少整个网络范围内广播包的传输，因为广播信息是不会跨过VLAN的，把广播限制在各个虚拟网的范围内，用专业术语来说就是缩小了广播域，提高了网络的传输效率，从而提高网络性能。

第二是基于安全性的考虑。因为各虚拟局域网之间不能直接进行通信，必须通过路由器转发，这为高级别的安全控制提供了可能，从而增强了网络的安全性。在大规模的网络中，例如，一个大的集团公司有财务部、采购部和客户部等，它们彼此之间的数据是保密的，相互之间只能提供接口数据，其他数据是保密的。这样就可以通过划分虚拟局域网对不同部门进行隔离。

第三是基于组织结构的考虑。同一部门的人员分散在不同的物理地点，例如，集团公司的财务部，在各子公司均有分部，但都属于财务部管理。虽然各分部的数据都是要保密的，但需统一结算时，就可以跨地域（也就是跨交换机）将其设在同一虚拟局域网中，实现数据的安全共享。采用虚拟局域网的优势有：抑制网络的广播风暴，增强网络的安全性，管理控制集中化。

■3.7.3 虚拟局域网的划分方法

VLAN可以基于多种方法进行划分。

- **基于端口：** 这是最常用的划分方法，基于端口的VLAN是最实用的虚拟局域网。它采用了最普通、最常用的虚拟局域网成员定义方法，配置也相当直观简单，即局域网中的站点具有相同的网络地址，不同的虚拟局域网之间进行通信需要通过路由器。采用这种方式的虚拟局域网的不足之处是灵活性较差。例如，当一个网络站点从一个端口移动到另外一个新的端口时，如果新端口与旧端口不属于同一个虚拟局域网，则用户必须对该站点重新进行网络地址配置，否则，该站点将无法进行网络通信。在基于端口的虚拟局域网中，每个交换端口可以属于一个或多个虚拟局域网组，比较适用于连接服务器。
- **基于MAC地址：** 在基于MAC地址的虚拟局域网中，交换机对站点的MAC地址和交换机端口进行跟踪，在新站点入网时根据需要将其划归至某一个虚拟局域网。无论该站点在网络中怎样移动，由于其MAC地址保持不变，因此用户不需要进行网络地址的重新配置。这种虚拟局域网技术的不足之处是在站点入网时需要对交换机进行比较复杂的手工配置，以确定该站点属于哪一个虚拟局域网。
- **基于IP地址：** 在基于IP地址的虚拟局域网中，新站点在入网时无须进行太多配置，交换机会根据各站点的网络地址自动将其划分成不同的虚拟局域网。

在三种虚拟局域网的实现技术中，基于IP地址的虚拟局域网智能化程度最高，实现起来也最复杂。

■3.7.4 虚拟局域网之间的通信

尽管大约有80%的通信流量发生在VLAN内，但仍然有大约20%的通信流量要跨越不同的VLAN。目前，解决VLAN之间的通信主要采用路由器技术。VLAN之间通信一般采用两种路由策略，即集中式路由和分布式路由。

1. 集中式路由

集中式路由策略是指所有VLAN都通过一个中心路由器实现互联。对于同一交换机（一般指二层交换机）上的两个端口，如果它们属于两个不同的VLAN，尽管它们在同一交换机上，在数据交换时也要通过中心路由器来选择路由。

这种方式的优点是简单明了，逻辑清晰；其缺点是由于路由器的转发速度受限，会加大网络时延，容易发生拥塞现象。因此，集中式路由要求中心路由器提供很强的处理能力和容错性。

2. 分布式路由

分布式路由策略是将路由选择功能适当地分布在带有路由功能的交换机上（指三层交换

机），同一交换机上的不同VLAN可以直接实现互通。这种路由方式的优点是具有极高的路由速度和良好的可伸缩性。

■3.7.5 虚拟局域网的技术标准

虚拟局域网的技术标准主要有两个：IEEE 802.1Q和ISL（inter-switch link protocol，交换链路内协议）。

IEEE 802.1Q是IEEE 802委员会制定的VLAN标准。是否支持IEEE 802.1Q标准是衡量LAN交换机的重要指标之一。目前，新一代的局域网交换机都支持IEEE 802.1Q，而较早的设备则不支持。

ISL协议是由Cisco公司开发的，它支持实现跨多个交换机的VLAN。该协议使用10 bit寻址技术，数据包只传送到那些具有相同10 bit地址的交换机和链路上，以此进行逻辑分组，控制交换机和路由器之间广播和传输的流量。

课后作业

一、单选题

1. MAC地址的长度为（　　）。

　　A. 48位　　　　　　B. 32位　　　　　　C. 64位　　　　　　D. 8位

2. 实际上，集线器属于OSI参考模型第（　　）层的设备。

　　A. 一　　　　　　　B. 二　　　　　　　C. 三　　　　　　　D. 四

3. 交换机可以隔绝（　　）。

　　A. 广播域　　　　　B. 冲突域　　　　　C. 都可以　　　　　D. 都不可以

二、多选题

1. 数据链路层解决的主要问题包括（　　）。

　　A. 封帧　　　　　　B. 透明传输　　　　C. 差错检测　　　　D. 广播风暴

2. 按照转发方式，交换机可以分为（　　）。

　　A. 直通转发　　　　B. 交换转发　　　　C. 存储转发　　　　D. 碰撞逃避转发

三、简答题

1. 简述数据链路层的作用。

2. 简述PPP协议的作用。

3. 简述共享式以太网的工作过程。

4. 简述数据链路层的常见设备及其工作原理。

5. 简述差错控制技术及流量控制技术的实现方法。

6. 简述虚拟局域网的划分方法。

◉ 配套学习资料
◉ 网络原理详解
◉ 理论与实践课
◉ 网络安全专讲

即刻学习

模块 4

网络层详解

内容概要

　　网络层属于OSI参考模型的第三层，而在TCP/IP四层模型中属于第二层。网络层的作用就是为数据包找到一条可以快速到达目标的线路，并尽全力交付数据包。TCP/IP参考模型中的IP指的就是网络层，因此，网络层非常重要。本模块将详细介绍网络层的相关知识。

知识要点

- 网络层的作用与服务。
- IP协议及IP地址。
- 路由的工作过程与分类。
- 网络层的常见协议。
- 虚拟专用网与网络地址转换。
- 网络层的主要设备。

4.1 网络层简介

如果大家离得较近，使用同一个局域网，也就不需要网络层了。但是现实情况往往是网络中需要通信的终端不仅跨局域网，而且还可能使用不同的网络结构。网络层就是解决不同网络之间的传输问题的。网络层的通信如图4-1所示，其中，传输线路中使用的就是位于网络层的路由器。

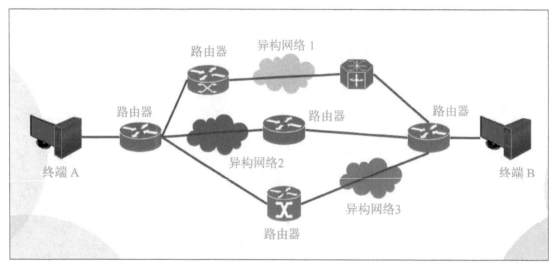

图 4-1　网络层的通信

■4.1.1　网络层的作用

与数据链路层提供的短距离相邻节点之间的传输不同，网络层主要负责远距离、异构的、经过很多节点才能达到目的端的网络的透明通信。网络层的主要作用如下所述。

1. 封装与解封

将从传输层收到的数据段分组后，加入IP数据报头信息，封装成IP数据报，选择目的路径后，向下递交给数据链路层，如图4-2所示。到达对端后，再进行解封操作。

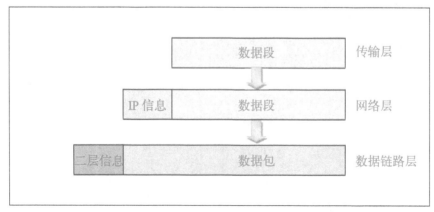

图 4-2　数据的封装

2. 路由与转发

通过各种路由算法，为数据分组报文的发送计算并寻找到最优的路径，再通过网络将数据包发送出去，如图4-3所示。需要说明的是，并不是经过的路由器越少就越好，路由的算法还要考虑链路的带宽、负载等因素，选择代价最低的路径。同时还要根据网络状况，实时更新路由信息，以便随时掌握最优路径。

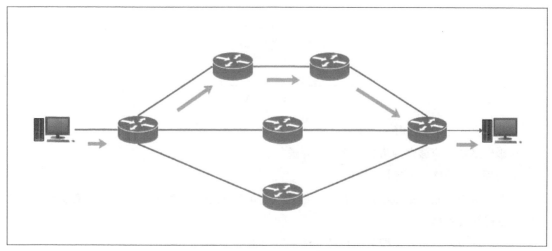

图 4-3　转发数据包

3. 拥塞控制

通过路由器的寻路功能，避过拥堵的线路，选择空闲的线路，在一定程度上实现了数据的科学分流及对数据流量的控制。

4. 连接异构网络

互联网是由很多局域网组成的，局域网有很多是使用不同协议组建的网络，而在广域网中也存在很多使用不同协议的网络设备。如何将这些不同种类的局域网和网络设备连接起来，这就需要使用网络层的重要设备——路由器。当然，这些设备和局域网必须遵循OSI模型或者TCP/IP模型。

5. 其他功能

除了上面提到的主要功能外，网络层还提供网络连接复用、差错检测、服务选择等功能。

■4.1.2　网络层的服务

这里先介绍虚电路和数据报的联系和区别，以便更好地理解网络层。

1. 虚电路服务

虚电路是一种网络层的服务，是指在通信设备两端之间建立起一条虚的电路，如图4-4所示。当然，它只是一条逻辑上的连接，而不是真的建立了一条物理链路。所有数据包都通过这条逻辑连接，按照存储转发的方式发送。

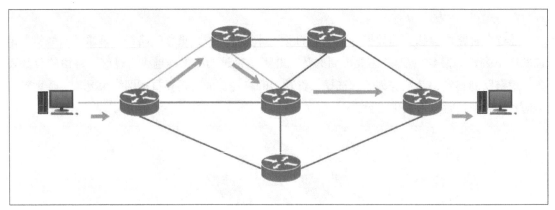

图 4-4　虚电路

虚电路服务的特点如下：

● 虚电路认为应该由网络层来确保可靠通信。

● 必须建立网络层的连接。

● 在两端之间建立虚电路后，每个分组使用短的虚电路进行数据传输，也不需要每个分组都标记终点地址。

● 一条虚电路的所有数据分组均按照统一路线进行传输。

● 当中间的某一节点发生故障后，虚电路就无法工作了。

● 传输时，发送端按照顺序进行发送，接收端也按照顺序进行接收。

● 差错控制和流量控制可以由网络层负责，也可以由上层协议负责。

2. 数据报服务

与虚电路服务不同，数据报服务有以下特点。

● 网络层向上只提供简单灵活的、无连接的、尽最大努力交付的数据报服务。

● 每个分组都有独立的完整地址，每个分组独立选择路由进行转发，如图4-5所示。

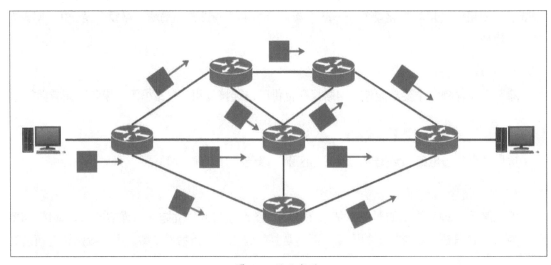

图 4-5　独立发送

- 网络层在发送分组时不需要先建立连接。每一个分组独立发送，与其前后的分组无关（不进行编号）。
- 网络层不提供服务质量的承诺，即所传送的分组可能出错、丢失、重复和失序（不按顺序到达终点），当然也不保证分组传送的时限。所有可靠的通信均由上层协议来保证。
- 当出现故障后，仅仅丢失部分分组数据，网络路由有所变化。

由于网络层的传输不要求提供端到端的可靠传输服务，这就使网络层中的路由器可以做得比较简单，从而价格低廉。简单的设计就可保证高效率和低故障率。而差错处理、流量控制等则交由用户端设备的传输层负责。采用这种设计思路的好处是：网络的造价大大降低，运行方式更灵活，能够适应多种应用。因特网能够发展到今日的规模，充分证明了当初采用这种设计思路的正确性。

4.2　互联网协议IP

互联网协议（internet protocol，IP）作为TCP/IP协议的一部分，是网络层的核心协议。下面介绍IP协议的相关知识。

■4.2.1　IP协议简介

IP协议是为终端在网络中相互连接进行通信而设计的协议，是TCP/IP体系中网络层的协议。设计该协议的目的是提高网络的可扩展性。可扩展性包括两方面内容：一是解决网络互联问题，实现大规模、异构网络的互联互通；二是分割顶层网络应用和底层网络技术之间的耦合关系，以利于两者的独立发展。根据端到端的设计原则，IP协议只为主机提供一种无连接的、不可靠的、尽力而为的数据报传输服务。

简单地说，如果网络设备基本都包括网络层、数据链路层、物理层，也遵循每一层相应的协议，那么就可以认为它们之间能够相互通信，而实际上也确实如此。不管其他上层协议如何，只需要这三层，数据包就可以在互联网中传输。当然，仅仅是保证包能够到达，至于包的排序、纠错、流量控制等，在不同的体系中都有与其相对应的解决方案。互联网中的网络设备——路由器，基本上就是这样工作的。

正是因为IP协议的优势，因特网才得以迅速发展成为世界上最大的、开放的计算机通信网络。因此，IP协议也可以称为"因特网协议"。

■4.2.2　IPv4地址划分

IP地址是IP协议的重要组成部分。IP地址是指互联网协议地址，又译为网际协议地址，是IP协议提供的一种统一的地址格式。互联网上的每一个网络和每一台主机都分配有一个逻辑地址，以此来屏蔽物理地址的差异。

和MAC地址的作用类似，不同的IP地址标识了不同的目标位置，这样数据就能有目的地传输。就像每家的门牌号，只有知道对方的门牌号，信件才能发出去，邮局才能去投递，而对方也才能拿到这封信。另外，地址必须是唯一的，不然有可能送错。

1. IP地址格式

最常见的IP地址类型是IPv4地址。IPv4地址通常用32位的二进制数表示，它被分割成4个8位的二进制数，也就是4个字节。IP地址通常使用点分十进制的形式表示为（a.b.c.d），其中，一位数字表示8个二进制位。表示成十进制的（a.b.c.d）中每位数的范围是0～255。例如，192.168.0.1，分别用点分十进制和二进制表示出来，如图4-6所示。以下主要以IPv4地址为例介绍IP地址的相关知识，如无特别说明，IP地址都是指IPv4地址。

192 . 168 . 0 . 1

11000000.10101000.00000000.00000001

图4-6　IP地址的进制转换

2. IP地址的网络位和主机位

IP地址是由4段8位二进制数组成。同MAC地址的前半部分标明生产厂商的操作类似，32位的IP地址也通过分段，划分出网络位和主机位，以合理利用IP地址。

网络位也称网络号，用来标明该IP地址所在的网络，在同一个网络（网络号）中的主机是可以直接通信的，不同网络的主机只有通过路由器寻址才能通信。

主机位也称主机号，用来标识终端的主机地址号码。

网络号可以相同，但同一个网络中的主机号不允许重复。网络位和主机位的关系就像座机电话号码中的区号与座机号，如010-12345678，其中，010是区号（相当于网络位），后面是某部座机的电话号码（相当于主机位）。

3. IP地址的分类

Internet委员会定义了5种IP地址类型以适应不同容量、不同功能的网络，即A类到E类，如图4-7所示。

A类地址 1～126	0		网络地址（7位）		主机号（24位）	
B类地址 128～191	1	0	网络地址（14位）		主机号（16位）	
C类地址 192～223	1	1	0	网络地址（21位）	主机号（8位）	
D类地址 224～239	1	1	1	0	组播地址（28位）	
E类地址 240～255	1	1	1	1	0	保留地址，用于实验和将来使用

图4-7　IP地址的分类

（1）A类地址

A类地址在IP地址的四段号码中，第一段代表网络号，剩下的三段代表本地计算机的主机号。如果用二进制表示IP地址，A类IP地址就由1字节的网络地址和3字节的主机地址组成。A类网络地址数量较少，有$2^7-2=126$个网络，但每个网络可以容纳的主机数为$2^{24}-2$，高达1 600多万台。A类网络地址的第一个可用网络号为1.0.0.0，最后一个可用网络号为126.0.0.0。

A类网络地址的最高位必须是"0"，但网络地址不能全为"0"，也不能全为"1"。也就是说，A类地址的网络地址的第一字节范围为1～126之间，不能为127，因为该地址被保留用作回路及诊断地址，任何发送给127.X.X.X的数据都会被传回到该主机，用于检测使用。主机地址也不能全为"0"或全为"1"（11111111用十进制表示即为255），全为"0"代表该网络的网络地址，而全为"1"代表该网络地址中的所有主机，用于在该网络内发送广播包使用。例如，99.0.0.0地址代表99这个网络，而99.255.255.255是广播地址，这个规则在其他类地址中也同样如此。因此，A类地址中每个网络支持的最大主机数为$2^{24}-2=16\,777\,214$台。

（2）B类地址

B类地址在IP地址的四段号码中，前两段为网络号码。如果用二进制表示IP地址，B类IP地址就由2字节的网络地址和2字节的主机地址组成，网络地址的最高位必须是"10"。B类IP地址中网络的标识长度为16位，主机标识的长度为16位。即B类网络地址第一字节的取值介于128～191之间，所以B类网络地址的第一个可用网络号为128.1.0.0，最后一个可用网络号为191.255.0.0。

B类网络地址适用于中等规模的网络，最多可有16 384个网络，每个网络所能容纳的计算机数为$2^{16}-2=65\,534$台。

其中，169.254.0.0地址也是不使用的，在DHCP发生故障或响应时间太长而超出了系统规定的时间，系统会自动分配这样一个地址。如果发现主机的IP地址是一个这样的地址，那么该主机的网络大都不能正常运行。

（3）C类地址

C类地址在IP地址的四段号码中，前三段为网络号码，剩下的一段为本地计算机的号码。如果用二进制来表示，则C类IP地址就由3字节的网络地址和1字节主机地址组成，且网络地址的最高位必须是"110"。C类IP地址的网络地址取值介于192～223之间，其长度为24位，主机地址的长度为8位。C类IP地址中的网络地址数量较多，有209万个网络，每个网络最多只能包含$2^8-2=254$台计算机，适用于小规模的局域网络。C类网络地址的第一个可用网络号为192.0.1.0，最后一个可用网络号为223.255.255.0。

（4）D类地址

D类IP地址不分网络号和主机号，在历史上，这类地址也被称作多播地址（multicast address），即组播地址。在以太网中，多播地址命名了一组站点，该组站点可以在网络中接收到该多播地址所传输的信息。多播地址的最高位必须是"1110"，范围从224～239。

（5）E类地址

E类地址为保留地址，也可以用于实验使用，无法划分网络地址与主机地址，E类地址以"11110"开头，范围从240～255。

4. 保留IP

根据通信原理，每个联网设备在通信过程中都应获取一个正常的、可以通信的IP地址。但

是，由于网络的发展，需要联网的并且需要使用IP地址的设备已经不是IPv4地址池所能满足的了。为了满足如家庭、企业、校园等需要大量IP地址的内部网络的要求，Internet地址授权机构把A、B、C类地址中挑选的一部分保留地址作为内部网络地址使用。保留地址也叫私有地址（private address）或者专用地址，也就是通常所说的内网IP地址。它们不会在全球使用，只具有本地意义。保留IP的地址范围如下：

- **A类**：10.0.0.0～10.255.255.255和100.64.0.0～100.127.255.255。
- **B类**：172.16.0.0～172.31.255.255。
- **C类**：192.168.0.0～192.168.255.255。

5. 网络号与广播地址

网络号也叫网络地址，代表了某网段所在的网络。从概念上来说，当某网络的网络地址的主机号为全0，网络地址代表着该网段的网络。例如，192.168.0.0/16代表192.168.0.0这个网络，其中的主机地址从192.168.0.1～192.168.255.254。

广播地址通常称为直接广播地址，是为了与受限广播地址区分。广播地址与网络地址的主机号正好相反，广播地址中主机号全为1。例如，192.168.255.255/16代表192.168.0.0这个网络中的所有主机。当向该网络的广播地址发送消息时，该网络内的所有主机都能收到该广播消息。

由于网络号及该网络号中广播地址的存在，当路由器某一接口的网络有广播时，只有该网段的所有主机能够听得到，如图4-8所示。因为这个网络的所有主机都在一个广播域中，而其他网络并不在同一广播域中，也就不可能接收到该广播信号。这与交换机发送广播帧、所有的端口都能听到是不同的。因为路由器本身就处在两个网络的交界处，由于IP地址的限制和路由器本身的功能，除非跨网段寻找目的明确（目标IP）的主机，否则路由器是不转发这种包的。

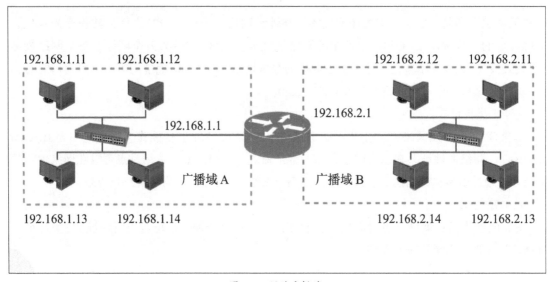

图 4-8　隔绝广播域

6. IP地址的重要特性

（1）分级结构

IP地址是一种分等级的地址结构。分等级的好处是：第一，IP地址管理机构在分配IP地址时只分配网络号，而剩下的主机号则由得到该网络号的单位自行分配。这样就方便了IP地址的管理。第二，路由器仅根据目的主机所连接的网络号转发分组（而不考虑目的主机号），这样就可以使路由表中的项目数大幅度减少，从而减小了路由表所占的存储空间。

（2）IP标识

实际上，IP地址是标志一个终端和一条链路的接口。当一个主机同时连接到两个网络时，该主机就必须同时有两个相应的IP地址，且其网络号必须是不同的，这种主机称为多归属主机。

由于一个路由器至少应当连接到两个网络（这样它才能将IP数据报从一个网络转发到另一个网络），因此它至少应当有两个不同的IP地址。其实理解起来很简单，如果路由器两端的网络号是一样的，那么在路由表中，肯定会出现两条到达目的端口的下一跳地址，也就是有两个门。读者可以自己选择走哪边，但对于路由器来说，就会发生混乱，不知道走哪边。因此，路由器不可能连接两个同时起作用的相同网络。

（3）网桥不分割网络

用转发器或网桥连接起来的若干个局域网仍为一个网络，因此这些局域网都有同样的网络号。

（4）网络平等

所有分配到网络号的网络，无论是范围很小的局域网，还是可能覆盖很大地理范围的广域网，都是平等的。

7. 在计算机中查看IP地址

IP地址的查看有很多方法，在Windows系统的计算机中，可以通过如下方法查看。

（1）通过"网络和Internet设置"查看

在右下角的"网络"图标上，单击鼠标右键，选择"打开'网络和Internet'设置"选项，在打开的"设置"界面中，单击"更改连接属性"按钮，如图4-9所示。

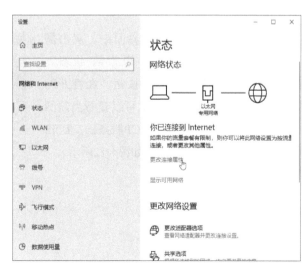

图 4-9　更改连接属性

在打开的网络属性界面中，可以查看到当前的IPv4、IPv6地址、当前的DNS地址、网卡信息、驱动程序版本、MAC地址和当前的DHCP状态等，如图4-10所示。

图 4-10　查看网络参数

（2）通过网卡的状态查看

在桌面"网络"上右击鼠标，选择"属性"选项，在打开的"网络和共享中心"窗口中单击"更改适配器设置"按钮，如图4-11所示。

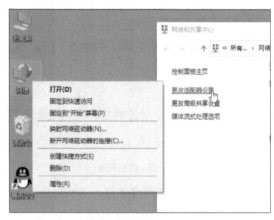

图 4-11　更改适配器设置

在打开的"网络连接"界面中，双击需要查看的网卡，在弹出的"以太网 状态"窗口中，单击"详细信息"按钮，在打开的"网络连接详细信息"窗口中可以查看当前网卡的IP地址、子网掩码、DHCP服务器、DNS服务器和MAC地址等信息，如图4-12所示。

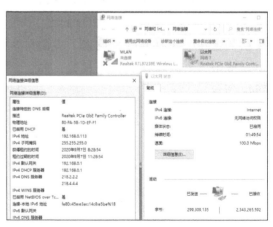

图 4-12　查看网络连接详细信息

（3）通过命令查看

使用"Win+R"组合键，启动"运行"对话框，输入命令"cmd"，单击"确定"按钮，如图4-13所示。在打开的命令提示符中输入命令"ipconfig/all"，可以查看到当前的IP配置信息等内容，如图4-14所示。

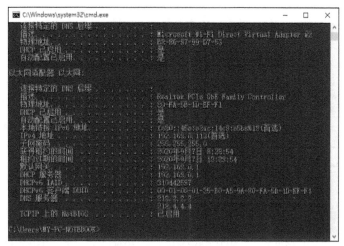

图 4-13　命令提示符界面　　　　　　　　图 4-14　查看IP配置信息

■4.2.3　子网掩码与子网划分

联网的两台设备在获取了IP地址后，并不立即直接通信。在通信前需要先判断两者是否在同一个网络（网段）中。如果是在同一个网段中，就可以直接通信。如果不是在同一个网络（网段）中，就需要路由设备根据两者所在的网络，按照路由表中的转发规则，计算并判断出最优路径，然后才能转发出去。

另外，随着互联网应用的不断增多，原先的IPv4的短板也逐渐显现出来，即网络号占位太多，而主机号占位太少，所以，一个网络中能提供的主机地址会随着主机的增多变得越来越稀缺。目前除了使用路由NAT（network address translation，网络地址转换）功能，即在企业内部网络使用私有地址的形式上网外，还有一种方法是通过对一个高类别的IP地址进行再划分，以形成多个子网，提供给不同规模的用户群使用。而再次配备的标准就需要使用子网掩码了，但是这样做会使每个子网上的可用主机地址数目比原先减少。

1. 子网掩码格式

子网掩码的形式类似于IP地址，也是一个32位的二进制数字，它的网络部分全部为1，主机部分全部为0。例如，IP地址192.168.1.1，如果已知网络部分是前24位，主机部分是后8位，那么子网络掩码就是11111111.11111111.11111111.00000000，用十进制表示就是255.255.255.0（表4-1），有时也会采用"IP/网络位位数"的格式，如192.168.1.201/24，表示有24位的网络位。

表4-1　子网掩码的转换

		网络位			主机位
IP 地址	192.168.1.1	11000000	10101000	00000001	00000001
子网掩码	255.255.255.0	11111111	11111111	11111111	00000000

2. 网络号的计算

如果知道了IP地址和子网掩码，就可以计算出网络号。通过查看网络号是否一致，可判断出两个IP地址是否在同一网络中。判断的方法是将两个IP地址和与其对应的子网掩码分别进行"与"运算，然后比较结果是否相同，如果相同，就表明它们在同一个子网络中，否则就不是。

例如，已知B类地址为190.200.15.1，那么它的网络号就可以直接进行计算了。因为隐藏的一个参数——B类地址的子网掩码为255.255.0.0。将IP地址和子网掩码都转换成二进制并进行"与"运算（表4-2），最后得到的网络号为190.200.0.0。

表4-2　网络号的计算

		网络位			主机位
IP 地址	190.200.15.1	10111110	11001000	00001111	00000001
子网掩码	255.255.0.0	11111111	11111111	00000000	00000000
"与"运算	190.200.0.0	10111110	11001000	00000000	00000000

上述是一个比较简单的案例，但是原理是一样的，复杂的情况仍然按照该原理计算。

3. 按要求划分子网

在企业中，有时会需要网络管理员进行网络地址的分配。如果获得的网络地址段需要按照部门进行划分，或者为了提高IP地址的使用率，可以通过人工设置子网掩码的方法将一个网络划分成多个子网。

例如，公司提供了C类地址192.168.100.0/24，并且需要分给5个不同的部门使用，每个部门大概有30台计算机。该如何划分这5个网络呢？

这里需要使用"借位"的概念。所提供的地址中有24位网络位，有8位主机位，要分给5个部门使用，可以在8位主机位中借出可供5个部门使用的位作为网络号。因为2^2=4，2^3=8，所以就需要从8位主机位中借出3位作为网络位。剩下的5位是主机位，每个子网可以有2^5-2=30台主机，正好能满足要求。因为从主机位中"借"了3位作为网络号，所以该网络的网络号就变成了24+3=27位。子网掩码就是11111111. 11111111 11111111. 111 00000，即255.255.255.224。本例中划分的8个子网的信息如表4-3所示，还可用192.168.100.X/27表示。

表4-3 子网划分

子网				子网网络号	主机地址	广播地址
11000000	10101000	00001010	000 00000	192.168.100.0	1~30	31
11000000	10101000	00001010	001 00000	192.168.100.32	33~62	63
11000000	10101000	00001010	010 00000	192.168.100.64	65~94	95
11000000	10101000	00001010	011 00000	192.168.100.96	97~126	127
11000000	10101000	00001010	100 00000	192.168.100.128	129~158	159
11000000	10101000	00001010	101 00000	192.168.100.160	161~190	191
11000000	10101000	00001010	110 00000	192.168.100.192	193~222	223
11000000	10101000	00001010	111 00000	192.168.100.224	225~254	255

按照表4-3中子网划分方法，划分出8个子网，其中5个使用，3个留着做备用。因为划分为不同的子网后，网络号是不同的。按照之前讲解的，子网之间要通信就需要使用路由器了，否则是无法通信的。

在计算子网掩码时，要注意IP地址中的特殊地址，即"0"地址和广播地址。它们是指主机地址全为"0"或"1"时的IP地址，分别代表着本网络地址和广播地址，一般是不能被计算在内的。

■4.2.4 IPv4数据报的格式

网络层传输的是数据包，应在传输前按照相关的格式将传输层的数据变成网络层的数据报文。IPv4的数据报的位置及格式如下所述。

1. IP数据报的位置

IP数据报在模型中的位置和结构，如图4-15所示。

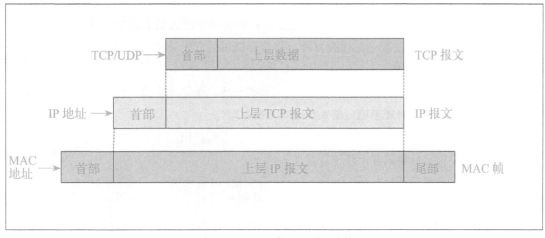

图 4-15 IP 数据报的位置和结构

从图中可以看到，应用层到达传输层后，封装了TCP/UDP首部，变成TCP报文后传到网络层；在网络层又封装了IP地址后，变成IP报文，传入数据链路层；在数据链路层又封装了MAC地址和FCS后，进入物理层，开始传输。

2. IP数据报的结构

IP数据报的结构如图4-16所示。

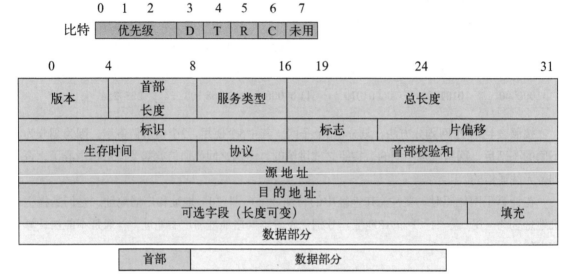

图 4-16 IP 数据报的结构

一个IP数据报由首部和数据部分组成。首部的前一部分是固定长度，共20字节，是所有IP数据报必须具有的。在首部的固定部分的后面是一些可选字段，其长度可变。首部中包括：

① 版本：占4位，它存放的是IP协议的版本号，目前的IP协议版本号为4（即IPv4）。

② 首部长度：占4位，可表示的最大数值是15，代表15个单位（一个单位为4字节）。因此，IP的首部长度可表示的最大值是60字节。

③ 服务类型：占8位，用来获得更好的服务，在旧标准中称为服务类型，但实际上一直未被使用过。1998年这个字段改名为区分服务。只有在使用区分服务时，这个字段才起作用。一般情况下都不使用这个字段。

④ 总长度：占16位，用于指定首部和数据之和的长度，单位为字节，因此数据报的最大长度为65 535字节。总长度必须不超过最大传送单元MTU。

⑤ 标识：占16位，它是一个计数器，用来产生数据报的标识。

⑥ 标志：占3位，目前只有前两位有意义。

- 标志字段的最低位是MF（more fragment）位：MF=1表示后面"还有分片"，MF=0表示是最后一个分片。

- 标志字段中间的一位是DF（don't fragment）位：当DF=0时才允许分片，DF=1时不允许分片。

⑦ 片偏移：占13位，用于指定较长的分组在分片后某片在原分组中的相对位置。片偏移以8个字节为偏移单位。

⑧ 生存时间：占8位，记为TTL（time to live，存活时间），表示数据报在网络中可通过的路由器数的最大值。

⑨ 协议：占8位，该字段指出此数据报携带的数据使用何种协议，以便目的主机的IP层将数据部分上交给对应的处理过程，如网络层的ICMP、IGMP、OSPF（open shortest path first，开放最短通路优先协议）等本层的协议，或者传输层的TCP或UDP协议。

⑩ 首部检验和：占16位，该字段只检验数据报的首部而不检验数据部分。这里不采用CRC检验码，而采用简单的计算方法。

⑪ 源地址和目的地址：各占4个字节，记录了发送源的IP地址和到达目标的IP地址。

⑫ 可选字段：IP首部的可选字段就是一个选项字段，用来支持排错、测量和安全等措施，内容很丰富。可选字段的长度可变，从1到40个字节不等，取决于所选择的项目。增加首部的可选字段是为了增加IP数据报的功能，但这同时也使得IP数据报的首部长度成为可变的，从而增加了每一个路由器处理数据报的开销。实际上这些选项很少被使用。

3. IP分片

IP协议在传输数据报时会将数据报分成若干片，然后在目标系统中再进行重组。分割数据报的过程就称为分片。如果IP数据报加上数据帧头部后大于MTU，数据报文就会被分成若干片进行传输。什么是MTU呢？每一种物理网络都会规定链路层数据帧的最大长度，称为链路层MTU。在以太网环境中可传输的最大IP报文为1 500字节（帧的长度）。如果要传输的数据帧的大小超过1 500字节，即IP数据报的长度大于1 472（1 500-20-8=1 472，其中的8为UDP首部的8个字节，普通数据报）字节，就需要分片之后进行传输，如图4-17所示。

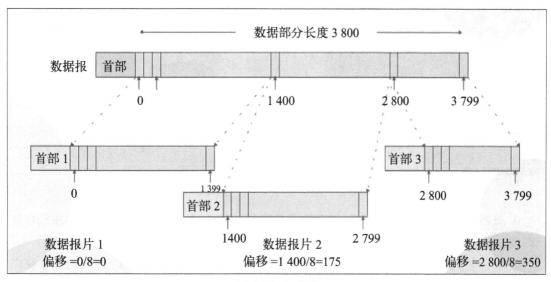

图 4-17　IP 分片

■4.2.5 地址解析协议

简单来说，地址解析协议就是通过已知的IP地址找到其对应的MAC地址的协议，也称为ARP协议。而通过MAC地址获取到对应的IP地址的协议则称为反向地址解析协议（reverse address resolution protocol），即RARP协议。下面介绍这两种协议以便了解数据链路层与网络层的协同。

1. ARP协议

ARP协议，也就是地址解析协议，是根据IP地址获取物理地址的一种协议。主机发送信息时将包含目标IP地址的ARP请求广播到局域网上的所有主机，并接收返回消息，以此确定目标的物理地址；收到返回消息后将该IP地址和物理地址存入本机ARP缓存中并保留一定时间，下次请求时直接查询ARP缓存以节约资源。地址解析协议是建立在网络中各个主机互相信任的基础之上的，局域网上的主机可以自主发送ARP应答消息，其他主机收到应答报文时不会检测该报文的真实性就将其记入本机ARP缓存。在Windows操作系统中，使用ARP命令可查询本机ARP缓存中IP地址和MAC地址的对应关系，也可添加或删除静态对应关系等。在Windows命令提示符中输入"arp -a"命令可查看计算机中的ARP表，如图4-18所示。

2. ARP协议的工作过程

假设主机A的IP地址为IPA，MAC地址为MACA；主机B的IP地址为IPB，MAC地址为MACB。当主机A要与主机B通信时，地址解析协议可以将主机B的IP地址IPB解析成主机B的MAC地址MACB，当获取到MAC地址后，两主机就可以直接通信了，ARP的工作过程如图4-19所示。具体描述如下：

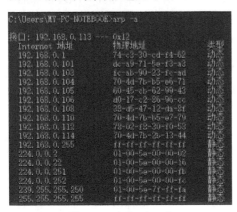

图 4-18　查看 ARP 表

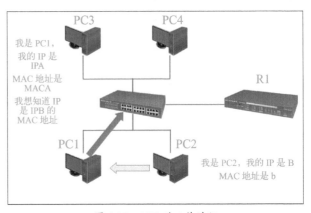

图 4-19　ARP 的工作过程

① 根据主机A上的路由表内容，确定用于访问主机B的转发IP地址是IPB。然后A主机在自己的本地ARP缓存中检查主机B匹配的MAC地址。

② 如果主机A在ARP缓存中没有找到映射，它将询问B的MAC地址，从而将ARP请求帧广播到本地网络上的所有主机。源主机A的IP地址IPA和MAC地址MACA都包括在ARP请求中。本地网络上的每台主机都接收到ARP请求并且检查请求的目的IP地址是否与自己的IP地址匹配。如果主机发现请求的IP地址与自己的IP地址不匹配，则丢弃ARP请求。

③ 主机B确定ARP请求中的目标IP地址与自己的IP地址匹配，则将主机A的IP地址和MAC地址映射添加到本地ARP缓存中。

④ 主机B将包含其MAC地址MACB的ARP回复消息直接发送回主机A。

⑤ 当主机A收到从主机B发来的ARP回复消息时，会用主机B的IP地址和MAC地址的映射更新自己的ARP缓存。本机缓存是有生存期的，生存期结束后，将再次重复上面的过程。

⑥ 主机B的MAC地址一旦确定，主机A就能向主机B发送IP数据报，实现两者之间的通信了。

3. ARP协议的适用范围

APR解决的是同一局域网中的主机或路由器的IP地址和硬件地址的映射问题，也就是节点到节点的直连问题，最多的就是路由器到路由器的IP地址转MAC地址的问题。跨路由器就必然会修改MAC地址。通信时，局域网中的主机在确定了外网目标的IP地址后，并不能直接使用目标的MAC地址传输数据，而是要将数据包的目标MAC地址设置为网关的MAC地址，也就是将数据包交给网关就可以了，此时目标的IP地址是不变的。需要注意的是，IP是确定端到端的，是可以跨路由器的，而MAC地址只用于相邻节点之间。

ARP请求用的是广播形式，在路由器之间的请求也是，但应答用的是单播形式。

4. RARP协议

地址解析协议是根据IP地址获取物理地址的协议，而反向地址解析协议（RARP）的功能与地址解析协议正相反，是局域网的物理机器根据MAC地址请求IP地址的协议。RARP的工作流程也与ARP相反。首先是查询主机向网络送出一个RARP Request广播封包，向别的主机查询自己的IP地址。此时，网络上的RARP服务器就会将发送端的IP地址用RARP Reply封包回应给查询者，这样查询主机就获得了自己的IP地址。

■ 4.2.6 IPv4与IPv6

互联网在IPv4协议的基础上已经运行了很长的时间。随着互联网的迅速发展，IPv4定义的有限地址空间将被耗尽，而地址空间的不足必将妨碍互联网的进一步发展。为了扩大地址空间，互联网地址分配机构已通过IPv6重新定义地址空间。IPv4采用32位地址长度，只有大约43亿个地址，而IPv6采用128位地址长度，几乎可以不受限制地提供地址。按保守方法估算IPv6实际可分配的地址，全球每平方米面积上仍可分配1 000多个地址。在IPv6的设计过程中除解决了地址短缺问题以外，还考虑了性能的优化，如端到端的IP连接、服务质量（QoS）、安全性、多播、移动性、即插即用等。与IPv4相比，IPv6主要有如下一些优势。

- 明显扩大了地址空间。IPv6采用128位地址长度，几乎可以不受限制地提供IP地址，从而确保了端到端连接的可能性。

- 提高了网络的整体吞吐量。由于IPv6的数据包可以远远超过64 KB，应用程序可以利用最大传输单元（MTU）获得更快、更可靠的数据传输，同时在设计上改进了选路结构，采用简化的报头定长结构和更合理的分段方法，使路由器加快了数据包的处理速度，提

高了转发效率，从而提高了网络的整体吞吐量。

- 使得整个服务质量得到很大改善。报头中的业务级别和流标记通过路由器的配置可以实现优先级控制和QoS保障。
- 安全性有了更好的保证。采用IPsec（internet protocol security，互联网络层安全协议）可以为上层协议和应用提供有效的端到端的安全保证，能提高在路由器水平上的安全性。
- 支持即插即用和移动性。设备接入网络时通过自动配置可自动获取IP地址和必要的参数，实现即插即用，简化了网络管理，还可以很容易地支持移动节点，IPv6中定义了许多移动IPv6所需的新功能。
- 更好地实现了多播功能。在IPv6的多播功能中增加了"范围"和"标志"两项，可以限定路由范围和可以区分永久性与临时性的地址，这样更有利于多播功能的实现。

4.3　路由

网络层最重要的功能就是寻找合适的路径，即路由，而实现此功能的设备称为路由器。

■4.3.1　路由器的工作过程

实现路由功能的网络设备是路由器。关于路由器的参数等信息将在介绍设备时详细说明。下面主要介绍路由器的工作原理，也就是路由的过程。

路由器加入网络后，会自动定期同其他路由器进行交流，将自身连接的网络信息发送给其他路由器，并接收由其他路由器发送过来的网络信息，然后更新路由表，等待数据包并进行转发。具体的工作过程如图4-20所示。

图 4-20　路由器的工作过程

如果路由器R1从10.0.0.0网络中接收到数据包后，会首先拆包并查看目标IP地址，如果是在10.0.0.0网段中，则不会进行转发。如果目标是20.0.0.0网段，会从接口2直接发出，交给目标设备。如果目标地址是30.0.0.0或者40.0.0.0网段，则检查路由表，通过对应的下一跳地址或者接口将数据包发送出去。如果没有到达目标网络的路由项，则查看是否有默认路由，将包发给默认路由即可。这样，IP数据报最终一定可以找到目的主机所在的目标网络上的路由器（可能要通过多次间接交付）。只有到达最后一个路由器时，才试图向目的主机进行直接交付。如果确实找不到目标网络，则会报告转发分组错误。

IP数据报的首部中没有指明"下一跳路由器的IP地址"。当路由器收到待转发的数据报，不是将下一跳路由器的IP地址填入IP数据报，而是送交下层的网络接口软件。网络接口软件使用ARP负责将下一跳路由器的IP地址转换成硬件地址，并将此硬件地址放在数据链路层的MAC帧的首部，然后根据这个硬件地址找到下一跳路由器。整个过程如图4-21所示。

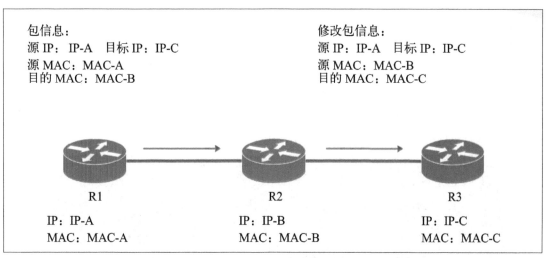

图 4-21　路由间的寻址

从上图可以看出几个关键信息：一是源IP地址和目标IP地址是始终不变的，这是因为数据包在进行转发时，每个路由器都要查看目标IP地址，然后根据目标IP地址所在的网络决定转发策略。二是当数据包返回时，必须要知道源IP地址，否则数据包无法返回到发送者。

在路由间的寻址过程中，MAC地址会随着设备的跨越不断改变，通过下一跳的IP地址，求出MAC地址，然后将包发送给直连的设备。路由器的数据链路层进行封包时，将MAC地址重写，然后进行发送。因此，MAC地址是直连的网络才可以使用的，是实现直连的点到点的传输的。而IP地址是可以跨设备的，是实现端到端的传输的。

■4.3.2　路由表

路由表中记录了路由器的路由信息，其构造和MAC地址表的构造类似，但是针对的是IP地址。

1. 路由表的作用

路由表中记录了目的主机所在的网络以及下一跳的地址信息或者接口信息。所谓下一跳，就是目标地址是非直连的其他网段的IP地址，则通过下一跳的地址，将数据包从对应的端口发送出去，这样，就能到达下一个路由器，再通过下一个路由器到达目标网络或者再次中转。路由表根据路由器的不同而有几种，这在后面会介绍。

在路由器的路由表中，为什么只记录网络号和下一跳地址，而不直接记录目标主机的IP地址呢？以A类网络为例，每一个网络都有成千上万的主机，可以设想，若按目的主机号制作路由表，则所得出的路由表就会太过庞大；但若按主机所在的网络地址制作路由表，那每一个路由器中的路由表包含的项目就少多了，这样就可使路由表大大简化。简化带来的好处是提升了寻址转发效率，减少了错误；同时，路由表之间的路由数据同步也会变少，收敛时间变短，否则仅仅路由之间的数据同步就占据了网络的很大带宽。实际应用中，路由表也不会包含很多网络，有些未在路由表中的目标地址会发送给默认路由和静态路由。

2. 路由表的查看

要查看路由表，不同设备、不同品牌有不同的查看方式。例如，思科企业级路由器，其查看命令为"show ip route"，如图4-22所示，可以看到其中有网络和主机的IP地址，以及端口Ethernet0/X。IP地址后的/32代表本机的端口，有些是/30，它其实并不代表主机，而是代表一个网络。在路由项的前方的字母，C代表直连，L代表本地地址，S代表静态路由，还有O、R等，分别代表通过OSPF及RIP协议获取到的路由路径。

```
R1#show ip route
Codes: L - local, C - connected, S - static, R - RIP, M - mobile, B - BGP
       D - EIGRP, EX - EIGRP external, O - OSPF, IA - OSPF inter area
       N1 - OSPF NSSA external type 1, N2 - OSPF NSSA external type 2
       E1 - OSPF external type 1, E2 - OSPF external type 2
       i - IS-IS, su - IS-IS summary, L1 - IS-IS level-1, L2 - IS-IS level-2
       ia - IS-IS inter area, * - candidate default, U - per-user static route
       o - ODR, P - periodic downloaded static route, + - replicated route

Gateway of last resort is not set

      1.0.0.0/8 is variably subnetted, 8 subnets, 2 masks
C        1.1.1.0/30 is directly connected, Ethernet0/1
L        1.1.1.1/32 is directly connected, Ethernet0/1
C        1.1.1.4/30 is directly connected, Ethernet0/2
L        1.1.1.5/32 is directly connected, Ethernet0/2
R        1.1.1.8/30 [120/1] via 1.1.1.6, 00:00:15, Ethernet0/2
                    [120/1] via 1.1.1.2, 00:00:12, Ethernet0/1
C        1.1.1.16/30 is directly connected, Ethernet0/0
L        1.1.1.17/32 is directly connected, Ethernet0/0
R        1.1.1.32/30 [120/1] via 1.1.1.2, 00:00:12, Ethernet0/1
```

图4-22　思科路由器路由表

在Windows系统中，如果要查看路由表，可以在命令提示符界面中使用命令"route print"，如图4-23所示。

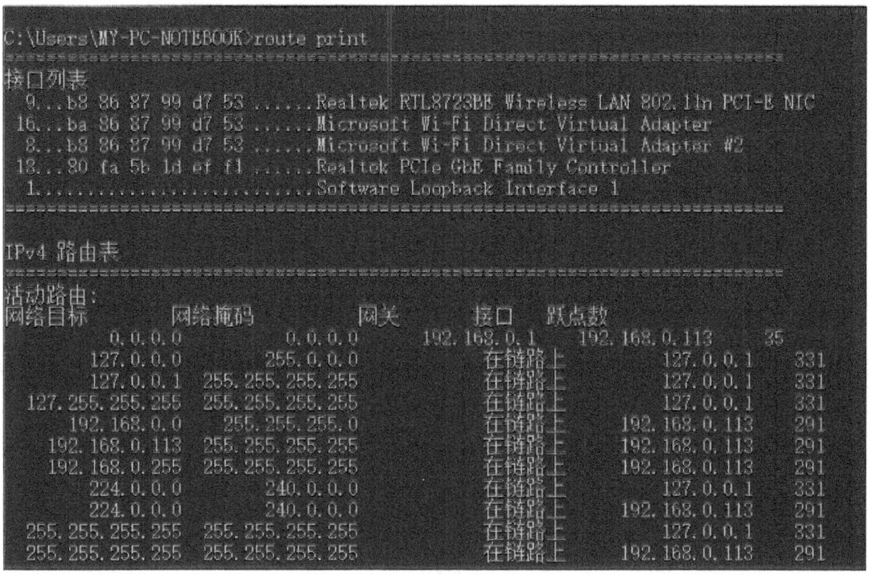

图 4-23　Windows 系统查看路由表

此图中的显示就非常直观了，从图中可以看到几个接口网卡信息及其MAC地址。在"IPv4路由表"中，可以看到网络目标、网络掩码、网关、接口和跃点数等项。其中，接口表示到达该目标网络时，将数据包从哪个接口发出。接口为127.0.0.1表示本地回环地址，可以忽略（因为本机连接的是有线网络，只有一个接口）。还有到达本机113的发给113接口，广播地址255也发给113接口。最下方是默认路由，也就是在路由表中找不到的其他IP地址，都从113接口的网卡发出，该接口其实连接的就是路由器。跃点数代表优先级，此数值越大，说明优先级越高。通过优先级还可以设置负载均衡，或者主机连接了多个路由器，通过优先级决定数据包该怎么走。

■4.3.3　路由的分类

在路由表中，路由可分为静态路由、默认路由和动态路由。

1. 静态路由

静态路由是指用户或网络管理员手工配置的路由信息。当网络拓扑结构或链路状态发生改变时，静态路由不会改变。简单来说，就是由用户决定路由该怎么走。

与动态路由相比较，静态路由不需要频繁交换各自的路由表，配置简单，比较适合小型、简单的网络环境。静态路由不适合大型和复杂的网络环境的原因是：当网络拓扑结构和链路状态发生改变时，网络管理员需要做大量的调整，工作量巨大，且无法预知错误，不易排错。

2. 默认路由

默认路由是一种特殊的静态路由，当路由表中没有与数据包目标地址匹配的表项时，数据包将根据默认路由进行转发。默认路由在某些时候是非常有效的，例如，在末梢网络中，默认路由可以大大简化路由器的配置，减轻网络管理员的工作负担。

3. 动态路由

动态路由是指自动进行路由表的构建。第一步，路由器需要获得全网的拓扑，该拓扑包含了所有的路由器和路由器之间的链路信息；第二步，路由器在这个拓扑中计算出到达目的地（目标网络地址）的最优路径。

路由器使用路由协议从其他路由器那里获取路由信息。当网络拓扑发生变化时，路由器会更新路由信息。路由器根据路由协议自动发现路由，修改路由，不需要人工维护。但是，路由协议开销较大，维护工作比静态路由要复杂不少。

4.4 网络层的常见协议

在网络层中，常见的协议包括ICMP和IGMP报文协议，以及路由协议中使用的RIP、OSPF和BGP（border gateway protocol，边界网关协议）协议。

■4.4.1 互联网控制报文协议ICMP

互联网控制报文协议（internet control message protocol，ICMP）是TCP/IP协议族的核心协议之一，它用于在IP网络设备之间发送控制报文，传递差错、控制、查询等信息。实际上，最常使用ICMP协议的就是常用的ping命令。

1. ICMP报文格式

ICMP定义了各种错误消息，用于诊断网络连接性问题。根据这些错误消息，源设备可以判断出数据传输失败的原因。ICMP报文格式如图4-24所示。

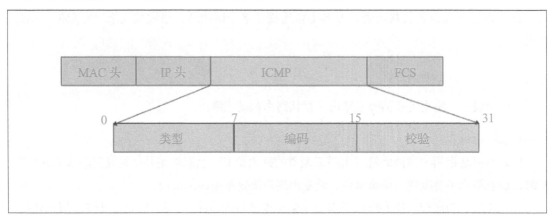

图 4-24 ICMP 报文格式

其中，ICMP报文的格式取决于"类型"和"编码"字段，其中，"类型"字段为消息类型，"编码"字段包含该报文类型的具体参数，后面的"校验"字段用于检查报文是否完整。ICMP报文格式及其描述如表4-4所示。

表4-4 ICMP报文格式及其描述

类型	编码	描述
0	0	Echo Reply
3	0	网络不可达
3	1	主机不可达
3	2	协议不可达
3	3	端口不可达
5	0	重定向
8	0	Echo Request

2. ICMP的应用

ICMP的应用包括ping命令和tracert命令。

（1）ping

ping命令是检测网络连通性的常用工具，使用此命令的同时也能收集一些其他相关信息。ping命令使用的就是ICMP协议。用户可以在ping命令中指定不同的参数。关于ping命令的参数，用户可以自行查看相关的说明，使用比较多的就是-t参数。一般的ping命令可用来检测网络是否能连通、目标是否在线、延时大不大，以及ping命令的统计信息等。如图4-25所示。

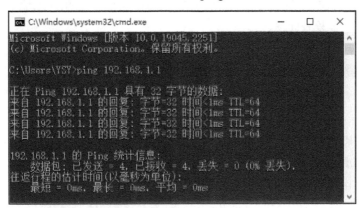

图 4-25　ping 命令的使用

ping的返回结果及其含义如下：

- **unknown host（不知名主机）**：意为该主机名不能被命名服务器转换成IP地址。出现这种结果的原因可能是命名服务器有故障，或者名字不正确，或者系统与远程主机之间的通信线路有故障。
- **network unreachable（网络不能到达）**：表示本地没有到达对方的路由，可检查路由表来确定路由配置情况。
- **no answer（无响应）**：说明有一条到达目标的路由，但接收不到它发给远程主机的任何分组报文。出现这种结果的原因可能是远程主机没有工作、本地或远程主机网络配置不正确、本地或远程路由器没有工作、通信线路有故障、远程主机存在路由选择问题等。

- **time out（超时）**：连接超时、数据包全部丢失。出现这种结果的原因可能是到路由的连接问题或者路由器不能通过、远程主机关机或死机、远程主机因设有防火墙而禁止接收数据包等。

网络中有些地址具有特定的含义，ping这些特定地址的功能也各不相同。

- **ping 127.0.0.1**：若ping不通，表示TCP/IP安装或运行存在问题，可从网卡驱动和TCP/IP协议着手排除问题。
- **ping本机IP地址**：若ping不通，说明计算机配置或系统存在问题，可拔下网线，重插后再试；如果可以ping通，但总是显示time out，说明可能是局域网IP地址冲突了。
- **ping局域网IP地址**：收到回送消息说明网卡和传输介质正常。若出现问题，原因可能是子网掩码不正确，或网卡配置有问题，或集线设备出现故障，或通信线路出现故障等。
- **ping网关**：能ping得通说明网关路由器接口正常，数据包可以到达路由器。
- **ping外网IP地址**：若能ping通，表示网关工作正常，可以连接对端或者因特网。
- **ping localhost**：localhost是系统保留名，是127.0.0.1的别名，计算机都应该能将该名称解析成IP地址，如果不成功，说明主机Hosts文件出现问题。
- **ping完整域名**：如果能ping通，说明DNS（domain name system，域名系统）服务器工作正常，可以解析对方的IP地址。该命令也可以获取域名对应的IP地址。如果ping不通，可以从DNS方面检查问题。

（2）tracert

tracert命令是路由跟踪实用程序，用于确定IP数据报访问目标所经过的路径。tracert命令用IP生存时间（TTL）字段和ICMP错误消息来确定从一个主机到网络上其他主机的路由。tracert的工作过程如下：

源发出ICMP Request，第1个Request的TTL为1，第2个Request的TTL为2，以后依此递增直至第30个；中间的路由器送回ICMP TTL-expired(ICMP type 11)消息通知源（packet同时因TTL超时而被丢弃），由此源知晓一路上经过的每一个路由器；最后目标送回ICMP Echo Reply消息（最后一跳不会再送回ICMP TTL-expired消息）。

如果中间任何一个路由器上封了ICMP Echo Request消息，跟踪路由就不能工作；如果封了type 11(TTL-expired)，中间的路由器将全看不到，但能看到packet到达了最后的目标处；如果封了ICMP Echo Reply消息，中间的路由器全能看到，最后的目标看不到。tracert的过程如图4-26所示。

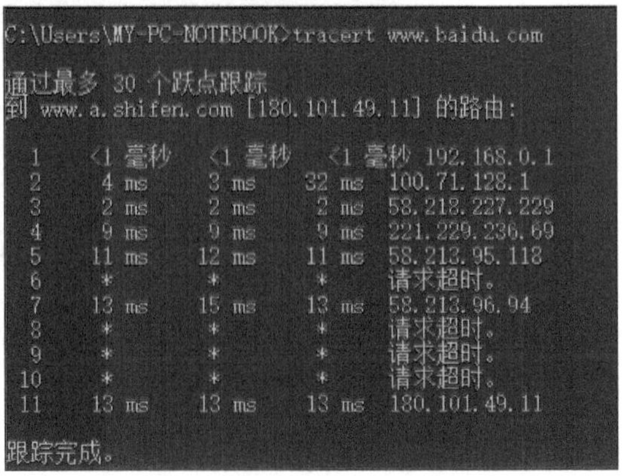

图4-26 tracert 过程

3. IGMP协议

IGMP（Internet group management protocol）协议，全称为互联网组管理协议，是因特网协议家族中的一个组播协议。

IGMP是TCP/IP协议族中的一个子协议，用于主机向任一个直接相邻的路由器报告其组成员的情况。IGMP允许Internet主机参加多播，该协议也是主机向相邻的多目路由器报告多目组成员的协议。多目路由器是支持组播的路由器，它向本地网络发送IGMP查询，主机通过发送IGMP报告来应答查询。组播路由器负责将组播包转发到所有网络中的组播成员。

IGMP协议在因特网中起着非常重要的作用，它可以使主机方便地加入和退出多播组，同时也使得网络设备能有效地管理和配置多播组。

■ 4.4.2　路由信息协议RIP

路由信息协议（routing information protocol，RIP）是内部网关协议（interior gateway protocol，IGP）中最先得到广泛使用的协议。RIP是一种分布式的基于距离向量的路由选择协议，它利用跳数作为计量标准，是因特网的标准协议，其最大优点就是简单。简单来说，RIP就是启用路由器的自动设置功能，即路由器间根据协议，自动生成路由并通知网络，进而自动形成路由表，并转发数据包，这些都不需要人工干预，在带宽、配置和管理方面要求较低。由于15跳为跳数的最大值，因此主要适用于规模较小的网络。RIP的收敛速度慢，且它根据跳数选择路径，因而所选的不一定是最优路径（最快的路径）。

RIP版本有RIPv1、RIPv2和RIPng，前两者用于IPv4，后者用于IPv6。其中，RIPv1为有类别路由协议，不支持VLSM（variable length subnet mask，可变长度子网掩码）和CIDR（classless inter-domain routing，无类别域间路由选择）；以广播的形式发送报文；不支持认证。RIPv2为无类别路由协议，支持VLSM，也支持路由聚合与CIDR；支持以广播或组播（224.0.0.9）方式发送报文；支持明文认证和MD5（message-digest algorithm，信息摘要算法）密文认证。

RIP的工作原理如下：

① 建立路由。路由器运行RIP后，会首先发送路由更新请求，收到请求的路由器会发送自己的RIP路由进行响应。网络稳定后，路由器会周期性发送路由更新信息。

② 距离矢量的计算。RIP度量的单位是跳数，它规定每条链路的成本为1，不考虑链路的带宽、时延等，每跨越一个路由器，就算增加了一条新的链路，成本也相应会增加1。RIP利用跳数表示它和所有已知目的地间的距离，最多允许15跳。当一个RIP更新报文到达时，接收方路由器和自身的RIP路由表中的每一项进行比较，并按照距离矢量路由算法对自身的RIP路由表进行修正。

③ 定时器。RIP中共设有四类定时器，分别为：

● **周期更新定时器：** 用于激发RIP路由器路由表的更新，每个RIP节点只有一个更新定时器，设为30 s。每隔30 s路由器便会向其邻居广播自己的路由表信息。每个RIP路由器的定时器都独立于网络中的其他路由器，因此它们同时广播的可能性很小。

- **超时定时器**：用于判定某条路由是否可用。每条路由有一个超时定时器，设为180 s。当一条路由激活或更新时，该定时器初始化，如果在180 s内没有收到关于那条路由的更新，则将该路由置为无效路由。

- **清除定时器**：用于判定是否清除一条路由。每条路由有一个清除定时器，设为120 s。当路由器认识到某条路由无效时，就初始化一个清除定时器，如果在120 s内还没收到这条路由的更新，就从路由表中将该路由删除。

- **延迟定时器**：为避免触发更新引起广播风暴而设置的一个随机的延迟定时器，延迟时间为1～5 s。

④ 环路。当网络发生故障时，RIP网络有可能产生路由环路。一般可通过水平分割、毒性反转、触发更新、抑制时间等技术避免路由环路的产生。

■4.4.3 开放最短通路优先协议OSPF

OSPF（open shortest path first）协议的全称为开放最短通路优先协议，它是为克服RIP的缺点在1989年被开发出来的。OSPF协议也是一个内部网关协议，用于在单一自治系统内决策路由，是对链路状态路由协议的一种实现，运作于自治系统内部。著名的Dijkstra算法被用来计算最短路径树。OSPF支持负载均衡和基于服务类型的选路，也支持多种路由形式，如特定主机路由和子网络由等。

自治系统（autonomous system，AS）是指一组通过统一的路由策略或路由协议互相交换路由信息的网络。在AS中，所有的OSPF路由器都维护一个相同的描述该AS结构的数据库，该数据库中存放的是路由器中相应链路的状态信息，OSPF路由器正是通过这个数据库计算出其OSPF路由表的。

作为一种链路状态的路由协议，OSPF将链路状态公告（link state announcement，LSA）传送给在某一区域内的所有路由器，这一点与距离矢量路由协议不同。运行距离矢量路由协议的路由器是将部分或全部的路由表数据传递给与其相邻的路由器。

在信息交换的安全性方面，OSPF规定了路由器之间的任何信息交换在必要时都可以经过认证或鉴别，以保证只有可信的路由器之间才能传播选路信息。OSPF支持多种鉴别机制，并且允许各个区域间采用不同的鉴别机制。

OSPF对链路状态算法在广播式网络（如以太网）中的应用进行了优化，以尽可能地利用硬件广播能力传递链路状态报文。通常，链路状态算法的拓扑图中一个节点代表一个路由器，若K个路由器都连接到以太网，在广播链路状态时，这K个路由器的报文数将达到K^2个。为此，OSPF在拓扑结构图中允许一个节点代表一个广播网络。每个广播网络上所有路由器发送链路状态报文，报告该网络中的路由器的链路状态。

简单地说，OSPF就是两个相邻的路由器通过发报文的方式成为邻居关系，邻居再相互发送链路状态信息形成邻接关系，之后各自根据最短路径算法算出路由，放在OSPF路由表中，OSPF路由与其他路由比较后，优质的路由将被加入全局路由表中。

OSPF的优点如下:

- **适用范围广**：OSPF协议对于路由的跳数是没有限制的，所以OSPF协议能用在许多场合，同时也支持更加广泛的网络规模。只要是在组播的网络中，OSPF协议能够支持数十台路由器一起工作。
- **组播触发式更新**：OSPF协议在收敛完成后，会以触发方式发送拓扑变化的信息给其他路由器，这样就可以降低网络宽带的使用；同时，可以减少干扰，特别是在使用组播网络结构对外发出信息时，它对其他设备不构成影响。
- **收敛速度快**：如果网络结构发生改变，OSPF协议的系统会以最快速度发出新报文，从而使新的拓扑情况很快扩散到整个网络，并且OSPF采用周期较短的HELLO报文来维护邻居状态。
- **以开销作为度量值**：OSPF协议在设计时就考虑到了链路带宽对路由度量值的影响。OSPF协议是以开销作为度量标准的，而链路开销和链路带宽刚好形成反比的关系（带宽越大，开销就会越小）。因此，OSPF选路主要基于带宽因素。
- **避免路由环路**：根据收到的路由中的链路状态，使用最短路径算法生成路径，这样不会产生环路。
- **应用广泛**：广泛地应用在互联网上，是使用最广泛的IGP之一。

常见的OSPF网络模型拓扑图如图4-27所示。

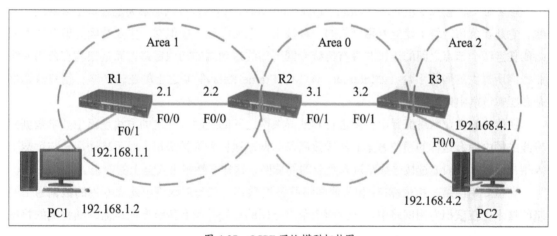

图 4-27   OSPF 网络模型拓扑图

OSPF中划分区域的目的是控制链路状态公告（LSA）泛洪的范围，减小链路状态数据库（link state database，LSDB）的大小，改善网络的可扩展性，达到快速地收敛。当网络中包含多个区域时，OSPF协议有特殊的规定，即其中必须有一个Area 0，通常也称作骨干区域。当设计OSPF网络时，一个很好的方法就是从骨干区域开始，然后再扩展到其他区域。骨干区域在所有区域的中心，即所有区域都必须与骨干区域在物理或逻辑上相连，这种设计思路源于OSPF协议要把所有区域的路由信息引入骨干区域，然后再依次将路由信息从骨干区域分发到其他区域中。

■4.4.4 边界网关协议BGP

边界网关协议（border gateway protocol，BGP）是运行于TCP上的一种自治系统的路由协议，旨在解决不同自治系统之间的路由问题。BGP能够识别并处理大量的自治系统（AS），也是唯一能够妥善处理好不相关路由域间的多路连接问题的协议。BGP系统的主要功能是和其他的BGP系统交换网络可达信息。网络可达信息包括列出的自治系统（AS）的信息。这些信息可有效地构造出AS互联的拓扑图，并由此清除了路由环路，同时在AS级别上还可实施策略决策。

BGP属于外部或域间路由协议。BGP的主要目标是为处于不同AS中的路由器之间进行路由信息通信提供保障。BGP既不是纯粹的矢量距离协议，也不是纯粹的链路状态协议，通常被称为通路向量路由协议。这是因为BGP在发布到一个目的可达的网络的同时，包含了在IP分组到达目的网络过程中所必须经过的AS的列表。通路向量信息是十分有用的，因为只要简单地查找到由BGP路由更新的AS编号就能有效地避免环路的出现。BGP对网络拓扑结构没有限制。

4.5 虚拟专用网络与网络地址转换

虚拟专用网络与网络地址转换现在应用非常广泛，它们都属于网络层的应用。

■4.5.1 虚拟专用网络VPN

顾名思义，虚拟专用网络（virtual private network，VPN）可以理解为是虚拟出来的内部专线，它是在公用网络上建立专用网络的一种技术。之所以称为虚拟网，主要是因为整个VPN网络的任意两个节点之间的连接并没有传统专网所需的端到端的物理链路，而是架构在公用网络服务商所提供的网络平台（如Internet、ATM、Frame Relay等）之上的逻辑网络，用户数据也是在逻辑链路中传输的。

在传统的企业网络配置中，要进行异地局域网之间的互联，传统的方法是租用数字数据网专线或帧中继，这样的通信方案必然导致高昂的网络通信和维护费用。对于移动用户与远端个人用户而言，一般通过拨号线路进入企业的局域网，这样必然带来安全上的隐患。

虚拟专用网络是指依靠ISP和其他网络服务提供商，在公用网络中建立专用的数据通信网络的技术。在虚拟专用网络中，任意两个节点之间的连接并没有传统专网所需的端到端的物理链路，而是利用某种公用网的资源动态组成的，是通过私有的隧道技术在公共数据网络上仿真一条点到点的专线。所谓虚拟，是指用户不需要拥有实际的长途数据线路，而是使用因特网这一公用数据网络的长途数据线路。所谓专用网络，是指用户可以为自身定制一个最符合自己需求的网络。

1. 虚拟专用网络的技术

VPN中使用了多种技术，包括隧道技术、加密/解密技术、密钥管理技术和使用者与设备的身份认证技术等。

（1）隧道技术

隧道技术是VPN的基本技术，类似于点对点连接的技术，它是在公用网建立一条数据通道

（隧道），让数据包通过这条隧道传输。隧道是由隧道协议形成的，分为第二、第三层隧道协议。

第二层隧道协议是先把各种网络协议封装到PPP（point-to-point protocol，点到点协议）中，再把整个数据包装入隧道协议中。这种双层封装方法形成的数据包依靠第二层隧道协议进行传输。第二层隧道协议有L2F（layer 2 forwarding protocol，第二层转发协议）、PPTP（point-to-point tunneling protocol，点到点隧道协议）、L2TP（layer 2 tunneling protocol，第二层隧道协议）等。L2TP协议是IETF（Internet Engineering Task Force，因特网工程任务组）的标准，由IETF融合PPTP与L2F形成。

第三层隧道协议是把各种网络协议直接装入隧道协议中，形成的数据包依靠第三层隧道协议进行传输。第三层隧道协议有VTP（VLAN Trunking Protocol，VLAN中继协议）、IPsec等。IPsec由一组RFC（request for comments，征求意见稿）文档组成，它定义了一个系统来提供安全协议选择、安全算法、确定服务要使用的密钥等服务，从而在IP层提供安全保障。

（2）加密/解密技术

加密/解密技术是数据通信中一项较成熟的技术，VPN可直接利用现有的相关技术。

（3）密钥管理技术

密钥管理技术的主要任务是如何能在公用数据网上安全地传递密钥而不被窃取。现行密钥管理技术又分为SKIP（互联网简单密钥管理协议）与ISAKMP/OAKLEY（互联网安全联盟和密钥管理协议）两种。SKIP主要是利用Diffie-Hellman的演算法则，在网络上传输密钥；而在ISAKMP中，双方都各有两把密钥，分别用于公用和私用。

（4）使用者与设备的身份认证技术

使用者与设备的身份认证技术最常用的是使用者名称与密码方式或卡片式认证方式。

2. 虚拟专用网络的技术特点

虚拟专用网络的技术特点如下所述。

（1）安全保障

VPN通过建立一个隧道，利用加密技术对传输数据进行加密，以保证数据的私有和安全性。虽然实现VPN的技术和方式很多，但所有的VPN均应保证通过公用网络平台传输数据的专用性和安全性。由于VPN直接构建在公用网上，实现简单、方便、灵活，因此其安全问题也更为突出。企业必须确保其VPN上传送的数据不被窥视和篡改，并且要防止非法用户对网络资源或私有信息的访问。

（2）服务质量保证

VPN应当为企业数据提供不同等级的服务质量保证。不同的用户和业务对服务质量保证的要求差别较大。在网络优化方面，构建VPN的另一重要需求是充分有效地利用有限的广域网资源，为重要数据的传输提供可靠的带宽。广域网流量的不确定性使其带宽的利用率很低，在流量高峰时容易引起网络阻塞，会使对实时性要求高的数据得不到及时发送，而在流量低谷时又造成大量的网络带宽空闲。通过流量预测与流量控制策略，可以按照优先级实现对带宽的管理，使得各类数据能够被合理地先后发送，并预防阻塞的发生。

計算機網絡技術基礎

（3）可扩充性和灵活性

VPN必须能够支持通过Intranet和Extranet的任何类型的数据流，方便增加新的节点，支持多种类型的传输媒介，并可以满足同时传输语音、图像和数据等新应用对高质量传输和带宽增加的需求。

（4）可管理性

从用户角度和运营商角度出发，VPN应可方便地进行管理和维护。VPN管理的目标为：降低网络风险，具有高扩展性、经济性、高可靠性等。VPN管理主要包括安全管理、设备管理、配置管理、访问控制列表管理、QoS管理等内容。

3. 代理技术

在实际应用中，很多VPN技术还同代理技术配合使用。所谓代理技术，是指主机的访问请求并不直接发往目标网站，而是发往代理服务器。代理服务器负责向目标网站请求，在获取目标网站的数据信息后，再转交给主机。现在的代理技术主要针对的是应用层的协议，包括HTTP代理、HTTPS代理、Socks4代理、Socks5代理等。

■4.5.2 网络地址转换NAT

网络地址转换（network address translation，NAT）技术主要是为了解决IPv4地址池不足的问题。当在专用网内部的一些主机已经分配到了内网IP地址（即仅在本专用网内使用的专用地址），但又需要和因特网上的主机通信时，就可以使用NAT技术。

使用NAT技术需要在专用网连接到因特网的路由器上安装NAT软件，装有NAT软件的路由器叫作NAT路由器，它至少有一个有效的外部IP地址（公网IP地址）。这样，所有使用内网IP地址的主机在和外界通信时，都要在NAT路由器上将其内网IP地址转换成公网IP地址，才能和因特网连接，如图4-28所示。

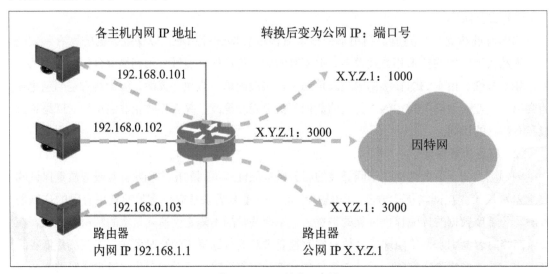

图 4-28　NAT 技术示意图

常见的网络地址转换技术包括静态转换、动态转换和端口多路复用三种。

1. 静态转换

静态转换是指将内部网络的私有IP地址转换为公有IP地址，IP地址对是一对一的，是一成不变的，某个私有IP地址只转换为某个公有IP地址。借助静态转换，可以实现外部网络对内部网络中某些特定设备（如服务器）的访问。

2. 动态转换

动态转换是指将内部网络的私有IP地址转换为公用IP地址时，IP地址是不确定的，是随机的。例如，公司申请了多个可以在公网中使用的IP地址，可以将这些IP地址都放入路由器的NAT地址池，当内网计算机需要访问时，随机抽取一个供其使用。当ISP提供的合法IP地址略少于网络内部的计算机数量时，可以采用动态转换的方式。

3. 端口多路复用

采用端口多路复用技术是指改变外出数据包的源端口并进行端口转换，即端口地址转换。内部网络的所有主机均可共享一个合法的外部IP地址，以实现对因特网的访问。不同的计算机访问时，路由器为每个访问分配一个不同的端口号并存储起来，用来将返回的数据发回申请主机，从而可以最大限度地节约IP地址资源。同时，又可隐藏网络内部的所有主机，有效避免来自外部网络的攻击。因此，网络中NAT应用最多的就是端口多路复用技术。家庭中共享上网一般也使用该技术。

4.6　网络层的主要设备

常见的网络层的主要设备包括路由器、三层交换机和防火墙等。

■4.6.1　路由器

路由器又称为网关，是网络层最常见的设备。它是连接因特网中各局域网、广域网必不可少的，是因特网的枢纽设备。它能根据网络的情况自动选择和设定路由表，以最佳路径、按前后顺序发送数据包。

家庭中常用的无线路由器如图4-29所示。企业使用的路由器如图4-30所示。

图 4-29　家用无线路由器

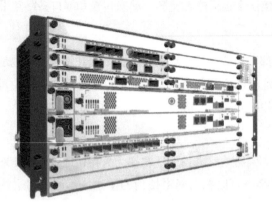

图 4-30　企业级路由器

1. 路由器的主要作用

网络层的主要功能基本上是由路由器来实现的。路由器的主要作用体现在以下几方面。

（1）共享上网

共享上网是家庭及小型企业最常使用的功能。局域网中的计算机及其他终端设备通过路由器连接因特网，通过共享上网功能查看因特网资源，如图4-31所示。

图 4-31　局域网共享上网

（2）连接不同类型网络

所谓不同类型网络，是指在互联网中除了以太网外，还有在网络层使用其他不同协议的网络。路由器就是在这些不同网络之间连接并传输数据的作用。另外，在局域网中，不同网络也指不同网段的网络。划分不同网段可以隔绝广播域。不同网段之间要进行通信，就需要使用路由器。当然，三层交换机也可以完成此功能。

（3）路由选择

路由器可以自动学习不同网络的逻辑拓扑情况，并形成路由表。当数据到达路由器后，路由器根据目的地址进行路由计算，结合路由表形成最优路径，最终将数据转发给下一网络设备。

（4）流量控制

通过流量控制，可避免传输数据的拥挤和阻塞。

（5）过滤和隔离

路由器可以隔离广播域，过滤广播包，减少广播风暴对整个网络的影响。

（6）数据分段和组装

网络传输的数据分组大小可以不同，需要路由器对数据分组进行分段或重新组装。

（7）网络管理

家庭和小型企业用户使用小型路由器共享上网，可以在路由器上进行网络管理，如设置无线信道、名称、密码、速率，实现DHCP（dynamic host configuration protocol，动态主机配置协议）功能，还可进行ARP绑定、限速、限制联网，以及限制某应用程序联网等。

大中型企业可以通过路由器管理功能，对设备进行监控和管理，包括设置各种限制、VPN、远程访问、NAT、DMZ（demilitarized zone，非军事区/隔离区）、设置端口转发规则等。所有这些功能的实现主要都是为了提高网络运行效率，提升网络的可靠性和可维护性。

2. 路由器的分类

路由器按应用范围可以分为接入级路由器、企业级路由器和骨干级路由器。

（1）接入级路由器

接入级路由器连接家庭或ISP内的小型企业客户。接入级路由器不只是提供SLIP或PPP连接，还支持诸如PPTP和IPsec等虚拟私有网络协议。这些协议要能在每个端口上运行。接入级路由器将来会支持许多异构和高速端口，并在各个端口能够运行多种协议。

PPPoE（point-to-point protocol over Ethernet）是以太网上的点到点协议，是将点到点协议封装在以太网（Ethernet）框架中的一种网络隧道协议。由于协议中集成PPP协议，可以实现传统以太网不能提供的身份验证、加密和压缩等功能，也可用于线缆调制解调器（cable modem）和数字用户线（DSL）等以以太网协议向用户提供接入服务的协议体系。路由器在进行接入认证时，常常使用该协议。

（2）企业级路由器

企业级或校园级路由器要服务许多系统终端，其主要目标是以尽量便宜的方法实现尽可能多的端点互连，并且进一步要求支持不同的服务质量。企业级路由器还支持一定的服务等级，至少允许分成多个优先级别。企业级路由器的成败就在于是否提供大量端口且每一端口的造价都很低，是否容易配置，是否支持QoS。另外，还要求企业级路由器能有效地支持广播和组播。企业网络还要处理历史遗留的各种LAN技术，支持多种协议，包括IP、IPX（internet work packet exchange，互联网络数据包交换）等协议。它们还要支持防火墙、包过滤、大量的管理

和安全策略，以及VLAN。

（3）骨干级路由器

骨干级路由器用于实现企业级网络的互联，它的要求是速度和可靠性要高，而价格则处于次要地位。保证硬件可靠性可以采用电话交换网中使用的技术，如热备份、双电源、双数据通路等，这些技术对所有骨干路由器而言差不多是标准的。骨干级路由器的主要性能瓶颈是在转发表中查找某个路由所耗的时间。当收到一个包时，输入端口在转发表中查找该包的目的地址以确定其目的端口，当包很短或者当包要发往许多目的端口时，势必增加路由查找的时间。因此，将一些经常访问的目的端口放到缓存中能够提高路由查找的效率。不管是输入缓冲路由器还是输出缓冲路由器，都存在路由查找的瓶颈问题。

3. 路由器的性能参数

与交换机不同，路由器从本质上说，也属于类似计算机主机的设备。衡量路由器性能的参数主要有以下几种。

（1）CPU

CPU是路由器最核心的组成部分。不同系列、不同型号的路由器，其CPU也不尽相同。CPU性能的高低直接影响路由器的吞吐量、路由计算能力（影响网络路由的收敛时间）和时延等。

（2）内存与闪存

路由器同样有内存，相当于计算机的内存。路由器内存也有DDR（double data rate synchronous dynamic random access memory，双倍速率同步动态随机存储器）、DDR2、DDR3等不同种类，在选购时除了要查看路由器内存的大小，还要注意查看内存的种类。内存主要存储当前路由器的配置信息，包括端口设置、IP地址、路由表、DMZ设置、DDNS（dynamic domain name service，动态域名服务）设置、MAC地址绑定设置、信号调节、虚拟服务器等。

路由器的闪存相当于计算机硬盘。当然，它并不像计算机硬盘一样需求容量很大，一般规格有128 MB、256 MB、512 MB等。在资金许可条件下，当然越大越好。

（3）路由表能力

路由器通常依靠所建立和维护的路由表来决定如何转发。路由表能力是指路由表内所容纳路由表项数量的极限。由于因特网上执行BGP协议的路由器通常拥有数十万条路由表项，因此该项是路由器能力的重要体现。

（4）端口形式和速率

路由器端口可以是RJ-45端口，也可以是光纤接口，需要根据路由器的配置和所处环境进行选择。一般常用的速率有100 Mb/s和1 000 Mb/s，用户可根据实际安装环境选择。

（5）吞吐量

网络中的数据由一个个数据包组成，对每个数据包的处理都要耗费资源。吞吐量是指在不丢包的情况下单位时间内通过的数据包数量，也就是设备整机数据包转发的能力。

吞吐量包括设备吞吐量和端口吞吐量。设备吞吐量是指路由器根据IP包头或者MPLS

（multi-protocol label switching，多协议标签交换）标记选路，其性能指标是每秒转发的包数量。设备吞吐量通常小于路由器所有端口吞吐量之和。端口吞吐量是指端口的包转发能力，即路由器的某个端口上的包转发能力。

（6）线速转发能力

所谓线速转发能力，就是指在达到端口最大速率的时候，经路由器传输的数据也没有丢包。路由器最基本且最重要的功能就是数据包转发，在同样端口速率下转发小包是对路由器包转发能力的最大考验。全双工线速转发能力是指以最小包长（以太网中为64字节）和最小包间隔在路由器端口上双向传输的同时不引起丢包。简单地说就是流入多大的流量，就流出多大的流量，不会因为设备处理能力的问题而造成吞吐量下降。

（7）带机数量

带机数量是指路由器能负载的计算机数量。在厂商介绍的性能参数表中经常可以看到标称路由器带机数量为200台PC、300台PC。但是，路由器的实际带机数量直接受使用环境的网络繁忙程度影响，不同的网络环境相差很大。

例如，在网吧里，几乎其中所有的人都同时在线，或上网聊天，或打游戏，或看网络电影等，这些数据都要通过路由器的端口，致使路由器的负载很重。而对于企业网，经常同一时间只有一小部分人在使用网络，路由器的负载很轻。因此，如果把一个能带200台PC的企业网中的路由器，放到网吧中可能连50台PC都带不动。因此，参数表中标出的带机数量只是一个估算值，供参考而已。

（8）厂商、价格及售后

价格和售后需要用户根据采购设备清单及资金状况，进行综合考虑。路由器的主要生产厂商有锐捷、华为、思科、TP-LINK、华硕、NETGEAR等。

4. 无线路由器的无线性能

无线路由器已经被广泛用于家庭、企业中。选购无线路由器时需要关注的性能参数如下所述。

（1）传输频段

所谓传输频段就是路由器的工作频率，是无线路由器的一个重要参数。现在2.4 GHz频段技术非常成熟，也是使用最多的频段，它具有穿墙能力强的显著特点，但若终端数量过多，会导致信道拥堵、网速变慢。5 GHz频段的传输速率非常快，但穿墙能力很弱。现在一些路由器支持2.4 G与5 G两个频段共存，它会按照接入点的特性自动或者手动选择最佳的传输频段。

（2）传输标准

传输标准对网速和连接状况起着最直接的作用，也就是对IEEE 802.11a/b/g/n/ac标准的选择。该标准是国际化标准，代表了网络的数据传输率的等级。

（3）天线增益

数据的好坏决定了路由器信号的强弱。首先澄清一个误区，即天线越多信号越好，这个结论并不准确。例如，一台300 M的路由器，不管它是2根天线，还是4根天线，整体还是300 M，

并没有变大。信号强度取决于天线增益、摆放位置和路由器本身使用的芯片等综合因素。

（4）其他功能

有些路由器可以实现新增不明设备时报警、PoE供电、VPN拨号、手机远程管理、智能QoS、双WAN双拨号、防火墙等功能，用户可以根据需求选择。

■4.6.2 三层交换机

这里的三层指的是网络模型中的第三层——网络层，前面介绍的二层交换机是工作在数据链路层的。三层交换机使用了三层交换技术。

三层交换机的最主要目的是加速大型局域网内部的数据交换，它所具有的路由功能也是为该目的服务的，能够做到一次路由，多次转发。对于数据包转发等规律性的过程由硬件实现，而路由信息更新、路由表维护、路由计算、路由确定等功能由软件实现。三层交换技术就是二层交换技术+三层转发技术。传统交换技术是在OSI网络模型的第二层——数据链路层上实现的，而三层交换技术是在第三层上实现数据包的高速转发，既要实现网络路由功能，又要根据不同网络状况做到最优网络性能。

在局域网中进行数据转发，如果目的IP地址和源地址不是同一网段的，那么主机A（源地址）要和主机B（目的地址）通信，如果在路由表中没有找到对应的MAC地址条目，就将第一个正常数据包发送到一个默认网关，对应第三层路由模块。由此可见，对于不是同一子网的数据，最先在MAC表中放的是默认网关的MAC地址，然后就由三层模块接收此数据包，再查询路由表以确定到达目的地址B的路由。通过一定的识别触发机制，确立主机A与B的MAC地址及转发端口的对应关系，并记录缓存条目表，以后从A到B的数据，就可直接交由二层交换模块完成。这就是通常所说的一次路由、多次转发。

表面上看，第三层交换机是第二层交换机与路由器的合二为一，然而这种结合并非简单的物理结合，而是各取所长的逻辑结合。重要表现是当某一信息源的第一个数据包进行第三层交换后，其中的路由系统将会产生一个MAC地址与IP地址的映射表，并将该表存储起来，当同一信息源的后续数据包再次进入交换环境时，交换机将根据第一次产生并保存的地址映射表，直接在第二层由源地址传输到目的地址，不再经过第三层的路由系统处理，从而消除了路由选择时造成的网络延迟，提高了数据包的转发效率，解决了网间传输信息时路由产生的速率瓶颈问题。因此，第三层交换机既可完成第二层交换机的端口交换功能，又可完成部分路由器的路由功能，即第三层交换机的方案，实际上是一个能够支持多层次动态集成的解决方案，虽然这种多层次动态集成功能在某些程度上也能由传统路由器和第二层交换机搭载完成，但这种搭载方案与采用三层交换机相比，不仅需要更多的设备配置、占用更大的空间、设计更多的布线和花费更高的成本，而且数据传输性能也要差很多。因为在海量数据传输中，搭载方案中的路由器无法解决路由传输速率瓶颈问题。

三层交换机（图4-32）主要应用在核心网络中，用于连接其下不同的虚拟局域网，实现不同分组之间的通信。它的主要优势有高可扩充性、高性价比、内置安全机制、支持多媒体传输、支持计费功能等。

图 4-32　三层交换机

■ 4.6.3　防火墙

这里的防火墙主要指的是网络防火墙，部署于网络边界，是内部网络和外部网络之间的连接桥梁，同时对进出网络边界的数据进行保护，防止恶意入侵、恶意代码的传播等，保障内部网络数据的安全。防火墙一般分为硬件防火墙（图4-33）和软件防火墙，下面介绍防火墙的相关知识。

图 4-33　硬件防火墙

1. 防火墙的主要类型

防火墙的原理是按照规则过滤与规则相符的数据包，主要是通过识别数据包的特征来进行判断。常见的有根据地址和协议进行过滤的包过滤型防火墙、按照应用进行过滤的应用代理型防火墙，以及集合两者优势的复合型防火墙三种。

（1）包过滤型防火墙

在网络层与传输层中，可以基于数据源头的地址和协议类型等标志特征进行分析，确定是否可以通过。在符合防火墙规定标准之下，满足安全性能及类型要求的才可以进行信息的传递，而一些不安全的因素则会被防火墙过滤、阻挡。

（2）应用代理型防火墙

应用代理型防火墙主要的工作范围是在OSI的最高层，位于应用层之上，其主要特征是可以完全隔离网络通信流，通过特定的代理程序就可以实现对应用层的监督与控制。

以上两种防火墙是应用较为普遍的防火墙，还有其他一些防火墙，应用效果也不错，在实际应用中要综合具体需求及网络状况合理选择防火墙的类型，这样才可以有效避免防火墙的外

部侵扰等问题发生。

（3）复合型防火墙

综合了包过滤防火墙技术和应用代理防火墙技术的优点。例如，发过来的安全策略是包过滤策略，那么可以针对报文的报头部分进行访问控制；如果发过来的安全策略是代理策略，就可以针对报文的内容数据进行访问控制。因此，复合型防火墙技术综合了其组成部分的优点，同时摒弃了两种防火墙的原有缺点，提高了防火墙技术在应用实践中的灵活性和安全性。

2. 防火墙的主要作用

防火墙作为企业中常用的网络设备，主要作用如下所述。

（1）网络安全屏障

在局域网出口使用防火墙，可过滤不安全的服务，能极大地提高内部网络的安全性，大大降低网络风险。

（2）强化网络安全策略

通过以防火墙为中心的安全配置，可将所有安全策略（如口令、加密、身份认证、审计等）都配置在防火墙上。与将网络安全问题分散到各主机上相比，由防火墙集中实施安全管理更加经济。

（3）监控审计

如果所有的访问都经过防火墙，那么防火墙就能通过日志记录下这些访问，同时利用日志也能提供网络使用情况的统计数据。

（4）防止内部信息的泄露

利用防火墙对内部网络的划分，可实现内部网重点网段的隔离，从而限制局部重点或敏感网络因安全问题对全局网络造成的影响。

（5）数据包过滤

防火墙通过读取数据包中的地址信息来判断这些包是否来自可信任的网络，并与预先设定的访问控制规则进行比较，进而确定是否需对数据包进行处理和转发，即实现对数据包的过滤。

（6）网络地址转换

和路由器类似，防火墙也可以提供NAT服务。

（7）虚拟专用网络

虚拟专用网络将分布在不同地域的局域网或计算机通过加密通信技术，虚拟出专用的传输通道，从而将它们在逻辑上连成一个整体，这样不仅省去了建设专用通信线路的费用，还有效地保证了网络通信的安全。

实际上，防火墙和路由器有些类似，两者就某些控制和功能来说，都可以互相替换。但是，因为硬件在功能和质量方面有档次之分，专业领域还是尽量使用相对应的专业设备。一些简单的功能可以由现有设备实现，对于比较专业的功能，还是尽量使用有更高效率、更加专业的专业设备，能更好地保证质量。

课后作业

一、单选题

1. 以下哪个IP地址可以在公网上使用（　　）。

　　A. 10.8.8.8　　　　B. 180.8.8.8　　　C. 172.16.8.8　　　D. 192.168.8.8

2. 将IP地址转换为MAC地址的协议是（　　）。

　　A. ARP　　　　　B. RARP　　　　　C. RIP　　　　　　D. OSPF

二、多选题

1. 网络层的主要作用包括（　　）。

　　A. 封装与解封　　　　　　　　B. 路由与转发

　　C. 拥塞控制　　　　　　　　　D. 连接异构网络

2. 路由可以分为（　　）。

　　A. 静态路由　　　　　　　　　B. 动态路由

　　C. 默认路由　　　　　　　　　D. 外部路由

3. 网络地址转换包括（　　）。

　　A. 静态转换　　　　　　　　　B. IP多路复用

　　C. 动态转换　　　　　　　　　D. 端口多路复用

三、简答题

1. 简述网络层的两种服务。

2. 简述IP地址的分类。

3. 简述子网掩码的作用及格式。

4. 简述IP数据报的结构。

5. 简述路由器的工作过程。

6. 简述三层交换机的工作原理。

即刻学习

◎ 配套学习资料
◎ 网络原理详解
◎ 理论与实践课
◎ 网络安全专讲

◎配套学习资料
◎网络原理详解
◎理论与实践课
◎网络安全专讲

即刻学习

模块 **5**

传输层详解

内容概要

　　传输层是网络参考模型中的另一个重要的组成部分，传输层主要实现端到端的逻辑通信，提供可靠的传输和流量控制。本模块着重介绍传输层的相关知识。

知识要点

- 传输层的作用。
- UDP协议。
- TCP协议。

5.1 传输层简介

传输层是OSI参考模型的第四层，也是TCP/IP五层模型的第四层，是TCP/IP模型中TCP协议的所在层。

5.1.1 传输层的作用

传输层是为应用进程之间提供端到端的逻辑通信，而网络层是为主机之间提供逻辑通信的。传输层是整个网络体系结构中的关键层次之一，其任务是根据通信子网的特性，利用网络资源，为两个系统端与端之间提供建立、维护和取消传输连接的功能，负责端到端的可靠数据传输。在这一层，信息传送协议的数据单元称为段或报文。由于一个主机同时运行多个进程，因此传输层具有复用和分用功能。传输层在终端用户之间提供透明的数据传输，向上层提供可靠的数据传输服务。传输层在给定的链路上通过流量控制、分段/重组和差错控制来保证数据传输的可靠性。传输层的一些协议是面向连接的，这就意味着传输层能保持对分段的跟踪，并且重传那些失败的分段。传输层有两种不同的传输协议，即面向连接的TCP协议和面向无连接的UDP协议。这两个协议是传输层最重要的两个协议，也是TCP/IP参考模型中最重要的协议之一。传输层的主要作用有：

- 分割与重组数据。
- 按端口号寻址。
- 连接管理。
- 差错控制、流量控制，以及纠错的功能。

传输层向高层用户屏蔽了下面网络层的核心细节，如网络拓扑、所采用的路由选择协议等，它使应用进程看见的就是好像在两个传输层实体之间有一条端到端的逻辑通信信道。下层的实现对上层来说是透明的，这是网络模型设计的原则之一，根据这一原则，每一层只要解决本层的传输问题，对上下层来说，只需要按照特定格式（也就是协议）提供对应的数据报即可。

当传输采用面向连接的TCP协议时，尽管下面的网络是不可靠的（只提供尽最大努力服务），但这种逻辑通信信道就相当于一条全双工的可靠信道。当传输层采用无连接的UDP协议时，这种逻辑通信信道是一条不可靠信道。

5.1.2 传输层的主要协议

传输层最重要的协议就是TCP和UDP协议。TCP协议传送的数据单位是TCP报文段，UDP协议传送的数据单位是UDP报文或用户数据报。

UDP是一种面向无连接的协议，即UDP在传送数据之前不需要先建立连接，对方的传输层收到UDP报文后，也不需要给出任何确认。虽然UDP不提供可靠交付，但在某些情况下UDP是一种最有效的工作方式。UDP用户数据报与网络层的IP数据报有很大区别，IP数据报要经过互联网中许多路由器的存储转发，而UDP用户数据报是在传输层的端到端的抽象逻辑信道中传送的。

TCP提供面向连接的服务，但不提供广播或多播服务。由于TCP要提供可靠的、面向连接的传输服务，因此不可避免地增加了许多开销。这不仅使协议数据单元的首部增大了很多，还要占用许多的处理机资源。TCP报文段是在传输层抽象的端到端的逻辑信道中传送，这种信道是可靠的全双工信道。尽管这样的信道并不知道究竟经过了哪些路由器，而这些路由器也根本不知道上面的传输层是否建立了TCP连接，两者各做各的，却能将任务很好地完成。

■5.1.3 进程、端口号与套接字

传输层的传输原理涉及进程、端口号与套接字。在详细介绍传输层的协议前，需要先介绍这三个知识点。

1. 进程与端口

前面介绍了物理层的连接和数据链路层与网络层的数据流动方式。在介绍传输层之前，需要知道传输层的宿主，即传输层到底依据什么进行服务。这里有个概念——"进程"，按狭义的理解，进程就是正在运行的程序的一个实例。一个软件可能有多个进程，而一个进程也可以服务多个软件。

如果是需要通信的进程，每个进程就要有一个端口号用来与其他设备进行通信。这些端口就是传输层为应用层提供的、在传输层中进行标记及对接的接口。通过这些接口ID，标记上层数据并交给下面的网络层进行传输。反过来，传输层将接收到的数据按照端口再交给应用层对应的进程。这就是传输层的工作模式。

计算机中的进程由"进程标识符"来标记。因为计算机操作系统的种类很多，而不同的操作系统又使用不同格式的进程标识符。为了解决这一问题，就需要用统一的方法对TCP/IP体系的应用进程进行标记。这种标记必须是计算机可以识别的和可以独立运作的，在逻辑上可以代表对应的程序。

这个方法就是使用传输层的协议端口，也称作协议端口号。双方的通信虽然是应用程序，但实际上使用的是协议端口。逻辑上可以把端口作为传输层的发送地址和接收地址，而不需要考虑其他的因素。传输层所要做的，就是将一个端口的数据发送给逻辑接收端的对应接口。

端口可以分为网络和主机的硬件接口，以及应用层的各种协议进程与传输实体进行层间交互的一种软件接口。

TCP端口用一个16位端口号进行标记。端口号只具有本地意义，即端口号只是为了标识本地计算机应用层中的各进程。在因特网中不同计算机的相同端口号是没有关系的。常见的端口分为：

- **公认端口**：从0到1023，例如，WWW服务使用的80端口，FTP服务使用的21端口等。UDP的公认端口号与服务进程的对应关系如表5-1所示。TCP的公认端口号与服务进程的对应关系，如表5-2所示。
- **注册端口**：从1024到49151，是分配给用户进程或应用程序的。这些进程主要是用户选择安装的一些应用程序，而不是已经分配好了公认端口的常用程序。这些端口在没有被占用的时候，可以由用户端动态选为源端口使用。需要注意的是，使用此范围的端口号必须在IANA（Internet assigned numbers authority，因特网编号分配机构）登记，以防止重复注册。

● **动态端口**：从49152到65535。之所以称为动态端口，是因为它一般不固定分配给某种服务，而是动态分配的。

表5-1　UDP公认端口号与服务进程的对应关系

端口号	服务进程	说明
53	Domain	域名服务
67/68	DHCP	动态主机配置协议
69	TFTP	简易文件传送协议
111	RPC	远程过程调用
123	NTP	网络时间协议
161/162	SNMP	简单网络管理协议
520	RIP	路由信息协议

表5-2　TCP公认端口号与服务进程的对应关系

端口号	服务进程	说明
20	FTP	文件传送协议（数据连接）
21	FTP	文件传送协议（控制连接）
23	TELNET	远程上机协议
25	SMTP	简单邮件传送协议
80	HTTP	超文本传送协议
119	NNTP	网络新闻传送协议
179	BGP	边界路由协议
443	HTTPS	超文本传输安全协议

2. 套接字

所谓套接字（socket），就是对网络中不同主机上的应用进程之间进行双向通信的端点的抽象，就是网络上进程通信的一端提供给应用层进程利用网络协议交换数据的机制。从所处的地位看，套接字向上连接应用进程，向下连接网络协议栈，是应用程序通过网络协议进行通信的接口，是应用程序与网络协议栈进行交互的接口。

套接字是通信的基础，是支持TCP/IP协议的基本操作单元，可以将套接字看作不同主机之间进程进行通信的端点。套接字存在于通信域中，通信域是为了处理一般的线程通过套接字进行通信而引进的一种抽象概念。套接字通常和同一个域中的套接字交换数据（数据交换也可能穿越域的界限，但此时一定要执行某种解释程序），各种进程使用相同的域，互相之间用

Internet协议族进行通信。

套接字可以看成是两个网络应用程序通信时各自通信连接中的端点，这是一个逻辑上的概念。它是网络环境中进程间通信的API（application program interface，应用程序接口），也是可以被命名和寻址的通信端点，使用中的每一个套接字都有其类型和一个与之相连的进程。通信时其中一个网络应用程序将要传输的一段信息写入它所在主机的Socket中，该Socket通过与网络接口卡相连的传输介质将这段信息送到另外一台主机的Socket中，使对方能够接收到这段信息。 Socket提供的是一种向应用层进程传送数据包的机制。

Socket的表示方法是将IP地址和端口结合起来的，表示为：Socket=(IP地址:端口号)，其中，IP地址用点分十进制表示，中间用冒号或逗号隔开。每个传输层连接会唯一地被通信两端的两个端点（即两个套接字）所确定。例如，如果IP地址是215.66.8.8，端口号是23，那么套接字就是(215.66.8.8:23)。

要通过互联网进行通信，至少需要一对套接字，其中一个运行于客户端，称之为Client Socket，另一个运行于服务器端，称之为Server Socket。根据连接启动的方式以及本地套接字要连接的目标，套接字之间的连接过程可以分为以下三个步骤。

（1）服务器监听

所谓服务器监听，是指服务器端套接字并不定位具体的客户端套接字，而是处于等待连接的状态，实时监控网络状态。

（2）客户端请求

所谓客户端请求，是指由客户端的套接字提出连接请求，要连接的目标是服务器端的套接字。为此，客户端的套接字必须首先描述它要连接的服务器的套接字，指出服务器端套接字的地址和端口号，然后就向服务器端套接字提出连接请求。

（3）连接确认

所谓连接确认，是指当服务器端套接字监听到或者接收到客户端套接字的连接请求，就会响应客户端套接字的请求，建立一个新的线程，并把服务器端套接字的描述发送给客户端；一旦客户端确认了此描述，连接就建立好了。之后，服务器端套接字继续处于监听状态，接收其他客户端套接字的连接请求。

面向服务的套接字调用有如下特点。

● 数据传输过程必须经过建立连接、维护连接和释放连接三个阶段。

● 在传输过程中，各分组不需要携带目的主机的地址。

● 可靠性好，但由于协议复杂，通信效率不高。

面向无服务的套接字调用有如下特点。

● 不需要连接的各个阶段。

● 每个分组都携带完整的目的主机地址，在系统中独立传送。

● 由于没有顺序控制，所以接收方的分组可能出现乱序、重复和丢失现象。

● 通信效率高，但不能确保可靠性。

■5.1.4 多路复用与多路分解

多路复用是指在数据的发送端，传输层收集各个套接字中需要发送的数据，将它们封装首部信息后（之后用于分解）交给网络层。

多路分解是指在数据的接收端，传输层接收到网络层的报文后，将它交付到正确的套接字。

仅仅通过以上的定义，要理解这两个概念并不容易。下面通过一个实例来帮助读者理解这两个概念。

假设有两座城市A和B，各有10家工厂。假设这两座城市中的每一家工厂，在每天都要给另一座城市的10家工厂各发一个零件，所以A城市每天都要有100个零件到B城市，B城市亦是如此。A城市和B城市各选出了一名负责人处理这件事，这两名负责人每天都需要做两件事情。

- **事情1**：收集每家工厂需要寄出的零件，并将它交给快递人员，由快递人员将零件交到另一座城市。
- **事情2**：快递人员将零件送来时，负责人统一接收，并根据包裹上的收件信息，将零件交给指定的工厂。

多路复用的过程就类似负责人要办的事情1，而多路分解就类似事情2。

工厂就像套接字，而这两名负责人就像主机中的传输层，快递人员可以理解为网络层。负责人将寄来的零件分发给工厂的过程，类似于传输层将数据报分发给指定的套接字；而快递人员从一座城市送零件到另一座城市，可以类比为网络层中主机之间的通信。

这两个过程具体是如何工作的呢？每个进程可以有多个套接字，传输层如何知道要将数据报交付给哪一个套接字呢？这就需要明确复用/分解的要求。

- 每个套接字都有唯一的标识。
- 每一个传递到传输层的报文段都包含一些特殊字段，用来指明它需要交付到的套接字。

每一个套接字都被分配一个端口号，上述要求中提及的特殊字段就是源端口号字段和目的端口号字段。现在可以知道传输层是如何实现分解服务了：当一个报文段到达传输层时，传输层检测报文段中的端口号，根据端口号将其定向到指定的套接字中，然后数据报通过套接字即可进入套接字对应的进程。

5.2 用户数据报协议UDP

TCP比UDP更复杂一些，因此先介绍一些UDP的相关知识。

■5.2.1 UDP简介

Internet协议集支持一个无连接的传输协议，该协议称为用户数据报协议（UDP）。UDP为应用程序提供了一种无须建立连接就可以发送封装的IP数据报的方法。

UDP有不提供数据报分组、组装和不能对数据报进行排序的缺点，也就是说，当报文发送之后，是无法得知它是否安全完整到达的。UDP用来支持那些需要在计算机之间传输数据的网络应用，包括网络视频会议系统在内的众多的客户端/服务器模式的网络应用，都需要使用UDP协议。UDP协议从问世至今已经使用了很多年，虽然其最初的光芒已经被其他一些类似协议所掩盖，但时至今日，UDP仍然不失为一项非常实用和可行的网络传输层协议。

UDP所做的工作非常简单，只是在数据上增加了端口功能和差错检测功能（成为数据报），就将数据报交给下层（网络层）进行封装和发送了，如图5-1所示。

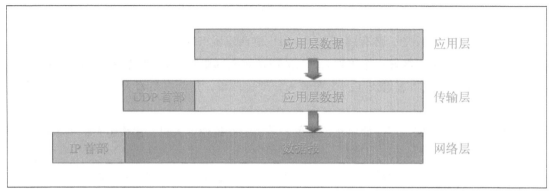

图 5-1　UDP 的传输

UDP的主要特点有：

- UDP是无连接的，即发送数据之前不需要建立连接。
- UDP用最大努力交付，即不保证可靠交付，同时也不使用拥塞控制。
- UDP是面向报文的，没有拥塞控制，很适合多媒体通信的要求。
- UDP支持一对一、一对多、多对一和多对多的交互通信。
- UDP的首部开销小，只有8个字节。
- 发送方的传输层对应用程序交下来的报文添加UDP首部后就向下交付。UDP对应用层交付的报文既不合并，也不拆分，而是保留这些报文的边界。
- 应用层交给UDP多长的报文，UDP就照样发送多长的报文，即一次发送一个报文。
- 传输层对网络层交上来的UDP用户数据报在去除首部（IP首部）后就原封不动地交付上层的应用进程，一次交付一个完整的报文。
- 应用程序必须选择合适大小的报文。

是否采用UDP协议的原则包括：系统对性能的要求高于对数据完整性的要求；需要"简短快捷"的数据交换；需要多播和广播的应用。

许多应用只支持UDP，如多媒体数据流，UDP不产生任何额外的数据，即使知道有破坏的包也不进行重发。当强调传输性能而不是传输的完整性时，如音频和多媒体应用，UDP是最好的选择。在数据传输时间很短，以至于此前的连接过程成为整个流量主体的情况下，UDP也是一种好的选择。

■5.2.2 UDP的首部格式

用户数据报协议（UDP）中有两个字段：数据字段和首部字段。首部字段有8个字节，分为4个字段，每个字段有两个字节，格式如图5-2所示。

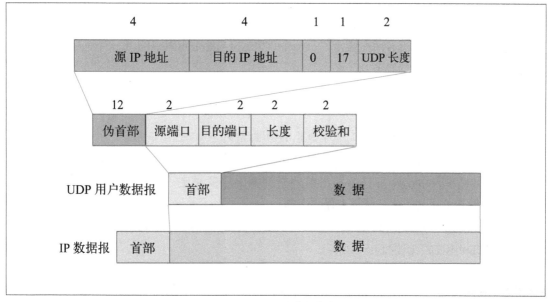

图 5-2 UDP 的首部格式

UDP的首部内容中主要字段的含义如下：

① 源端口：源端口号。在需要对方回信时选用，不需要时可用全0。

② 目的端口：目的端口号。在终点交付报文时使用。

③ 长度：UDP用户数据报的长度，用户数据报的长度最大为65 535字节，最小是8字节。如果长度字段是8字节，那么说明该用户数据报只有报头，而没有数据。

④ 检验和：可选项，检测UDP用户数据报在传输中是否有错，有错就丢弃。

计算校验和时，会临时把"伪首部"和UDP用户数据报连接在一起，伪首部的主要作用是计算校验和。

5.3 传输控制协议TCP

和UDP相比较，TCP主要面向可靠的连接。所谓可靠，就是保证数据没有问题地传输。

■5.3.1 TCP协议简介

传输控制协议（TCP）是一种面向连接的、可靠的、基于字节流的传输层通信协议。传输控制协议是为了在不可靠的互联网络上提供可靠的端到端字节流而专门设计的一个传输协议。

TCP允许通信双方的应用程序在任何时候都可以发送数据，应用程序在使用TCP传送数据之前，必须在源进程端口与目的进程端口之间建立一条传输连接。每个TCP连接唯一地用双方

端口号来标识，并为通信双方的一次进程通信提供服务。

根据应用程序的需要，TCP协议支持一台服务器与多个客户端同时建立多个TCP连接，也支持一个客户端与多台服务器同时建立多个TCP连接。TCP软件分别管理多个TCP连接。

TCP协议的特点有：

- TCP是面向连接的传输层协议。
- 每一个TCP连接只能有两个端点，每一个TCP连接只能是点对点的（一对一）。
- TCP提供可靠交付的服务。
- TCP提供全双工通信。
- 面向字节流。
- TCP连接是一个虚连接而不是一个真正的物理连接。
- TCP不关注应用进程一次将多长的报文发送到TCP的缓存中。
- TCP根据对方给出的窗口值和当前网络拥塞的程度决定一个报文段应包含多少字节（UDP发送的报文长度是应用进程给出的）。
- TCP可把过长的数据块截短再传送，TCP也可等积累足够多字节构成报文段后再发送。

TCP与UDP协议的比较如表5-3所示。

表5-3　TCP与UDP协议的比较

特性 / 描述	TCP	UDP
一般描述	允许应用程序可靠地发送数据，功能齐全	简单、高速，只负责将应用层与网络层衔接起来
面向连接或无连接	面向连接，在 TPDU（transport protocol data unit，传送协议数据单元）传输之前需要建立 TCP 连接	无连接，在TPDU传输之前不需要建立UDP连接
与应用层的数据接口	基于字节流，应用层不需要规定特定的数据格式	基于报文，应用层需要将数据分成包来传送
可靠性与确认	可靠报文传输，对所有的数据均要确认	不可靠，不需要对传输的数据确认，只是尽力地交付
重传	自动重传丢失的数据	不负责检查是否丢失数据和重传
开销	低，但高于 UDP	很低
传输速率	高，但低于 UDP	很高
适用的数据量	从少量到几个 GB 的数据	从少量到几百字节的数据
适用的应用类型	对数据传输可靠性要求较高的应用，如文件与报文传输	发送数量比较少、对数据传输可靠性要求较低的应用，如 IP 电话、视频会议、多播与广播等

■5.3.2 TCP的报文格式

与UDP的首部相比，TCP的首部信息更多，TCP的首部格式如图5-3所示。

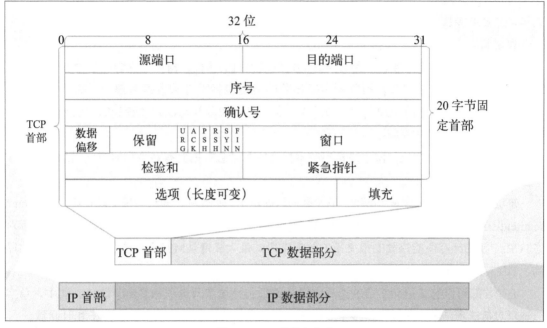

图 5-3 TCP 的首部格式

TCP首部内容包含的字段很多，逐一介绍如下：

① 源端口和目的端口：各占2个字节。端口是传输层与应用层的服务接口，传输层的复用和分用功能都要通过端口才能实现。

② 序号：占4个字节。TCP连接中传送的数据流中的每一个字节都会编一个序号。序号字段的值指的是本报文段所发送的数据的第一个字节的序号。序号字段长度为32位，序号范围在$0 \sim (2^{32}-1)$，即$0 \sim 4\ 294\ 967\ 295$。

③ 确认号：占4个字节。确认号表示一个进程已经正确接收序号为N的字节，要求发送方下一个应该发送序号为$N+1$的字节的报文段。

④ 数据偏移：占4位，数据偏移指出TCP报文段的数据起始处距离TCP报文段的起始处有多远，它的单位是32位字节（以4字节为计算单位）。实际数据偏移在$20 \sim 60$个字节，因此这个字段的值是在$5 \sim 15$之间。

⑤ 保留：占6位。该字段保留为今后使用，但目前不用时将其置为0。

⑥ URG：紧急字段位。当URG位为1时，表明紧急指针字段有效。它告诉系统此报文段中有紧急数据，应尽快传送（相当于高优先级的数据）。

⑦ ACK：确认字段位。当ACK位为1时，确认号字段有效。当ACK位为0时，确认号字段无效。

⑧ PSH：推送字段位。接收方收到PSH位为1的报文段，应尽快交付接收应用进程，而不用再等到整个缓存都填满之后再向上交付。

⑨ RST：复位字段位。当RST位为1时，表明TCP连接中出现严重错误（如由于主机崩溃或

其他原因），必须释放连接，然后再重新建立传输连接。

⑩ SYN：同步字段位。SYN位为1表示是一个连接请求或连接接收报文。

⑪ FIN：终止字段位。用来释放一个连接。FIN位为1表明此报文段的发送端的数据已发送完毕，并要求释放传输连接。

⑫ 窗口：占2个字节，长度值在0～65 535之间，单位为字节。窗口字段值指示对方在下一个报文中最多发送的字节数，作为发送方确定发送窗口的依据，窗口字段的值是动态变化的。

⑬ 检验和：占2个字节。检验和字段检验的范围包括首部和数据两部分。在计算检验和时，要在TCP报文段的前面加上12字节的伪首部。计算校验和与UDP校验和的方法相同。UDP校验和是可选的，而TCP协议是必须有的。

⑭ 紧急指针：占16位。该字段指出在本报文段中紧急数据共有多少个字节（紧急数据放在本报文段数据的最前面）。

⑮ 选项：该字段长度是可变的。TCP最初只规定了一种选项，即最大报文段长度（maximum segment size，MSS）。MSS是指TCP报文段中的数据字段的最大长度，也就是说，MSS告诉对方TCP："我的缓存所能接收的报文段的数据字段的最大长度是MSS个字节。"注意，数据字段加上TCP首部才等于完整的TCP报文段。

TCP首部可以有多达40字节的选项字段，选项包括单字节选项和多字节选项，其中，单字节选项包括选项结束和无操作；多字节选项包括最大报文段长度、窗口扩大因子和时间戳。

⑯ 填充：该字段是为了使整个首部长度是4字节的整数倍。

在以上字段中，对于选项字段中MSS值，选择时应该考虑以下因素。

- **协议开销**：TCP报文的长度等于报头部分加上数据部分，选择的MSS值太小会增大协议开销所占的比例。
- **IP分片**：如果MSS值选择得比较大，受到IP分组长度的限制，较长的报文段在网络层将会被分片传输，分片的结果同样也会增加网络层的开销和传输出错的概率。
- **发送和接收缓冲区的限制**：为了保证TCP面向字节流传输，建立TCP连接的发送端与接收端都必须设置发送与接收缓冲区，而MSS值的大小会直接影响发送与接收缓冲区设置的大小及使用效率。

■5.3.3 TCP连接的管理

常说的三次握手，四次断开指的就是TCP的传输管理。TCP的连接过程有三个阶段，包括建立连接、数据传输和连接释放。TCP就是要保证这三个过程能够正常进行。

连接的过程主要需解决以下三个问题。

- 要使TCP双方能够确知对方的存在。
- 要允许TCP双方协商一些参数（如最大报文段长度、最大窗口大小、服务质量等）。
- 使TCP双方能够对传输实体资源（如缓存大小、连接表中的项目等）进行分配。

TCP连接的建立都是采用客户端/服务器方式。主动发起连接建立的应用进程叫作客户端（client），被动等待连接建立的应用进程叫作服务器（server）。

1. TCP连接的建立过程

TCP的连接过程就是常说的三次握手过程。当客户端进程与服务器进程之间的TCP传输连接建立之后，客户端的应用进程与服务器端的应用进程就可以使用这个连接进行全双工的字节流传输。整个连接的握手过程如图5-4所示。

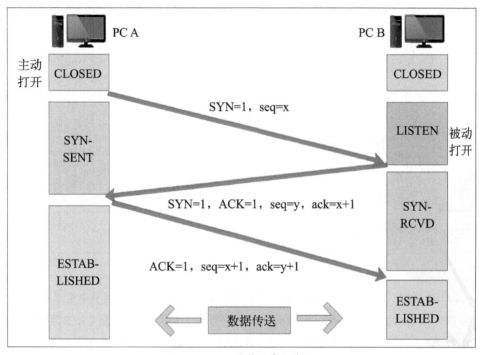

图 5-4 TCP连接的建立过程

① 首先，A向B发出连接请求报文段，这时首部中的同步位SYN=1，同时选择一个初始序号seq=x。

TCP规定，SYN设为1的报文段不能携带数据，但要消耗一个序号。这时，A进入SYN-SENT状态。序号指的是TCP报文段首部20字节里的序号，TCP连接传送的字节流的每一个字节都按顺序编号。

② B收到请求后，向A发送确认。在确认报文段中把SYN位和ACK位都设置为1，确认号ack=x+1，同时也为自身选择一个初始序号seq=y。注意，确认报文段也不能携带数据，但同样要消耗一个序号。这时B进入SYN-RCVD状态。

③ A收到B的确认后，还要向B发出确认。A发出的确认报文段的ACK位置为1，确认号ack=y+1，而自身的序号seq=x+1。这时，TCP连接已经建立，A进入ESTABLISHED状态，当B收到A的确认后，也会进入ESTABLISHED状态，接下来就可以进行数据传输了。

2. TCP连接的释放过程

在数据传输结束后，并不是简单地就停止了，而是有一个连接的释放过程。因为TCP建立的是可靠的连接，所以在连接停止时会进行协商，并经过4个步骤，断开TCP连接，才能确保整个过程没有问题。TCP连接的释放过程如图5-5所示。

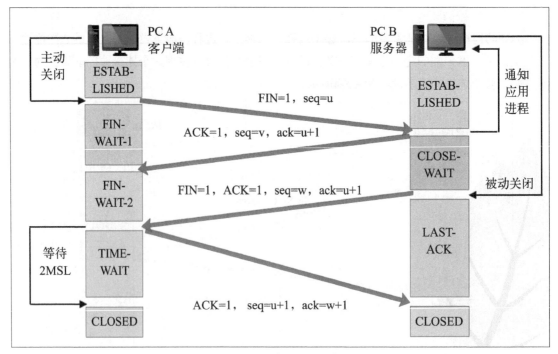

图 5-5   TCP 连接的释放过程

① 客户端A的TCP进程先向服务端发出连接释放报文段，并停止发送数据，主动关闭TCP连接。释放连接报文段中FIN=1，序号seq=u，该序号等于前面已经传送过去的数据的最后一个字节的序号加1。这时，A进入FIN-WAIT-1（终止等待1）状态，等待B的确认。TCP规定，FIN为1的报文段即使不携带数据，也要消耗一个序号。这是TCP连接释放的第一次挥手。

② B收到连接释放报文段后即发出确认释放连接的报文段，该报文段中，ACK=1，确认号ack=u+1，其自身的序号为v（seq=v），该序号等于B前面已经传送过的数据的最后一个字节的序号加1。

然后B进入CLOSE-WAIT（关闭等待）状态，此时TCP服务器进程会通知上层的应用进程，因而A到B这个方向的连接释放了，这时TCP连接处于半关闭状态，即A已经没有数据要发送了，但B若发送数据，A仍要接收，也就是说从B到A这个方向的连接并没有关闭，这个状态可能会持续一段时间。这是TCP连接释放的第二次挥手。

③ A收到B的确认后，就进入了FIN-WAIT-2（终止等待2）状态，等待B发出连接释放报文段，如果B已经没有数据要向A发送了，其应用进程就通知TCP释放连接。

这时B发出的连接释放报文段中，FIN=1，确认号还必须重复上次已发送过的确认号，即ack=u+1，序号seq=w，在半关闭状态B可能又发送了一些数据，因此该序号为半关闭状态发送的数据的最后一个字节的序号加1。这时B进入LAST-ACK（最后确认）状态，等待A的确认，这是TCP连接的第三次挥手。

④ A收到B的连接释放请求后，必须对此发出确认信息。在确认报文段中，ACK=1，确认号ack=w+1，而自身的序号seq=u+1，而后进入TIME-WAIT（时间等待）状态。

此时，TCP连接还没有释放，必须经过一段时间等待，待计时器设置的时间过2MSL后，A才进入CLOSED状态，时间MSL（maximum segment lifetime）称为最大报文生存时间，RFC建议MSL设为2 min，因此从A进入TIME-WAIT状态后，要经过4 min才能进入到CLOSED状态，而B只要收到了A的确认，就进入到CLOSED状态。二者都进入CLOSED状态后，连接就完全释放了。这是TCP连接的第四次挥手。

等待2MSL的时间主要是为了保证A发送的最后一个确认报文段能够到达B，另外也防止"已失效的连接请求报文段"出现在本连接中。A在发送完最后一个确认报文段后，再经过2MSL的时间，就可以使本连接持续的时间内所产生的所有报文段都从网上消失。这样下一个新的连接中就不会出现旧的连接请求报文段。

3. TCP状态转换

在TCP传输的整个过程中，TCP状态的转换如图5-6所示。

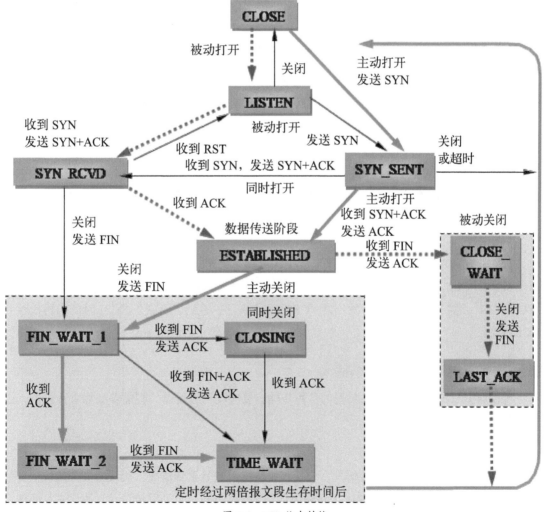

图 5-6 TCP 状态转换

对各种状态及其转换过程的说明如下：

① CLOSE：初始状态。

② LISTEN：监听状态。被动打开时服务器端的状态变为LISTEN。被动打开是指连接的一端的应用程序通知操作系统，希望建立一个传入的连接，这时操作系统为被连接的这一端建立一个连接。与之对应的是主动连接，主动连接是指应用程序通过主动打开请求告诉操作系统要建立一个连接。

③ SYN RCVD：服务器端收到SYN后，状态为SYN RCVD；发送SYN+ACK。

④ SYN_SENT：客户端应用程序发送SYN后，状态为SYN_SENT。

⑤ ESTABLISHED：SYN RCVD收到ACK后，状态为ESTABLISHED；SYN_SENT收到SYN+ACK，再发送ACK后状态为ESTABLISHED。

⑥ CLOSE_WAIT：服务器端在收到FIN后，发送ACK，状态变为CLOSE_WAIT；如果此时服务器端还有数据需要发送，那么就发送，直到数据发送完毕；此时，服务器端发送FIN，状态变为LAST_ACK。

⑦ FIN_WAIT_1：应用程序端发送FIN，准备断开TCP连接，此时状态从ESTABLISHED变成FIN_WAIT_1。

⑧ FIN_WAIT_2：应用程序端只收到服务器端的ACK信号，并没有收到FIN信号，说明服务器端还有数据传输，此时的状态为FIN_WAIT_2，是一种半连接状态。

⑨ TIME_WAIT：有两种方式进入该状态，从状态FIN_WAIT_1进入和从状态FIN_WAIT_2进入。

● 从状态FIN_WAIT_1进入，此时客户端应用程序端口收到FIN+ACK（而不是像FIN_WAIT_2那样只收到ACK，说明数据已经发送完毕）并向服务器端口发送ACK。

● 从状态FIN_WAIT_2进入，此时客户端应用程序端口收到了FIN，然后向服务器端发送ACK。

TIME_WAIT是为了实现TCP全双工连接的可靠性关闭，用来重发可能丢失的ACK报文，需要持续2个MSL时间。假设客户端应用程序端口在进入TIME_WAIT后，2个MSL时间内并没有收到FIN，说明应用程序最后发出的ACK已经收到了；否则，会在2个MSL时间内再次收到ACK报文。

■5.3.4 可靠传输的实现

传输层中TCP协议负责提供数据的可靠传输。要实现可靠传输，则需要依靠重传机制，否则无法实现可靠传输。

1. 几种不可靠传输的处理

实现可靠传输需要处理几种情况，包括正常情况、超时重传情况、确认丢失和确认迟到情况等。TCP中主要使用了一种ARQ（automatic repeat request，自动重传请求）协议进行处理。ARQ协议也称停止等待协议，就是每发送完一个分组就停止发送，等待对方的确认，在收到确认后再发送下一个分组。

（1）正常（无差错）情况

正常的无差错的数据传输方式如图5-7所示。

（2）超时重传情况

如果出现数据发送超时，发送端会自动进行超时重传，如图5-8所示。

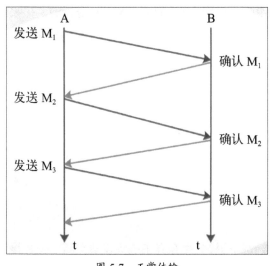

图 5-7　正常传输

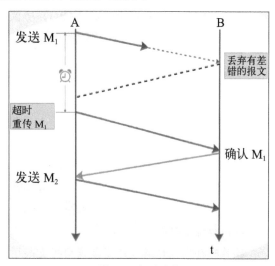

图 5-8　超时重传

超时自动重传分组会在发送完一个分组后，暂时保留已发送的分组的副本，分组和确认分组都必须编号。超时计时器的重传时间应当比数据在分组传输的平均往返时间更长一些。

（3）确认丢失和确认迟到情况

确认丢失和确认迟到的情况如图5-9和图5-10所示。

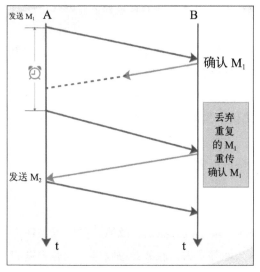

图 5-9　确认丢失

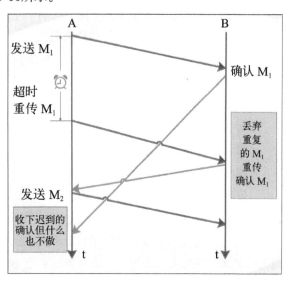

图 5-10　确认迟到

当确认M1的数据报丢失时，A经过一段超时时间后重传M1，B接收并丢弃重复的M1之后，重传确认M1数据报；当B发送的确认M1数据报由于网络原因绕远路了，在A端规定的超时时间内未到达A，A端就会重传M1，B接收并丢弃重复的M1之后，重传确认M1数据报，并继续通信。当迟到的确认M1数据报到达A时，A收下数据报但什么也不做。

使用上述的重传和确认机制，可以在不可靠的传输网络上实现可靠的通信。像上述这种可靠传输协议常称为自动重传请求（ARQ）协议，ARQ协议表明重传的请求是自动进行的，接收方不需要请求发送方重传某个出错的分组。

2. 四种定时器

对于每个TCP连接，TCP一般要管理4个不同的定时器：重传定时器、坚持定时器、保活定时器和2MSL定时器。

（1）重传定时器

每发送一个报文段就会启动重传定时器，如果在定时器时间到后还没收到该报文段的确认，就重传该报文段，并将重传定时器复位，重新计算；如果在规定时间内收到了该报文段的确认，则撤销该报文段的重传定时器。

（2）坚持定时器

接收端在向发送端发送了零窗口报文段后，接收端的接收缓存有了一些存储空间，于是接收端向发送端发送了一个非零窗口大小的报文段，然而这个报文段在传送过程中丢失了，发送端就一直等待接收端发送非零窗口的报文通知，而接收端并不知道报文段丢失了，就会一直等待发送端发送数据，此时如果没有采取任何措施，这种情况就会一直持续下去。

TCP为每一个连接设有一个坚持定时器（也叫持续计数器）。只要TCP连接的一方收到对方的零窗口通知，就启动坚持定时器。若坚持定时器设置的时间到，就发送一个零窗口探测报文段（该报文段只有一个字节的数据，它有一个序号，但该序号永远不需要确认，因此该序号可以持续重传），之后会出现以下3种情况。

- 对方在收到探测报文段后，在对该报文段的确认中给出现在的窗口值，如果窗口值仍为零，则收到这个报文段的一方将坚持定时器的值加倍并重启。坚持计数器最大只能增加到60 s，在此之后，每次收到零窗口通知，坚持计数器的值就定为60 s。
- 对方在收到探测报文段后，在对该报文段的确认中给出现在的窗口值，如果窗口不为零，那么死锁的僵局就被打破了。
- 探测报文发出后，会同时启动重传定时器，如果重传定时器的时间到，还没有收到对方发来的响应，则超时重传探测报文。

（3）保活定时器

如果客户端已与服务器建立了TCP连接，但后来客户端主机突然发生故障，则服务器就不能再收到客户端发来的数据了，而服务器肯定不能永久地等下去。服务器每收到一次客户端的数据，就重新设置保活定时器，通常设为2 h。如果2 h后都没有收到客户端的数据，服务器就发送一个探测报文，以后每隔75 s发送一次，如果连续发送10次探测报文段后仍没有收到客户端的响应，服务器就认为客户端出现了故障，可以终止这个连接。

（4）2MSL定时器

2MSL定时器主要是测量一个连接处于TIME-WAIT状态的时间，通常为2MSL（报文段寿命的两倍）。2MSL定时器的设置主要是为了确保发送的最后一个ACK报文段能够到达对方，并防止之前与本连接有关的由于延迟等原因而导致已失效的报文被误判为有效。

停止等待协议的优点是简单、可靠、稳定，但缺点是信道利用率太低，因为必须等待回传确认。因此，一般采用流水线传输，即发送方可以连续发送分组信息，而不必等待每一个回传确认，这样便可提高信道利用率。如何控制传输的可靠性呢？这就需要ARQ协议来实现了。

3. 连续ARQ协议

自动重传请求（ARQ）的原理如下：假设发送窗口是5，也就是发送方一次性能发5个数据报。当发送方收到数据报1的接收确认后，表示接收方接收了数据报1，之后发送窗口向前滑动一个数据报，并在发送窗口中删除数据报1的缓存。如果发送了5个数据报后没有收到确认信息就会停止继续发送数据报。整个过程如图5-11和图5-12所示。

图 5-11 发送方初始化

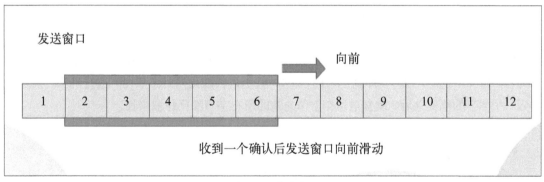

图 5-12 滑动窗口

滑动窗口方式仍需每个数据报对应一个确认，因此效率不高，为提高传输效率，接收方可采用累积确认的方式。

（1）累积确认

接收方采用的累积确认方式是指不必对收到的分组逐个发送确认，而是对按序到达的最后

一个分组发送确认，这样就表示到这个分组为止的所有分组都已正确接收了。

累积确认的优点是容易实现，即使确认丢失也不必重传。缺点是不能向发送方反映接收方已经正确收到的所有分组的信息。

（2）Go-back-N（回退 N）

如果发送方发送了前5个分组，而中间的第3个分组丢失了，此时接收方只能对前2个分组发出确认，发送方无法知道后面3个分组的下落，只好把后面的3个分组再重传一次。这种方式就称为Go-back-N（回退N），表示需要退回来重传已发送过的N个分组。由此可见，当通信线路质量不好时，连续ARQ协议会带来负面的影响。

（3）TCP可靠通信的具体实现

TCP连接的每一端都必须设有两个窗口：发送窗口和接收窗口。TCP两端的4个窗口经常处于动态变化之中。因此，TCP连接的往返路程时间（RTT）也不是固定不变的，并且需要使用特定的算法估算出较为合理的重传时间。

TCP的可靠传输机制是采用字节的序号进行控制的。TCP所有的确认都是基于序号而不是基于报文段。

4. 可靠传输的实现过程

TCP的可靠传输是依据重传机制实现的。要了解重传机制，需要先清楚滑动窗口这一概念。

（1）滑动窗口

窗口是缓存的一部分，用来暂时存放字节流。发送方和接收方各有一个窗口，接收方通过TCP报文段中的窗口字段告诉发送方自己的窗口大小，发送方根据这个值和其他信息设置自己的窗口大小。

发送窗口内的字节都允许被发送，接收窗口内的字节都允许被接收。如果发送窗口左部的字节已经发送并且收到了确认，那么就将发送窗口向右滑动一定距离，直到左部第一个字节不是已发送并且已确认的状态；接收窗口的滑动类似，接收窗口左部字节已经发送确认并交付主机，之后就向右滑动接收窗口。

接收窗口只会对窗口内最后一个按序到达的字节进行确认，例如，接收窗口已经收到的字节为{20 19 40}，其中{20}按序到达，而{19 40}就不是，因此只对字节{20}进行确认。发送方得到一个字节的确认之后，就知道这个字节之前的所有字节都已经被接收。

滑动窗口的特点有：

● 发送方不必发送一个全窗口大小的数据，一次发送一部分即可。

● 窗口的大小可以减小，但是窗口的右边沿却不能向左移动。

● 接收方在发送一个ACK前不必等待窗口被填满。

● 窗口的大小是相对于确认序号的，收到确认后的窗口的左边沿从确认序号开始。

滑动窗口会发生以下三种变化。

● **窗口合拢**：是指窗口左边沿向右边沿靠近，这种情况发生在数据被发送后收到确认时。

● **窗口张开**：是指窗口右边沿向右移动，说明允许发送更多的数据，这种情况发生在另一端的接收进程从TCP接收缓存中读取了已经确认的数据时。

● **窗口收缩**：是指窗口右边沿向左移动，这种情况一般很少发生，RFC也强烈不建议这么做，因为这样做很可能会导致出现一些错误。例如，一些数据已经发送出去了，又收缩窗口不让发送这些数据。

另外，窗口的左边沿是肯定不可能左移的。如果接收到一个指示窗口左边沿向左移动的ACK，则会认为这是一个重复ACK，会被丢弃。

（2）滑动窗口在TCP传输中的应用过程

以下为TCP使用滑动窗口实现可靠传输的步骤。

步骤01 A根据B给出的窗口值，构建出自己的发送窗口，如图5-13所示。

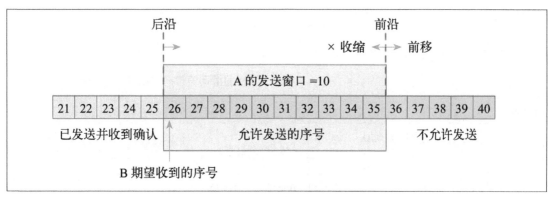

图 5-13　构建发送窗口

步骤02 A开始传输数据，A的滑动窗口如图5-14所示，此时B的滑动窗口如图5-15所示。

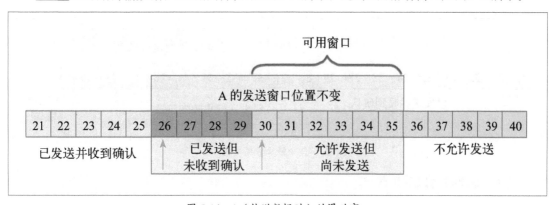

图 5-14　A（传送数据时）的滑动窗口

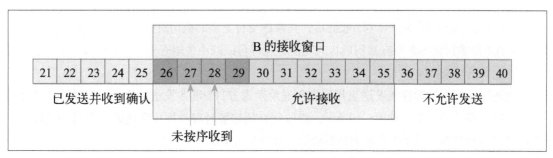

图 5-15　B（接收数据时）的滑动窗口

步骤 03 A收到新的确认号，发送窗口向前滑动，如图5-16所示，此时B的状态如图5-17所示，一般会先存下来，等待缺少的数据到达。

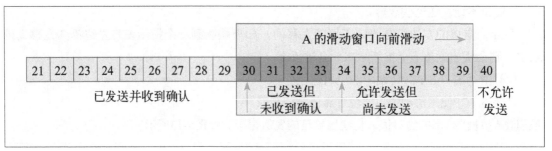

图 5-16　A 的滑动窗口滑动

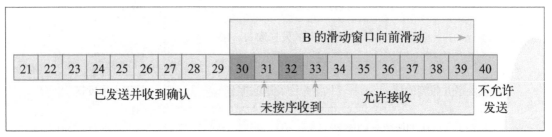

图 5-17　B 的滑动窗口滑动

步骤 04 如果A窗口内的序号都已发送完毕，但仍然没有收到B的确认，那么必须停止发送，如图5-18所示。

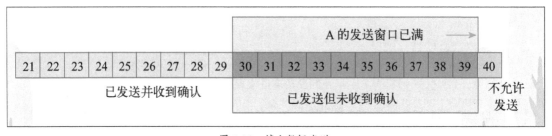

图 5-18　停止数据发送

其中，需要注意以下几点。

- A的发送窗口并不总是和B的接收窗口一样大（因为有一定的时间滞后）。
- TCP协议没有规定对不按序到达的数据应如何处理。通常是先临时存放在接收窗口中，等到字节流中所缺少的字节收到后，再按序交付上层的应用进程。
- TCP要求接收方必须有累积确认的功能，这样可以减小传输开销。

（3）发送与接收缓存

发送缓存用来暂时存放发送应用程序传送给发送方TCP准备发送的数据，以及TCP已发送但尚未收到确认的数据，如图5-19所示。接收缓存用来暂时存放按序到达的、但尚未被接收应用程序读取的数据，以及不按序到达的数据，如图5-20所示。

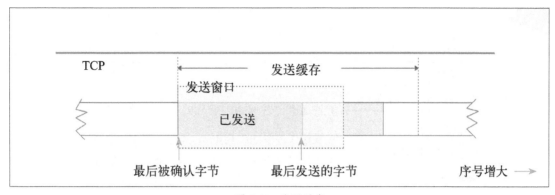

图 5-19 发送缓存

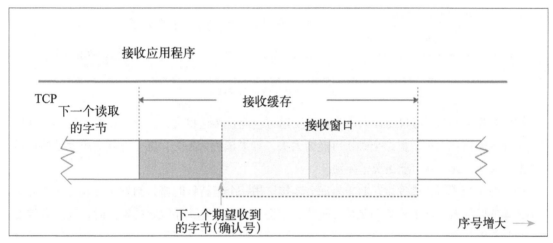

图 5-20 接收缓存

■5.3.5 TCP的流量控制

一般来说，用户总是希望数据传输得更快一些。但如果发送方把数据发送得过快，接收方可能来不及接收，这会造成数据的丢失。流量控制（flow control）就是让发送方的发送速率不要太快，既要让接收方来得及接收，又不要使网络发生拥塞。接收方发送的确认报文中的窗口字段可以用来控制发送方的窗口大小，从而可以影响发送方的发送速率。如果将窗口字段设置为0，则发送方就不能发送数据了。利用滑动窗口机制可以很方便地在TCP连接上实现流量控制。

例如，A向B发送数据，在建立TCP连接时进行协商：B告诉A，它的接收窗口rwnd为400（字节），如图5-21所示。

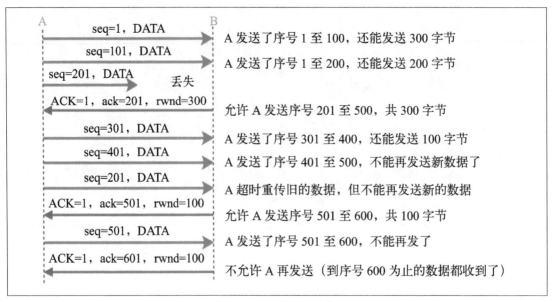

图 5-21　TCP 流量控制过程

假定接收端的TCP通告窗口大小为零时发送方就停止传送报文，直到接收端发送确认并通告一个非零的窗口大小，但这个确认可能会丢失。如果该确认丢失，则一方就会永远地等待另一方发送确认，此时就可能出现了死锁。

为了防止死锁情况的发生，TCP为每个连接使用一个坚持计时器。当发送方收到一个窗口大小为零的确认时，就需要启动坚持计时器。当坚持计时器达到了设定的期限时，发送方就发送一个特殊的报文——探测报文，探测报文会提醒接收端：确认已丢失，必须重传。坚持计时器的值设置为重传时间值，这个值可以增大到门限值，通常设定为60 s。

可以采用不同的机制来控制TCP报文段的发送时机，这些机制包括：

- TCP维持一个变量，它等于最大报文段长度MSS。只要缓存中存放的数据达到MSS个字节时，就组装成一个TCP报文段发送出去。
- 由发送方的应用进程指明要求发送的报文段，即TCP支持的推送操作。
- 若发送方的一个计时器期限到了，就把当前已有的缓存数据装入报文段（但长度不能超过MSS）发送出去。

■5.3.6　TCP的拥塞控制

对于网络容易产生的拥塞，TCP有一套行之有效的控制方法，用于防止由于过多的报文进入网络而造成路由器与链路过载情况的发生，如图5-22所示。

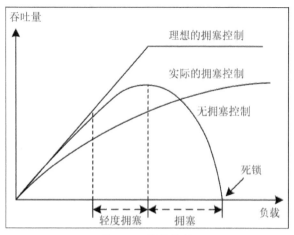

图 5-22 拥塞控制

1. 拥塞

在某段时间，若对网络中某资源的需求超过了该资源所能提供的可用部分，网络的性能就会变差，称这种现象为网络发生了拥塞。若网络中有许多资源同时产生拥塞，整个网络的吞吐量将随输入负荷的增大而下降。

如果网络出现拥塞，分组将会丢失，此时发送方会继续重传，从而导致网络拥塞程度更高。因此当出现拥塞时，应当控制发送方的速率。这一点和流量控制很像，但是出发点不同。流量控制是为了让接收方能来得及接收，而拥塞控制是为了降低整个网络的拥塞程度。

拥塞控制所要做的都有一个前提，就是网络能够承受现有的网络负荷。拥塞控制是一个全局性的过程，涉及所有的主机、所有的路由器，以及与降低网络传输性能有关的所有因素。而流量控制往往是指对给定的发送端和接收端之间的点对点通信量的控制。流量控制所要做的就是抑制发送端发送数据的速率，以便使接收端来得及接收。

拥塞控制是很难设计的，因为它是一个动态的（而不是静态的）问题。目前网络正朝着高速化的方向发展，这很容易出现因缓存不够大而造成分组的丢失，但分组的丢失是网络发生拥塞的征兆而不是原因。在许多情况下，甚至正是拥塞控制本身成为引起网络性能恶化甚至发生死锁的原因，这点应特别引起重视。

2. 拥塞控制的方法

（1）慢开始和拥塞避免

发送方维持一个称为拥塞窗口（congestion window，cwnd）的状态变量。拥塞窗口的大小取决于网络的拥塞程度，并且是动态变化的。一般发送方让自身的发送窗口等于拥塞窗口，另外，考虑到接收方的接收能力，发送窗口可能小于拥塞窗口。

慢开始算法的思路是，不要一开始就发送大量的数据，先探测一下网络的拥塞程度，也就是说由小到大逐渐增加拥塞窗口的大小。实时拥塞窗口的大小是以字节为单位的。

拥塞避免未必能够完全避免拥塞，而是在拥塞避免阶段将拥塞窗口控制为按线性增长，使网络不容易出现阻塞。其思路是让拥塞窗口cwnd的值缓慢增大，即每经过一个返回时间RTT就

把发送方的拥塞控制窗口值加1。无论是在慢开始阶段还是在拥塞避免阶段，只要发送方判断网络出现拥塞，就把慢开始门限设置为出现拥塞时的发送窗口大小的一半，然后把拥塞窗口重新设置为1，执行慢开始算法。其中，判断网络出现拥塞的根据是没有收到确认，虽然没有收到确认可能是其他原因，但是因为无法判定，所以都当作拥塞来处理。

（2）快重传和快恢复

要求接收方在收到一个失序的报文段后就立即发出重复确认（是为了使发送方及早知道有报文段没有到达对方）。发送方只要连续收到三个重复确认就立即重传对方尚未收到的报文段，而不必继续等待设置的重传计时器时间到期。

由于不需要等待设置的重传计时器到期，便可以尽早重传未被确认的报文段，因此能提高整个网络的吞吐量。

如果网络出现拥塞，就不会收到好几个重复的确认，因而发送方会认为目前的网络可能没有出现拥塞，此时便不执行慢开始算法，而是将拥塞窗口cwnd设置为状态变量的大小，然后执行拥塞避免算法。整个过程如图5-23所示。

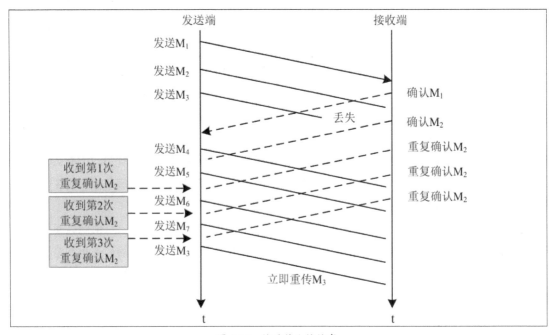

图 5-23　快重传和快恢复

课后作业

一、单选题

1.公认端口范围为（　　）。
　A. 0～1023　　　　　　　B. 1024～49151　　　　　C. 49152～65535　　　　D. 0～1024

2.TCP的可靠传输主要依赖于（　　）。
　A. 确认机制　　　　　　　B. 透明传输　　　　　　　C. 尽最大可能交付　　　D. 重传机制

二、多选题

1.传输层的主要协议包括（　　）。
　A. TCP　　　　　　　　　B. USB　　　　　　　　　C. UTP　　　　　　　　D. UDP

2.TCP需要管理（　　）定时器。
　A. 重传定时器　　　　　　B. 坚持定时器
　C. 保活定时器　　　　　　D. 2MSL定时器

3.除了可靠传输外，传输层还负责（　　）。
　A. 流量控制　　　　　　　B. 拥塞控制　　　　　　　C. 故障排查　　　　　　D. 数据寻址

三、简答题

1.简述传输层的作用。
2.简述多路复用与多路分解。
3.简述UDP的首部格式。
4.简述TCP和UDP的区别。
5.简述TCP连接及释放过程。
6.简述可靠传输的实现过程。

即刻学习
◎ 配套学习资料
◎ 网络原理详解
◎ 理论与实践课
◎ 网络安全专讲

模块 **6**

应用层详解

内容概要

应用层是OSI参考模型的最上层，在TCP/IP四层模型和五层模型中，都将会话层、表示层和应用层融合到了一起。应用层的应用并不是指计算机的应用软件，而是应用软件用于请求网络服务的接口。本模块着重介绍应用层的相关知识。

知识要点

- 应用层的作用。
- 网络应用模型。
- 应用层的主要协议及服务。

6.1　应用层与网络应用模型

应用层定义的是应用程序用于请求网络服务的接口，而不是指应用程序本身。应用层主要定义了应用程序能够从网络上请求使用哪种类型的服务，并且规定了在从应用程序接收消息或向应用程序发送消息时数据所必须采用的格式。

■6.1.1　应用层的作用

应用层定义了一组对网络的访问控制，该层决定了应用程序能够请求网络完成什么类型的操作，或是网络支持什么类型的活动。例如，应用层规定了对特定文件或服务的访问权限，以及允许哪些用户对特定数据执行什么类型的动作。

应用层的主要协议有DNS、HTTP、FTP、DHCP、TELNET、SMTP（simple mail transfer protocol，简单邮件传送协议）、POPv3（post office protocol version 3，邮局协议第3版）、IMAP（Internet message access protocol，因特网报文存取协议）、SNMP（simple network management protocol，简单网络管理协议）等，它们为各种网络应用程序服务。

每个应用层协议都是为了解决某一类的应用问题，而每一类问题的解决又往往是通过位于不同主机中的多个应用进程之间的通信和协同工作来完成的。因此，应用层的具体内容就是规定应用进程在通信时所遵循的协议。

■6.1.2　应用层在模型上的融合

会话层和表示层本身是OSI参考模型的第五层和第六层。在TCP/IP协议中没有这两层，这并不意味着不需要这两层的服务，而是在实际中将这两层和应用层整合在一起实现的。

1. 融合的原因

OSI只是一个理论上的参考模型，而实际中常用的是TCP/IP四层模型或五层模型，它把会话层和表示层的功能整合在应用层中，这样有助于给开发者更多的选择。另外，层次太多会增加协议的复杂性，也造成效率的折损。在OSI参考模型中，会话层的功能是会话控制和同步；表示层是解决两个系统间交换信息的语法和语义问题，以及数据表示的转化（转化为与主机无关的编码）、加/解密和压缩/解压缩功能。很明显这两层在实际应用中很难保持统一性，不同的应用通常会选择不同的加/解密方式、不同的语义和时序。无法复用的东西作为协议的一部分是没有意义的，所以这两层的功能交给应用开发者作为应用层的一部分功能来开发是比较合适的。为此，很有必要先了解清楚OSI参考模型中的会话层和表示层。

2. 会话层

会话层是在发送方和接收方之间进行通信时创建和维持的、在通信完成后就终止或断开的所在地，与电话通信有些相似。会话层定义了一种机制，允许发送方和接收方启动或停止请求会话，以及当双方发生拥塞时仍然能保持对话。

会话层采用一种称为检查点的机制来维持可靠会话。检查点定义了一个最接近成功通信的

点，并且定义了当发生内容丢失或损坏时需要回滚以便恢复丢失或损坏数据的点，有点类似下载软件的断点续传功能。当会话出现不同步时，会话层还定义了重新同步化的机制。

会话层的主要任务是负责两个网络参与者之间进行通信，这两个网络参与者在通信过程中通常需要交换一系列的消息或协议数据单元（protocol data unit，PDU）。例如，用户登录数据库（建立阶段），输入一连串的查询（数据交换阶段），完成任务后退出登录（断开阶段）。

会话层的PDU有各种各样的类型（OSI协议族可以识别超过30种不同的PDU），该层的PDU通常称为会话PDU（session PDU，SPDU）。

3. 表示层

表示层是OSI参考模型中的第六层，是位于传输层和应用层之间的一个抽象层，它负责处理传输的数据，使其能够被应用层所理解。表示层的主要作用是提供网络数据的格式化和编码，以便应用层可以解析和处理这些数据。

表示层的主要功能如下：
- 提供数据格式、数据转换和编码转换。
- 将消息以适合电子传输的格式编码。
- 执行该层的数据压缩和加密。
- 从应用层接收消息，转换格式，并传送到会话层，该层常合并在应用层中。

表示层将应用层的数据格式化和编码后，方便了传输层的传输，也使应用层可以忽略传输层的实现细节，从而提高网络的可移植性。此外，表示层对传输数据的加密使网络传输更具安全性，可有效防止网络中的攻击者窃取数据。

对于开发人员而言，表示层可以让开发人员很容易地构建能够随意访问本地或远程资源的应用程序；对于用户而言，表示层能够让用户简单地请求所需要的资源。

■6.1.3 网络应用模型

网络应用程序运行在处于网络边缘的不同终端设备上，通过彼此之间的通信共同完成某项任务。因此，开发一种新的网络应用首先要考虑的问题就是网络应用程序在各种终端系统上的组织方式和它们之间的关系。目前主要有4种模式：客户端/服务器（client/server，C/S）模式、对等网络（peer-to-peer，P2P）模式、专用服务器模式和浏览器/服务器（browser/server，B/S）模式。

1. 客户端/服务器模式

客户端/服务器（C/S）模式通常采用两层结构，服务器负责数据的管理，客户端负责完成与用户的交互任务。应用层的许多协议都是基于客户端/服务器模式的，如图6-1所示。

客户端通过网络与服务器相连，接受用户的请求，并通过网络向服务器提出请求，对数据进行操作。服务器接收客户端的请求，将数据提交给客户端，客户端将数据进行计算并将结果呈现给用户。服务器还要提供完善的安全保护及对数据完整性的处理等操作，并允许多个客户端同时访问服务器，这就对服务器硬件的数据处理能力提出了很高的要求。

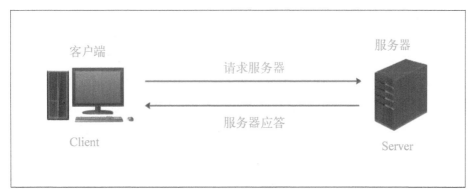

图 6-1　客户端 / 服务器模式

在C/S结构中，应用程序分为两部分：服务器部分和客户端部分。服务器部分是多个用户共享的信息与功能，执行后台服务，如控制共享数据库的操作等；客户端部分为用户所专有，负责执行前台功能，在出错提示、在线帮助等方面都有强大的功能，并且可以在子程序间自由切换。

C/S模型的关键要素为：由客户端而不是服务提供者发起动作，服务器被动等待来自客户端的请求；客户端和服务器通过一条通信信道连接。两个进程间的通信链路称为连接。连接在内部表现为部分缓冲区和一组协议机制，在外部表现出比无连接高的可靠性。一个完整的网间进程通信需要由两个进程组成，并且只能使用同一种高层协议。因此，一个完整的网间通信需要协议、本机地址、本地端口号、远程端口号、远程地址5个元素标识。

C/S结构在技术上已经很成熟，它的主要特点是交互性强，具有安全的存取模式，响应速度快，利于处理大量数据。但是C/S结构缺少通用性，系统维护、升级需要重新设计和开发，增加了维护和管理的难度，进一步的数据拓展也很困难。

2. 对等网络模式

对等网络（P2P）采用点对点技术，其架构体现了一个网际网络技术的关键概念。它是无中心服务器、依靠用户群交换信息的互联网体系，其作用在于减少以往网络传输中的节点，以降低资料遗失的风险。与有中心服务器的中央网络系统不同，对等网络的每个用户端既是一个节点，也有服务器的功能，任何一个节点无法直接找到其他节点，必须依靠用户群进行信息交流。

根据中央化的程度，可以将P2P分为纯P2P和杂P2P。

① 纯P2P的特点：节点同时作为客户端和服务器端，没有中心服务器，没有中心路由器。

② 杂P2P的特点：有一个中心服务器保存节点的信息并对请求这些节点的信息要做出反应；节点负责发布请求信息（因为中心服务器并不保存文件），让中心服务器知道它们想共享什么文件，让需要它的节点下载其可共享的资源。

根据网络拓扑结构可以将P2P分为结构P2P、无结构P2P和松散结构P2P。

① 结构P2P的特点：点对点之间互有连接信息，彼此形成特定规则的拓扑结构；当需要请求某资源节点时，依据该拓扑结构规则寻找，若存在则一定找得到。

② 无结构P2P的特点：点对点之间互有连接信息，彼此形成无规则的网状拓扑结构；当需要请求某资源节点时，以广播方式寻找，通常会设TTL，在TTL之内，即使存在也不一定找得到。

③ 松散结构P2P的特点：点对点之间互有连接信息，彼此形成特定规则的拓扑结构；需要请求某资源时，依据现有信息推测寻找；此结构介于结构P2P和无结构P2P之间。

现在的很多应用，如P2P下载、区块链技术等，都使用了P2P模式，该模式也可以称为去中心化的模式。

3. 专用服务器模式

采用专用服务器的网络，其特点和功能与基于服务器模式的网络差不多，只不过服务器在分工上更加明确。在大型网络中，服务器可能要为用户提供不同的服务和功能，如文件打印服务、Web服务、邮件服务、DNS服务等。因此，使用一台服务器可能无法承受这么大的压力，这样，网络中就需要有多台服务器为用户提供服务，每台服务器可以仅提供专一的网络服务。

4. 浏览器/服务器模式

浏览器/服务器（B/S）模式是现在常用的一种网络应用模式。随着因特网和WWW的流行，以往C/S模式已无法满足当前的全球网络开放、互联、信息随处可见和信息共享的新要求，于是就出现了B/S模式。B/S模式主要是利用不断成熟的WWW浏览器技术，用通用浏览器实现了原来需要复杂专用软件才能实现的强大功能，大大节约了开发成本，是一种全新的软件系统构造技术。它是C/S架构的一种改进，可以说属于三层C/S架构。

第一层是浏览器，即客户端，这一层只有简单的输入输出功能，处理极少部分的事务逻辑，所以浏览器的界面设计得比较简单、通用。由于用户不需要安装客户端，只要有浏览器就能上网浏览，因此可面向大范围的用户。

第二层是Web服务器，扮演着信息传送的角色。当用户想要访问数据库时，就会首先向Web服务器发送请求，Web服务器收到请求后会向数据库服务器发送访问数据库的请求，该请求是以SQL语句实现的。

第三层是数据库服务器，存放着大量的数据，在B/S模式中处于重要的地位。当数据库服务器收到了Web服务器的请求后，会对SQL语句进行处理，并将返回的结果发送给Web服务器。接下来，Web服务器将收到的数据结果转换为HTML（hypertext mark language，超文本标记语言）文本形式发送给浏览器，也就是打开浏览器看到的界面。

用户可以通过浏览器去访问因特网上由Web服务器产生的文本、数据、图片、动画、视频和声音等信息，而每一个Web服务器又可以通过各种方式与数据库服务器连接，大量的数据实际存放在数据库服务器中。从Web服务器上下载程序到本地执行，在下载过程中若遇到与数据库有关的指令，由Web服务器交给数据库服务器解释执行，并将执行结果返回给Web服务器，Web服务器又返回给用户。在这种结构中，许许多多的局域网被连接到一起，形成一个巨大的网络，即因特网。各个企业可以在此结构的基础上建立自己的Intranet。

在B/S模式中，用户是通过浏览器对许多分布于网络上的服务器进行访问的，浏览器发送请求给服务器，服务器处理请求并将处理结果和相应信息返回给浏览器，而其他的数据加工、请求全部都是由Web Server完成的。通过该结构模式和植入操作系统的浏览器，B/S模式已经成为了当今软件应用的主流结构模式。

B/S模式不需要安装任何专门的软件就能实现在任何地方进行操作，客户端零维护，系统扩展也非常容易，只要有一台能上网的计算机就能使用。因此，B/S模式最大的优点是成本低、维护方便、分布性强、开发简单。

B/S模式最大的缺点就是通信开销大，系统和数据的安全性较难保障。由于应用服务器运行数据负荷较重，一旦发生服务器崩溃的问题，影响会非常大，甚至可能导致巨大的损失。因此，许多单位都配备有备份数据库存储服务器，以防万一。

6.2 应用层的主要协议及服务

在应用层中，使用比较多的应用及协议都是基于客户端/服务器模型的，下面详细介绍应用层的主要协议及服务。

■ 6.2.1 万维网WWW

WWW（World Wide Web，万维网）是存储在因特网服务器中、数量巨大的文档的集合。这些文档称为页面，它是一种超文本信息，可以用于描述超媒体。超媒体是指包括文本、图形、视频、音频等的多媒体。Web上的信息是由彼此关联的文档组成的，而使这些文档连接在一起的是超链接。万维网用超链接的方法能非常方便地从因特网上的一个站点访问另一个站点，从而主动地按需获取站点上的信息。因特网各站点之间采用的是分布式存储结构，如图6-2所示。

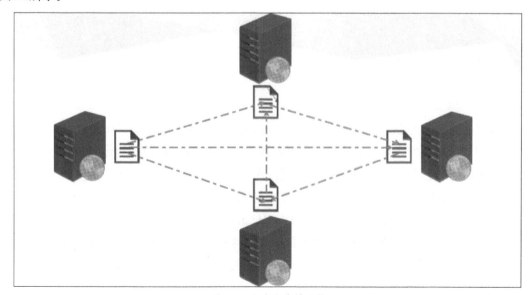

图 6-2 分布式存储结构

1. 超文本

超文本是由网页浏览器（web browser）程序显示的。网页浏览器从网页服务器取回称为"文档"或"网页"的信息并显示。网页是网站的基本信息单位，是WWW网的基本文档。它由文本、图片、动画、声音等多种媒体信息以及链接组成，是用HTML编写的，通过超链接可实现与其他网页或网站的关联和跳转。

网页文件是用HTML编写的，其扩展名是.htm或.html。它可在WWW上传输，是能被浏览器识别并显示的文本文件。

网站由众多不同的网页构成，网页的内容能体现网站的全部功能。通常把进入网站首先看到的网页称为首页或主页，如淘宝、百度、腾讯等就是国内比较知名的大型网站，如图6-3所示。

图6-3　百度网站首页

2. 统一资源定位符URL

万维网的访问方式是使用统一资源定位符（uniform resource locator，URL）。统一资源定位符是对可以从因特网上得到的资源的位置和访问方法的一种简洁的表示。知道某个资源的URL，就可以访问它了。每个文档在因特网范围内具有唯一的标识符——URL。

URL的基本格式为：<协议>://<主机>:<端口>/<路径>。

其中，"协议"可以是FTP、HTTP、HTTPS（hypertext transfer protocol secure，超文本传输安全协议）等；"主机"指存放该资源的主机在因特网中的全限定域名（fully qualified domain name，FQDN）地址；"端口"指客户端访问服务器的端口号，如果没有，表示使用默认端口号进行访问；"路径"指服务器存放的网页或者资源所在的目录路径。

如果要访问的网站使用的是HTTP协议，主机就必须填写其FQDN，默认端口是80，默认端口可以不写。例如，"http://www.baidu.com:80/"就是一个完整的URL。由于一般浏览器使用HTTP协议访问的默认端口是80，因此，本例中的URL通常会简写为www.baidu.com。

3. 超文本传送协议HTTP

超文本传送协议（HTTP）是万维网客户端程序与万维网服务器程序进行交互所使用的协议。HTTP是一个应用层协议，它使用TCP连接进行可靠的传送，一般使用80端口来检测HTTP的访问请求。

HTTP是面向事务的应用层协议，它是万维网上能够实现可靠的文件（包括文本、声音、图像等各种多媒体文件）交换的重要基础。该协议本身是无连接的，尽管它使用的是面向连接的TCP，并向上提供服务。

为了使超文本的链接能够高效率地完成，需要用HTTP协议来传送一切必需的信息。因此，有必要清楚HTTP的访问过程。

（1）HTTP的访问过程

下面以访问某网站为例，介绍HTTP的访问过程。访问过程示意图如图6-4所示。

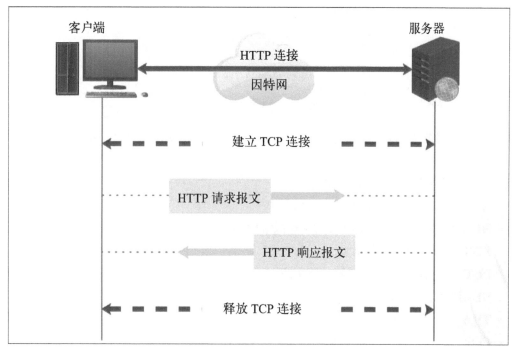

图 6-4 HTTP 的访问过程示意图

① 客户端在浏览器中输入网址后，按Enter键，浏览器会分析超链接（网址）指向页面的URL。

② 浏览器向DNS请求解析对方的IP地址。

③ 域名系统（DNS）解析出Web服务器的IP地址。

④ 浏览器与服务器建立TCP连接。

⑤ 浏览器发出取文件命令。

⑥ 服务器给出响应，将默认主页发给浏览器。

⑦ TCP连接释放。

⑧ 浏览器显示默认主页中的所有文本。

（2）HTTP的报文结构

HTTP的报文分为客户端发起的"请求报文"和服务器的"响应报文"。

① 请求报文。

HTTP的请求报文的结构包含"开始行""首部行""实体主体"三部分，如图6-5所示。

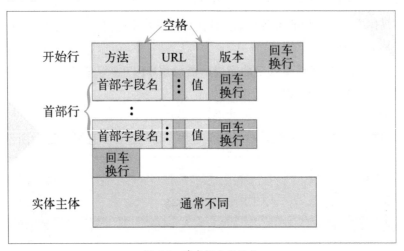

图 6-5　请求报文的结构

其中，"方法"是对所请求的对象进行的操作，这些方法实际上就是一些命令，因此，请求报文的类型是由它所采用的方法决定的。这些方法包括：

- **OPTION**：请求一些选项的信息。
- **GET**：请求读取由URL所标志的信息。
- **HEAD**：请求读取由URL所标志的信息的首部。
- **POST**：给服务器添加信息。
- **PUT**：在指定的URL中存储一个文档。
- **DELETE**：删除指定的URL所标志的资源。
- **TRACE**：用来进行回环测试的请求报文。
- **CONNECT**：用于代理服务器。

"URL"是所请求的资源的URL。"版本"是指HTTP的版本。

② 响应报文。

响应报文的结构如图6-6所示。其中包括了HTTP的版本、状态码，以及解释状态码的简单短语等。在状态码中，1xx表示通知信息，如请求收到了或正在进行处理；2xx表示成功，如接受或知道了；3xx表示重定向，表示要完成请求还必须采取进一步的行动；4xx表示客户端的差错，如请求中有错误的语法或不能完成；5xx表示服务器的差错，如服务器失效或无法完成请求。

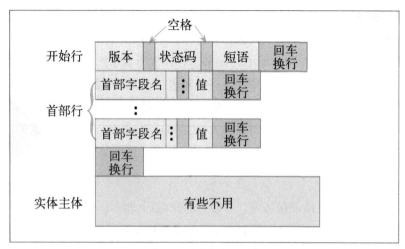

图 6-6 响应报文的结构

由HTTP的访问过程和HTTP的报文结构可知，HTTP对传输的内容并不提供加密手段，因此HTTP协议是不安全的。在HTTP的基础上通过传输加密和身份认证保证传输过程的安全性，这就是超文本传输安全协议（HTTPS）。HTTPS是在HTTP的基础上加入SSL层，HTTPS的安全基础是SSL，用SSL实现对内容的加密。HTTPS提供了身份验证与加密通信的方法，被广泛用于万维网上安全信息的通信中，如交易支付等方面的敏感信息的传输。

4. 代理服务器

代理服务器又称为万维网高速缓存，它代表浏览器发出HTTP请求，代理服务器把最近的一些请求和响应暂存于本地磁盘中。当与暂时存放的请求相同的新请求到达时，万维网高速缓存就把暂存的响应发送出去，而不需要按URL的地址再去因特网访问该资源，这样可以加快访问速度，并节约了主干网的带宽。在局域网中，其价值体现更为明显。代理服务器的工作过程如图6-7所示。

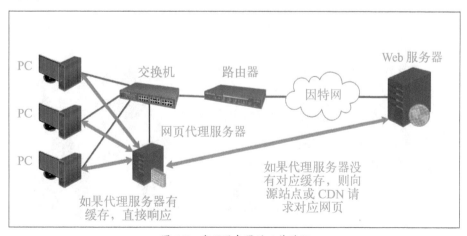

图 6-7 代理服务器的工作过程

局域网中的PC机与代理服务器建立TCP连接，并发出HTTP请求报文。如果代理服务器的高速缓存存放了请求的对象，则将对象放入HTTP响应报文中，返回对应的请求主机的应用层——浏览器，用户就可以看到页面了。如果没有存放所请求的对象，代理服务器会代替用户与对应的Web网站的服务器建立TCP连接，并发送HTTP请求报文，服务器将请求对象放在HTTP响应报文中并返回给代理服务器，代理服务器收到后，会保存一份副本在本地存储中，以方便响应同一网页的请求。然后将对象放入HTTP响应报文中，返回给请求的PC机。这就是整个代理访问的过程。

5. CDN服务器

出于成本考虑，大型互联网服务商，一般会选择在3个地方，建立最多5个数据中心。由于我国幅员辽阔，用户遍布各地，如何做到全国性的负载均衡呢？这就需要使用CDN了。其实在访问某些网页时，所访问的并不全是主服务器，而是CDN服务器。

CDN（content delivery network，内容分发网络）是构建在现有网络基础之上的智能虚拟网络，它依靠部署在各地的边缘服务器，通过中心平台的负载均衡、内容分发与调度等功能模块，使用户就近获取所需内容，从而降低网络拥塞，提高用户访问的命中率和响应速度。CDN的关键技术主要有内容存储和分发技术。

CDN服务器中缓存了源网站的静态网页的元素，如图片、音乐、HTML网页等不变的内容。CDN的负载均衡服务器会通过计算，分配给用户最快的CDN服务器缓存节点，用户访问这些节点，速度会非常快，尤其是跨运营商的访问尤为明显。

CDN的作用除了加速访问服务器资源外，还可以隐藏源服务器的IP地址，起到一定的安全保护作用。也就是说，用户访问的不是真正的目的网站，而是通过网络技术手段分配的最优的缓存服务器。CDN是一套完整的方案，目的就是让用户可以更加快速地访问网站的各种资源。一些大的互联网业务提供商，如腾讯、阿里、百度等大部分网站应用的都是这种技术，这些企业往往在全国范围内架设CDN服务器。CDN服务器的工作过程如图6-8所示。

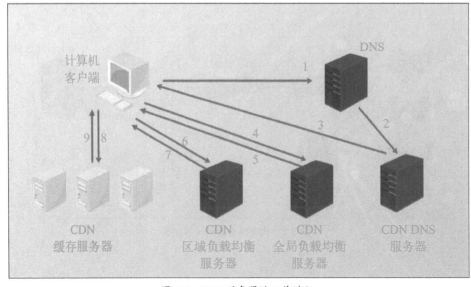

图 6-8　CDN 服务器的工作过程

① 用户单击网址链接后，交给DNS解析。

② DNS会最终将域名的解析权交给CDN专用的DNS服务器。

③ CDN的DNS服务器将CDN的全局负载均衡设备的IP地址返回用户。

④ 用户向CDN全局负载均衡服务器发起内容URL访问请求。

⑤ CDN全局负载均衡服务器根据用户IP地址和用户请求的内容URL，选择一台用户所属区域的区域负载均衡设备，告诉用户向这台设备发起请求。

⑥ 用户向CDN区域负载均衡服务器发送请求。

⑦ 区域负载均衡服务器会为用户选择一台合适的缓存服务器提供服务，并告知用户。

⑧ 用户向该CDN缓存服务器发送请求。

⑨ CDN缓存服务器响应用户请求，将用户所需的内容传送到用户终端。如果这台CDN缓存服务器上并没有用户想要的内容，而区域均衡服务器依然将它分配给了用户，那么这台CDN服务器就要向它的上一级缓存服务器请求内容，直至追溯到网站的源服务器，然后将内容发送到本地。

■ 6.2.2 域名解析服务DNS

前面在介绍URL的格式时，介绍了FQDN，其实，FQDN中就包含有域名。下面介绍DNS服务的相关知识。

1. 域名及DNS简介

通过IP地址访问主机，以前因为服务器数量较少，可以通过记录一些常用的服务器IP地址，使用HTTP协议去访问服务器的网页资源或者使用FTP协议去下载资源。而随着服务器越来越多，用点分十进制的数字表示的服务器地址不容易被记住，而且输入过程容易发生错误，所以人们发明了一种命名规则，用字符串代替纯数字的IP地址，通过字符串访问服务器资源。虽然字符串名称现在看来也不是特别好记，但相对于IP地址，还是有非常大的进步的。这种有规则的字符串，就称为域名。而存放记录字符串与对应IP地址的表并提供转换服务的服务器，就叫作DNS（domain name system，域名系统）服务器。DNS服务器在全球范围内采用分布式布局，主要给访问请求提供域名转换服务，这种服务是由若干个服务器程序完成的。

2. 域名的结构

因特网采用了层次树状结构的命名方法，任何一个连接在因特网上的主机或路由器，都有一个唯一的层次结构的名字，即域名。域名的结构由标号序列组成，各标号之间用点隔开，格式为："主机名.二级域名.顶级域名"。各标号分别代表不同级别的域名，整个域名的结构如图6-9所示。

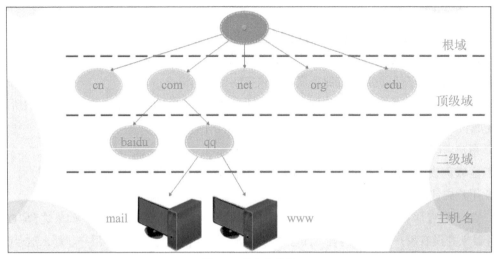

图 6-9　域名的结构

（1）根域及根域服务器

根域由互联网名称与数字地址分配机构（The Internet Corporation for Assigned Names and Numbers，ICANN）管理，该机构负责把域名空间各部分的管理责任分配给连接到因特网的各个组织。根域名服务器是最重要的域名服务器。所有的根域名服务器都知道所有的顶级域名服务器的域名和IP地址。不管是哪一个本地域名服务器，若要对因特网上任何一个域名进行解析，只要自己无法解析，都首先求助于根域名服务器。

全世界只有13个根域名服务器（这13个根域名服务器名字分别为"A"至"M"，例如，a.rootservers.net），由12个运营者运营，其中，8个在美国，2个在欧洲（分别位于荷兰和瑞典），1个在亚洲（位于日本），而真正的主根服务器并未公开。

（2）顶级域名

比较常见的有.com（公司和企业）、.net（网络服务机构）、.org（非赢利性组织）、.edu（教育机构）、.gov（政府部门）、.mil（美国专用的军事部门）、.int（国际组织）。此外还有国家级别的顶级域名，如.cn（中国）、.us（美国）、.uk（英国）等。

（3）二级域名

企业、组织和个人都可以申请二级域名，如常见的baidu、qq、taobao等都属于二级域名。

（4）主机名

集合上述三者就可以确定一个域了。在域前面输入的WWW指的其实是主机的名字。因为习惯的问题，通常将提供网页服务的主机标识为www，提供邮件服务的主机称为mail，提供文件服务的主机称为ftp。通过主机名加上本区的域名，就是一个完整的FQDN了，如www.baidu.com、www.taobao.com等。

另外，在本区域中还可以继续划分域名，只要本地有一台可以继续解析主机地址的DNS服务器，提供三级、四级乃至更多的域名转换即可。

3. DNS区域

DNS区域是域名空间中连续的一部分，拥有对该区域中所有名称进行解析的授权。域名空间中包含的信息是极其庞大的，为了便于管理，可以将域名空间各自独立存储在服务器上。DNS服务器以区域为单位来管理域名空间区域中的数据，并保存在区域文件中。

例如，一个二级域名test.com，该区域可以包括主机WWW，完整域名即为www.test.com，也可以包括另一个区域abc，其中的主机就是WWW.abc，完整域名即为www.abc.test.com，整个结构如图6-10所示。只要test.com中有DNS服务器可以解析abc.test.com这个子域，就可以继续向下扩展。

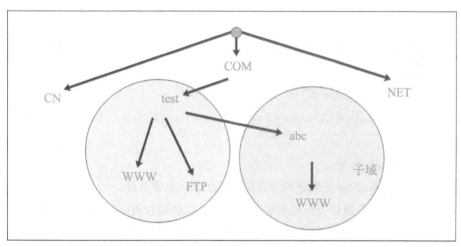

图 6-10 DNS 区域查询

4. DNS常见的解析类型

DNS解析时有一些常见的解析类型。

① A记录：设定域名或者子域名指向，保证域名指向对应主机的重要设置。添加A记录时，对应值必须是IP地址，主机名必须填写，用"@"可以表示主机名为空。

② MX记录：设定域名的邮件交换记录，是指定该域名对应的邮箱服务器的重要设置。

③ CNAME记录：即别名记录。这种记录允许将多个名字映射到同一台计算机。

④ TXT记录：TXT是一种文本记录，仅用于描述域名记录信息，对解析无实质影响。

⑤ AAAA记录：用于将域名解析到IPv6地址的DNS记录。用户可以将一个域名解析成IPv6地址，也可以将子域名解析成IPv6地址。

⑥ SRV记录：是DNS服务器的数据库中支持的一种资源记录的类型，它记录了哪台计算机提供了哪种服务的信息，其格式为："优先级 权重 端口 主机名"。例如，"0 5 5060 server.example.com"就是一条SRV记录。

⑦ NS记录：如果要将子域名指定给其他DNS服务器解析，则需要添加NS记录。

5. DNS的查询过程

一个FQDN，如www.my.com.cn，其查询过程如图6-11所示。

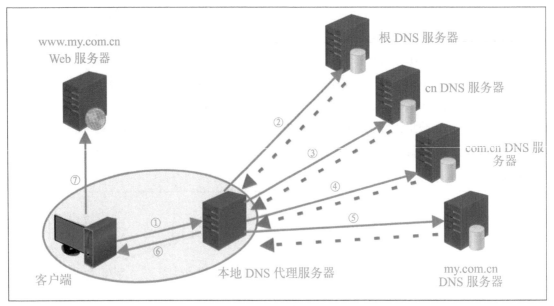

图 6-11　DNS 查询过程

DNS查询过程的说明如下：

① 客户端将www.my.com.cn的查询传递到本地DNS代理服务器。

② 本地DNS代理服务器检查区域数据库，发现此服务器没有my.com.cn域的授权，因此，它将查询传递到根DNS服务器，请求解析主机名称。根DNS服务器把cn DNS服务器的IP地址返回给本地DNS代理服务器。

③ 本地DNS代理服务器将请求发送给cn DNS服务器，服务器根据请求将com.cn DNS服务器的IP地址返回给本地DNS代理服务器。

④ 本地DNS代理服务器向com.cn DNS服务器发送请求，此服务器根据请求将my.com.cn DNS服务器的IP地址返回给本地DNS服务器。

⑤ 本地DNS代理服务器向my.com.cn DNS服务器发送请求，由于此服务器有该记录，因此它将www.my.com.cn的IP地址返回给本地DNS代理服务器。

⑥ 本地DNS代理服务器将www.my.com.cn的IP地址发送给客户端。

⑦ 域名解析成功后，客户端即可访问目标主机。

为提高解析效率，减少开销，每个DNS服务器都有一个高速缓存，存放最近解析的域名及其对应的IP地址。这样，当用户下次再查找该主机时，可以跳过某些查找过程，直接从本地DNS代理服务器中找到该主机的IP地址，从而大大缩短查询时间，加快查询过程，这和网页代理服务器有些类似。

6. 递归查询与迭代查询

在上述域名查询过程中，有两种查询的类型：递归查询和迭代查询。

递归查询是指当DNS服务器收到查询请求后，要么做出查询成功的响应，要么做出查询失败的响应。在本例中，客户端向本地DNS代理服务器查询，服务器最后给出解析，就是递归查询。

迭代查询是指DNS服务器根据自身的高速缓存或区域的数据，以最佳结果作答。如果DNS服务器无法解析，它就返回一个指针，指针指向有下级域名的DNS服务器，继续该过程，直到找到拥有所查询的名称的DNS服务器，或者直到出错或超时为止。本例中，本地DNS代理服务器向根DNS服务器等的查询过程就是迭代查询。

7. 正向查询与反向查询

由域名查询IP地址的过程属于正向查询，而由IP地址查询域名的过程就是反向查询。反向查询要求对每个域名进行详细搜索，搜索的过程往往需要花费很长时间。为解决该问题，DNS标准定义了一个名为in-addr.arpa的特殊域。该域遵循域名空间的层次命名方案，但它不是基于域名，而是基于IP地址的，其中IP地址的8位位组的顺序是反向的。例如，如果客户端要查找172.16.44.1的FQDN客户端，只需查询域名1.44.16.172.in-addr.arpa的记录即可。

■6.2.3 文件传送协议FTP

除了HTTP外，最常使用的就是FTP（file transfer protocol），也称文件传送协议。

1. FTP简介

顾名思义，文件传送协议（FTP）就是专门用来传送文件的协议，它是因特网上使用最广泛的文件传送协议。用户联网的首要目的就是实现信息共享，文件传送是信息共享非常重要的内容之一。

因特网早期实现传送文件并不是一件容易的事。因特网是一个非常复杂的计算机环境，其中包括PC、工作站、MAC，还有大型机等，且这些计算机可能运行不同的操作系统，有的服务器运行UNIX，很多PC运行Windows系列操作系统，MAC运行macOS系统等，而各种操作系统之间的文件交流，就需要有一个统一的文件传送协议，这就是所谓的FTP。基于不同的操作系统有不同的FTP应用程序，而所有这些应用程序都遵守同一个协议，这样用户就可以把文件传送给其他人，或者从其他的用户环境中获得文件。

与大多数因特网服务一样，FTP也是客户端/服务器系统。用户通过一个支持FTP的客户端程序，连接到在远程主机上的FTP服务器程序。用户通过客户端程序向服务器程序发出命令，服务器程序执行用户所发出的命令，并将执行的结果返回给客户端。例如，用户发出一条命令，要求服务器向用户传送某一个文件的一份拷贝，服务器会响应这条命令，将指定文件送至用户的机器；客户端程序代表用户接收该文件，并将其存放在用户目录中。

2. FTP的端口与连接

FTP使用20与21端口与外界进行通信，其中，21端口属于控制连接的端口。控制连接在整个会话期间一直保持打开状态，FTP客户端发出的传送请求是通过控制连接发送给服务器端的控制进程的，但控制连接不用于传送文件。用于传输文件的端口是20端口。服务器端的控制进程在接收到FTP客户端发送过来的文件传输请求后就创建"数据传送进程"和"数据连接"，用于连接客户端和服务器端的数据传送进程。数据传送进程实际完成文件的传送，在传送完毕

后关闭数据传送连接并结束运行。

当客户端进程向服务器进程发出建立连接请求时，要寻找连接服务器进程的熟知端口（21），同时还要告诉服务器进程自身的另一个端口号，用于建立数据传送连接。接着，服务器进程用传送数据的熟知端口（20）与客户端进程所提供的端口号建立数据传送连接。因为FTP使用了两个不同的端口号，所以数据连接与控制连接不会发生混乱。

3. FTP协议的特点

现在，虽然通过HTTP协议下载的站点有很多，但是由于FTP协议可以很好地控制用户数量和宽带的分配，快速方便地上传、下载文件，因此FTP已成为网络中文件上传和下载的首选服务器。同时，它也是一个应用程序，用户可以通过它把自己的计算机与世界各地所有运行FTP协议的服务器相连，从而访问服务器上的大量程序和信息。

FTP服务的功能是实现完整文件的异地传送，其特点如下：

① FTP使用两个平行连接：控制连接和数据连接。控制连接在两主机间传送控制命令，如用户身份、口令、改变目录命令等。数据连接只用于传送数据。

② 在一个会话期间，FTP服务器必须维持用户状态，也就是说，和某个用户的控制连接不能断开。另外，当用户在目录树中活动时，服务器必须追踪用户的当前目录，这样，FTP就限制了并发用户数量。

③ FTP支持文件沿任意方向传送。当用户与远程计算机建立连接后，用户可以获得一个远程文件，也可以将本地文件传送至远程机器。

4. FTP的工作模式

FTP的工作模式包括主动模式和被动模式两种。

（1）主动模式

在主动模式下，FTP客户端首先与FTP服务器的21端口建立TCP连接，通过这个通道发送命令，客户端需要接收数据的时候在这个通道上发送Port命令。Port命令包含了客户端用什么端口接收数据。在传送数据时，服务器端通过其TCP连接的20端口连接到客户端的指定端口，并发送数据。需要说明的是，FTP服务器必须与客户端建立一个新的连接用于传送数据。主动模式FTP的连接过程如图6-12所示。

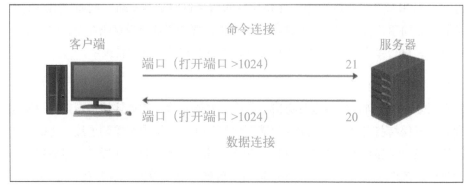

图 6-12　主动模式 FTP 的连接过程

（2）被动模式

在被动模式下，建立控制通道与主动模式类似，但建立连接后发送的不是Port命令，而是Pasv命令。FTP服务器收到Pasv命令后，随机打开一个高端端口（端口号大于1024），并且通知客户端在这个端口上传送数据，客户端连接FTP服务器上的这个端口后，FTP服务器将通过该端口传送数据。在这种情况下，FTP服务器不再需要与客户端建立一个新的连接用于传送数据。被动模式FTP的连接过程如图6-13所示。

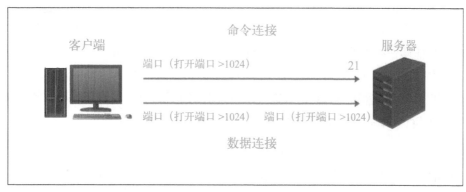

图 6-13　被动模式 FTP 的连接过程

（3）主动模式FTP与被动模式FTP的优缺点

主动模式FTP有利于对FTP客户端的管理，但不利于对服务器端的管理。因为客户端要与服务器端建立两个连接，其中一个连到一个高位随机端口，而这个端口很有可能被服务器端的防火墙阻塞。被动模式FTP有利于对FTP服务器的管理，但不利于对客户端的管理。因为FTP服务器企图与客户端的高位随机端口建立连接，而这个端口很有可能被客户端的防火墙阻塞。

5. 其他的文件传送协议

网络文件系统（network file system，NFS）是FreeBSD支持的文件系统中的一种，NFS允许一个系统在网络上与他人共享目录和文件。通过使用NFS，用户和程序可以像访问本地文件一样访问远端系统中的文件。使用NFS的好处有：本地工作站可以节省出更多的磁盘空间，这因为日常的数据可以存放在一台服务器上并可以通过网络访问，用户不必在每台网络终端计算机都设有一个home目录。home目录可以置于NFS服务器上，并且在网络中随处可用。存储设备可以在网络上被别的机器使用，这可以减少整个网络中可移动介质设备的数量。

简易文件传送协议（trivial file transfer protocol，TFTP）是TCP/IP协议族中一个用来在客户端与服务器之间进行简易文件传送的协议，提供不复杂、开销不大的文件传送服务。该协议使用的端口号为69。它一般是基于UDP协议实现的，但也有些TFTP协议是基于其他传送协议实现的。此协议设计的时候进行的是小文件传送，因此它不具备通常意义上的FTP的许多功能。TFTP只能从文件服务器上获得或写入文件，不能列出目录，也不进行认证，传送的是8位数据。计算机的网络启动经常使用TFTP，以此来传送网络操作系统。

■6.2.4 电子邮件

在即时交流软件出现前，人们最常使用的就是电子邮件，包括一些邮箱校验、工作汇报、工作安排、下达任务、官方发布信息等，这些正式场合中都需要使用电子邮件。

1. 电子邮件概述

电子邮件（e-mail）是因特网上用得最多的和最受用户欢迎的应用之一。电子邮件把邮件发送到收件人使用的邮件服务器，并放在其中的收件人邮箱中，收件人可随时通过网络到自己使用的邮件服务器中读取邮件。电子邮件不仅使用方便，而且还具有传递迅速和费用低廉的优点。现在的电子邮件不仅可传送文字信息，而且还可传送声音和图像。

TCP/IP体系的电子邮件系统规定电子邮件地址的格式为："收件人邮箱名@邮箱所在主机的域名"，如"testmail@163.com"，其中，testmail相当于用户账号，在该邮件服务器的范畴内不能重复；163.com是邮箱所在主机的域名，它必须是FQDN名称。

2. 电子邮件系统的组成及工作过程

电子邮件系统中使用了很多协议，包括发送邮件的协议SMTP、读取邮件的协议POPv3和IMAP。电子邮件系统的结构如图6-14所示。

用户在客户端与电子邮件系统连接，然后撰写、显示和处理邮件。邮件服务器的功能是发送和接收邮件，同时还要向发信人报告邮件传送的情况（已交付、被拒绝、丢失等）。邮件服务器按照客户端/服务器（C/S）的模式工作。邮件服务器需要使用发送和读取两个不同的协议。邮件服务器既可以作为客户端，也可以作为服务器。

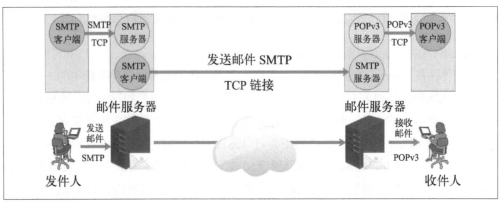

图6-14 电子邮件系统的结构

电子邮件系统的工作过程如下：

① 发件人调用PC机中的用户代理撰写和编辑要发送的邮件。

② 发件人的用户代理用SMTP协议把邮件发到发送方的邮件服务器。

③ SMTP服务器把邮件临时存放在邮件缓存队列中，等待发送。

④ 发送方邮件服务器的SMTP客户端与接收方邮件服务器的SMTP服务器建立TCP连接后，将邮件缓存队列中的邮件依次发送出去。

⑤ 接收方邮件服务器中的SMTP服务器收到邮件后，把邮件投放到收件人的用户邮箱，等待收件人读取。

⑥ 收件人在收信时，运行PC机中的用户代理，使用POPv3（或IMAP）协议读取发送到自己邮箱中的邮件。

3. SMTP协议

SMTP是一种可靠且有效的电子邮件传送的协议。SMTP是建立在FTP文件传送服务上的一种邮件服务，主要用于系统之间的邮件信息传递，并提供有关来信的通知。SMTP独立于特定的传送子系统，且只需要可靠有序的数据流信道支持。SMTP的重要特性之一是它能跨越网络传送邮件，也就是说，使用SMTP可以实现相同网络处理进程之间的邮件传送，也可以通过中继器或网关实现某处理进程与其他网络之间的邮件传送。SMTP所规定的就是在两个相互通信的SMTP进程之间应如何交换信息，该协议默认使用25号端口。

SMTP协议的工作过程可分为以下3个过程。

① 建立连接：在这一阶段，SMTP客户端请求与服务器的25号端口建立一个TCP连接。一旦连接建立，SMTP服务器和客户端就开始相互通告自己的域名，同时确认对方的域名。

② 传送邮件：利用命令，SMTP客户端将邮件的源地址、目的地址和邮件的具体内容传递给SMTP服务器，SMTP服务器进行相应的响应并接收邮件。

③ 释放连接：SMTP客户端发出退出命令，服务器处理命令之后进行响应，随后关闭TCP连接并释放。

4. POPv3协议

POPv3（post office protocol version 3，邮局协议第3版）是TCP/IP协议族中的一员，由RFC1939定义。提供了SSL加密的POPv3协议被称为POPv3S。POPv3协议主要用于支持使用客户端远程管理服务器上的电子邮件。

POPv3协议支持"离线"邮件处理，具体过程是：当邮件发送到服务器后，电子邮件客户端会调用邮件客户端程序连接服务器，并下载所有未阅读的电子邮件，即将邮件从邮件服务器端发送到客户端（一般是PC或MAC）。这种离线访问模式实际是一种存储转发服务。POPv3的默认端口号是110，使用TCP协议传送。

5. IMAP协议

IMAP（Internet message access protocol，因特网报文存取协议）以前称作交互邮件存取协议（interactive mail access protocol），是一个应用层协议，用于访问和管理存储在远程服务器上的电子邮件。IMAP最初是斯坦福大学在1986年开发的一种邮件获取协议，它的主要作用是邮件客户端可以通过这种协议从邮件服务器上获取邮件的信息、下载邮件等。当前的权威定义是RFC3501。IMAP协议运行在TCP/IP协议之上，默认使用的端口是143。它与POPv3协议的主要区别是用户可以不用把所有的邮件全部下载，可以通过客户端直接对服务器上的邮件进行操作。

IMAP最大的好处就是用户可以在不同的地方使用不同的计算机随时上网阅读和处理自己的邮件。IMAP还允许收件人只读取邮件中的某一个部分。例如，收到了一个带有视频附件（此文件可能很大）的邮件，为了节省时间，可以先下载邮件的正文部分，待以后有时间再读取或下载附件。IMAP的缺点是：如果用户没有将邮件复制到自己的PC机中，则邮件是一直存放在IMAP服务器中的。因此，用户需要读取邮件时就要经常与IMAP服务器建立连接。

■6.2.5 动态主机配置协议DHCP

DHCP在局域网中使用得非常多，DHCP的作用就是自动为主机分配网络参数。

1. DHCP简介

动态主机配置协议（dynamic host configuration protocol，DHCP）是在网络中提供特定服务，自动配置主机/工作站的协议。它是一个用于局域网的网络协议。更容易理解的定义是由服务器控制一段IP地址范围，客户端在登录服务器时就可以自动获得服务器分配的IP地址和子网掩码。默认情况下，DHCP作为Windows Server的一个服务组件不会被系统自动安装，还需要管理员手动安装并进行必要的配置。

在服务器上可以事先配置好允许分配的IP地址范围、子网掩码、网关等信息，这样当客户端联网时，会自动为其分配这些网络参数。当客户端获取到这些信息后，就可以连接局域网，或者通过获取到的网关共享上网。

DHCP采用客户端/服务器模型，可以保证任何IP地址在同一时刻只能由一台DHCP客户端所使用。通过DHCP可以大大减轻局域网IP配置的烦琐性，减少IP冲突的可能性。

DHCP支持以下三种机制分配IP地址。

- **自动分配方式**。DHCP服务器为主机指定一个永久性的IP地址，一旦DHCP客户端第一次成功从DHCP服务器获取到IP地址后，就可以永久使用该地址。
- **动态分配方式**。DHCP服务器给主机指定一个有时间限制的IP地址，时间到期或主机明确表示放弃该地址时，该地址可以被其他主机使用。
- **手工分配方式**。客户端的IP地址是由网络管理员指定的，DHCP服务器只是将指定的IP地址告诉客户端。

三种地址分配方式中，只有动态分配方式可以重复使用客户端不再需要的地址。

DHCP服务器分配给DHCP客户端的IP地址是临时的，因此，DHCP客户端只能在一段有限的时间内使用这个分配到的IP地址，DHCP协议称这段时间为租用期。租用期的数值应由DHCP服务器决定。DHCP客户端也可以在自己发送的报文中提出对租用期的要求，一般租用期时长是2 h，快到期时，客户端会自动续约，否则服务器会认为到期，并回收该IP地址。

2. DHCP协议的工作过程

DHCP封包在传输层采用的是UDP协议。当客户端传送封包给服务器时，采用的是UDP协议，使用的是67号端口；而从服务器传送给客户端时，也使用UDP协议，但端口使用的是68号端口。DHCP协议的工作过程如图6-15所示。

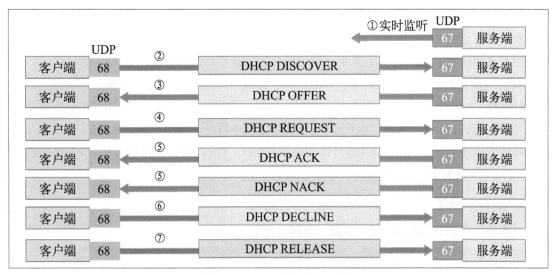

图 6-15 DHCP 协议的工作过程

对上图的说明如下：

① DHCP服务器打开UDP端口67，并监听该端口，等待报文。

② DHCP客户端通过UDP端口68发送DHCP DISCOVER报文，是以广播形式发送的。

③ 网络上的所有DHCP服务器收到DISCOVER报文，并发送DHCP OFFER报文，以单播形式发送。DHCP OFFER报文中"Your(Client) IP Address"字段是DHCP服务器能够提供给DHCP客户端使用的IP地址，且DHCP服务器会将自己的IP地址放在"option"字段中以便DHCP客户端区分不同的DHCP服务器。DHCP服务器在发出此报文后会在系统中保存一个已分配IP地址的记录。

④ 客户端只能处理其中的一个DHCP OFFER报文，一般是最先收到的DHCP OFFER报文。客户端会以广播形式发送一个DHCP REQUEST报文，在选项字段中会加入选中的DHCP服务器的IP地址和需要的IP地址。

⑤ DHCP服务器收到DHCP REQUEST报文后，判断选项字段中的IP地址是否与自身的地址相同。如果不相同，DHCP服务器不做任何处理，只清除相应IP地址的分配记录；如果相同，DHCP服务器就会向DHCP客户端响应一个DHCP ACK报文，并在选项字段中增加IP地址的使用租期信息。DHCP服务器若不同意，则发回否认报文DHCP NACK。

⑥ DHCP客户端接收到DHCP ACK报文后，检查DHCP服务器分配的IP地址是否能够使用。如果可以使用，则DHCP客户端成功获得IP地址并根据IP地址使用租期自动启动续延过程；如果DHCP客户端发现分配的IP地址已经被使用，则DHCP客户端向DHCP服务器发出DHCP DECLINE报文，通知DHCP服务器禁用这个IP地址，然后DHCP客户端开始新的地址申请过程。

⑦ DHCP客户端在成功获取IP地址后，随时可以通过发送DHCP RELEASE报文释放自己的IP地址，DHCP服务器收到DHCP RELEASE的报文后，会回收相应的IP地址并重新分配。

在使用租期超过50%时刻处，DHCP客户端会以单播形式向DHCP服务器发送DHCP

REQUEST报文续租IP地址。如果DHCP客户端成功收到DHCP服务器发送的DHCP ACK报文，则按相应时间延长IP地址租期；如果没有收到DHCP服务器发送的DHCP ACK报文，则DHCP客户端继续使用这个IP地址。

在使用租期超过87.5%时刻处，DHCP客户端会以广播形式向DHCP服务器发送DHCP REQUEST报文续租IP地址。如果DHCP客户端成功收到DHCP服务器发送的DHCP ACK报文，则按相应时间延长IP地址租期；如果没有收到DHCP服务器发送的DHCP ACK报文，则DHCP客户端继续使用这个IP地址，直到IP地址使用租期到期时，DHCP客户端才会向DHCP服务器发送DHCP RELEASE报文释放此IP地址，开始新的IP地址申请过程。

3. DHCP中继代理

并不是每个网络都有DHCP服务器，否则会使DHCP服务器的数量太多。现在基本上是一个局域网中至少有一个DHCP中继代理，它配置了DHCP服务器的IP地址信息，如图6-16所示。

当DHCP中继代理收到主机发送的DISCOVER报文后，就以单播方式向DHCP服务器转发此报文，并等待其回答。收到DHCP服务器提供的ACK报文后，DHCP中继代理再将此报文发送回主机。

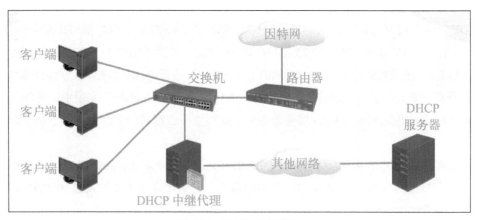

图 6-16 DHCP 中继代理

■6.2.6 远程上机协议telnet

提到telnet，常会使人想到黑客远程渗透登录。其实，telnet本身是一个简单的远程上机协议。

1. telnet简介

telnet协议是TCP/IP协议族中的一员，是Internet远程登录服务的标准协议和主要方式，它使用户可以在本地计算机上完成远程主机的工作。在终端使用者的计算机上使用telnet程序，用它连接到服务器，终端使用者可在telnet程序中输入命令，这些命令是在服务器上运行的，就像直接在服务器控制台上输入一样，即在本地就能控制服务器。要开始一个telnet会话，必须输入用户名和密码才能登录服务器。telnet常用于远程控制Web服务器，默认使用的端口是69。

telnet也使用客户端/服务器工作模式,在本地系统运行telnet客户端进程,而在对端主机则运行telnet服务器进程。服务器中的主进程等待新的请求,并产生从属进程处理每一个连接。telnet提供3种基本服务。

① telnet定义了一个网络虚拟终端,该虚拟终端为远程系统提供了一个标准接口,使得客户机程序不必详细了解远程系统,它们只需构造使用标准接口的程序。

② telnet包括一个允许客户端和服务器协商选项的机制,并且还提供一组标准选项。

③ telnet对称处理连接的两端,即telnet不强迫客户端从键盘输入,也不强迫客户端在屏幕上显示输出。

虽然telnet较为简单、实用,也很方便,但是在格外注重安全的现代网络技术中,telnet并不被重用。原因在于telnet是一个明文传送协议,它将用户的所有内容,包括用户名和密码都以明文方式在互联网上传送,具有很大的安全隐患,因此许多服务器都会选择禁用telnet服务。如果确定要使用telnet远程登录,使用前应在远端服务器上检查并设置允许telnet服务的功能。

2. telnet远程登录的过程与交互方式

telnet远程登录可以分为以下4个步骤。

① 本地与远程主机建立连接。该过程实际上是建立一个TCP连接,用户必须知道远程主机的IP地址或域名。

② 将本地终端上输入的用户名和密码及以后输入的任何命令或字符以NVT(network virtual terminal,网络虚拟终端)格式传送到远程主机。该过程实际上是从本地主机向远程主机发送一个IP数据包。

③ 将远程主机输出的NVT格式的数据转化为本地所接受的格式,并送回本地终端,包括输入命令回显和命令执行结果。

④ 最后,本地终端撤销与远程主机的连接。该过程是撤销一个TCP连接。

当使用telnet登录进入远程计算机系统时,实际上启动了两个程序:一个是telnet客户端程序,运行在本地主机上;另一个是telnet服务器程序,运行在要登录的远程计算机上。

本地主机上的telnet客户端程序主要完成以下功能。

● 建立与远程服务器的TCP连接。
● 从键盘上接收本地输入的字符。
● 将输入的字符串变成标准格式并传送给远程服务器。
● 从远程服务器接收输出的信息。
● 将该信息显示在本地主机屏幕上。

远程主机的"服务"程序通常被昵称为"精灵",它平时不声不响地守候在远程主机上,一接到本地主机的请求,就会立即活跃起来,并实现以下功能。

● 通知本地主机,远程主机已经准备好。
● 等候本地主机输入命令。
● 对本地主机的命令做出反应(如显示目录内容或执行某个程序等)。

● 把执行命令的结果送回本地计算机显示。

● 重新等候本地主机的命令。

3. 安装telnet客户端

telnet的服务端需要安装在对应的服务器中，如果要使用telnet服务，那么本地的客户端的Windows系统需要安装telnet客户端。用户可以进入Windows的"搜索"功能中，搜索"启用或关闭Windows功能"并打开，如图6-17所示。

在弹出的对话框中，找到并勾选"Telnet客户端"复选框，单击"确定"按钮后，就可以进入命令提示符界面使用telnet命令了，如图6-18所示。

图 6-17　进入 Windows 搜索功能

图 6-18　启用 "Telnet 客户端"

■6.2.7　简单网络管理协议SNMP

简单网络管理协议（simple network management protocol，SNMP）主要用来强化网络管理系统的效能，还可以对网络中的资源进行管理和实时监控。

1. SNMP简介

SNMP是专门用于在IP网络中管理网络节点（如服务器、工作站、路由器、交换机等）的一种标准协议，它是一种应用层的协议。SNMP使网络管理员能够管理网络、发现并解决网络问题以及规划网络的发展（如扩容）。通过SNMP接收随机消息及事件报告，网络管理员可以获知网络出现的问题。

SNMP的前身是简单网关监控协议（simple gateway monitoring protocol，SGMP），用来对通信线路进行管理。之后对SGMP进行了很大的修改，特别是加入了符合Internet定义的SMI（structure of management information，管理信息结构）和MIB（management information base，管理信息库），改进后的协议就是如今被广泛使用的SNMP。基于TCP/IP的SNMP网络管理框架是工业上的现行标准，它由3个主要部分组成，分别是管理信息结构（SMI）、管理信息库（MIB）和简单网络管理协议SNMP。

网络管理包括对硬件、软件和人力资源的综合使用与协调，以实现对网络资源的监视、测试、配置、分析、评价和控制，这样就能以合理的价格满足网络的一些需求，如实时运行性能、服务质量等。网络管理也常简称为网管，一般网络管理的模型如图6-19所示。

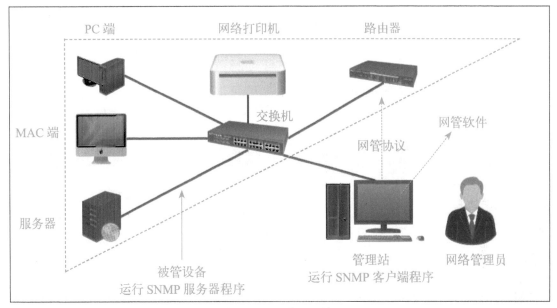

图 6-19　网络管理的模型

- 管理站也常称为网络运行中心（network operations center，NOC），是网络管理系统的核心。
- 管理程序在运行时称为管理进程。
- 管理站（硬件）或管理程序（软件）都可称为管理者。
- 网络管理员指的是人。大型网络往往实行多级管理，有多个管理者，每个管理者一般只管理本地网络的设备。

SNMP在设计和功能方面的指导思想是要尽可能简单。SNMP的基本功能包括监视网络性能、检测与分析网络差错和配置网络设备等。在网络正常工作时，SNMP可实现统计、配置和测试等功能。当网络发生故障时，可进行各种差错检测和实现功能恢复。虽然SNMP是在TCP/IP基础上的网络管理协议，但也可以将它扩展到其他类型的网络设备中使用。

2. SNMP的组成

SNMP的组成包括SNMP本身、SMI和MIB。

① SNMP定义了管理站和代理之间进行交换的分组格式，所交换的分组包含各代理中的对象（变量）名及其状态（值），SNMP负责读取和改变这些数值。

② SMI定义了命名对象与定义对象类型（包括范围和长度）的通用规则，还定义了把对象和对象的值进行编码的规则，这样做是为了确保网络管理数据的语法和语义的无二义性。需要注意的是，SMI并不定义一个实体应管理的对象数目，也不定义被管对象名以及对象名与其值之间的关联。

③ MIB在被管理的实体中创建命名对象，并规定其类型。

SNMP的报文格式如图6-20所示。

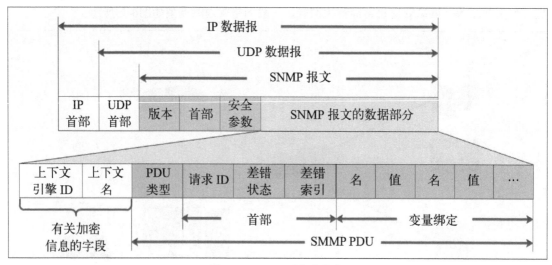

图 6-20　SNMP 的报文格式

3. SNMP的技术优点

SNMP是管理进程和代理进程之间的通信协议，它规定了在网络环境中对设备进行监视和管理的标准化管理框架、通信的公共语言、相应的安全和访问控制机制等。网络管理员使用SNMP可以查询设备信息、修改设备的参数值、监控设备状态、自动发现网络故障、生成报告等。SNMP具有以下技术优点。

- 基于TCP/IP互联网的标准协议，传输层协议一般采用UDP。SNMP使用无连接的UDP，因此在网络上传送SNMP报文的开销较小，只是UDP不保证可靠交付。
- 自动化网络管理。网络管理员可以利用SNMP平台在网络上的节点检索信息、修改信息、发现故障、完成故障诊断、进行容量规划和生成报告等。
- 屏蔽了不同设备的物理差异，实现了对不同厂商产品的自动化管理。SNMP只提供最基本的功能集，使得管理任务与被管设备的物理特性和实际网络类型相对独立，从而实现对不同厂商设备的管理。
- 简单的请求—应答方式与主动通告方式相结合，并有超时重传机制。
- 报文种类少，报文格式简单，容易解析，易于实现。
- SNMPv3版本还提供了认证和加密安全机制，以及基于用户和视图的访问控制功能，增强了安全性。

4. SNMP的管理

SNMP使用探询操作以维持对网络资源的实时监视，同时也采用陷阱机制报告特殊事件，这使得SNMP成为一种有效的网络管理协议。

所谓探询操作，是指SNMP管理进程定时向被管理设备周期性地发送探询信息。SNMP也允许不经过询问就能发送某些信息，这种信息称为陷阱（trap），表示它能够捕捉"事件"。这种陷阱信息的参数是受限制的。

当被管对象的代理检测到有事件发生时，就检查其门限值，代理只向管理进程报告达到某些门限值的事件（即过滤）。通常，运行代理程序的服务器端用端口161来接收get或set报文以及发送响应报文，运行管理程序的客户端使用端口162来接收来自各代理的trap报文。

课后作业

一、单选题

1. TCP/IP协议的应用层不包括OSI七层模型的（　　）。

    A. 表示层   B. 会话层   C. 传输层   D. 应用层

2. 为了提高服务器的响应效率、传输速度，常使用（　　）技术。

    A. 去中心化   B. CDN   C. 远程访问   D. B/S

二、多选题

1. 应用层的主要协议有（　　）。

    A. DNS   B. FTP   C. DHCP   D. HTTP

2. 网络应用模型包括（　　）。

    A. 客户端/服务器模式   B. 对等网络模式

    C. 专用服务器模式   D. 浏览器/服务器模式

3. FTP的工作模式包括（　　）。

    A. 主动模式   B. 正向模式

    C. 被动模式   D. 反向模式

三、简答题

1. 简述网页访问的过程。

2. 简述DNS的查询过程。

3. 简述FTP的工作模式。

4. 简述电子邮件系统的工作过程。

5. 简述DHCP的分配过程。

6. 简述SNMP的组成。

即刻学习
◎ 配套学习资料
◎ 网络原理详解
◎ 理论与实践课
◎ 网络安全专讲

模块 7

无线网络与移动通信

内容概要

　　随着无线技术的发展，无线网络与无线设备被广泛使用，迅速进入社会生产生活的方方面面。无线局域网和移动通信是日常使用最多的无线技术。本模块着重介绍无线局域网与移动通信方面的有关知识。

知识要点

- 无线网络。
- 无线局域网。
- 无线局域网的常见设备及其参数。
- 移动通信。

7.1 无线网络

无线网络是相对于有线网络而言的，鉴于无线网络的各种优势，其发展势头迅猛。日常接触最多的就是移动网络与WLAN，即无线局域网。无线局域网以其便利性、易维护、易操作的特点，被广泛应用到很多场景中。

■7.1.1 无线网络简介

无线网络是指无须布置有线介质就能实现各种网络设备互联的网络。无线网络涵盖的范围很广，包括允许用户建立远距离无线连接的全球语音和数据网络。

无线的载体主要有3种：无线电、微波及红外线。目前，无线局域网已经遍及社会生活的各个角落：家庭、学校、办公楼、体育场、图书馆等都有无线网络的身影。另外，利用无线技术还可以解决一些有线技术难以覆盖或者布置有线线路成本过高的地方，如山区、跨越河流或湖泊的地方，以及一些危险区域等。

1. 无线网络的分类

根据网络覆盖范围的不同，可以将无线网络分为无线广域网、无线城域网、无线局域网和无线个人局域网。

（1）无线广域网（wireless wide area network，WWAN）

无线广域网是基于移动通信基础设施，由通信运营商（如中国移动、中国联通、中国电信等）所运营，负责一座城市所有区域甚至一个国家所有区域的通信服务网络。WWAN连接地理范围较大，常常是一个国家或是一个大洲，其目的是为了让分布较远的各局域网互联起来。WWAN的结构分为末端系统（两端的用户集合）和通信系统（中间链路）两部分。

目前典型的WWAN有卫星通信网络、蜂窝移动通信（2G/3G/4G/5G，以及正在发展中的6G）网络等系统。用户能使用笔记本计算机、智能手机等移动设备在覆盖范围内灵活接入网络，进而访问因特网。

为提供高效的移动宽带无线接入，IEEE 802委员会成立了802.20工作组，负责制定无线广域网移动宽带接入标准。

（2）无线城域网（wireless metropolitan area network，WMAN）

无线城域网技术是因宽带无线接入的需要而发展起来的。无线城域网是指在覆盖范围上大到一个城市的计算机网络，这种网络使用无线技术为其中分布的各节点提供信息传输。WMAN能实现语音、数据、图像、视频等多业务的接入服务，其覆盖范围的典型值为3～5km，点到点链路的覆盖可以高达几十千米，可以提供支持QoS的能力和具有一定范围移动性的共享接入能力。MMDS（multichannel multipoint distribution service，多通道多点分布服务）、LMDS（local multipoint distribution service，本地多点分布服务）和WiMAX（world interoperability for microwave access，威迈）等技术属于城域网范畴，其传输速率接近无线局域网的水平，而且突出了移动性、高效切换等特点。无线城域网可以让接入用户访问到固定场所

的无线网络，可以将一个城市或者地区的多个固定场所连接起来。

（3）无线局域网（wireless local area network，WLAN）

WLAN是指应用无线通信技术将计算机设备互联起来，构成可以互相通信和实现资源共享的网络体系。无线局域网的本质特点是不再使用通信电缆连接计算机与网络，而是通过无线的方式连接，从而使网络的构建和终端的移动更加灵活。WLAN是相当便利的数据传输系统，它利用射频（radio frequency，RF）技术，用电磁波取代传统的双绞线，在空中进行通信连接，使得无线局域网能利用简单的存取架构达到随时连接和使用的目的。

无线局域网是一个负责在一定范围之内实现无线通信接入功能的网络。目前，无线局域网是以IEEE组织的IEEE 802.11技术标准为基础，也就是所谓的WiFi（wireless fidelity，威发）网络。无线广域网和无线局域网并不是完全互相独立，它们可以结合起来并提供更加强大的无线网络服务，无线局域网可以使接入用户共享局域网之内的信息，而通过无线广域网可以让接入用户共享因特网的信息。

（4）无线个人局域网（wireless personal area network，WPAN）

WPAN是一种采用无线连接的个人局域网，除了基于蓝牙技术的802.15之外，IEEE组织还推荐了其他两个类型：低频率的802.15.4（TG4，也被称为蜂舞协议ZigBee）和高频率的802.15.3〔TG3，也被称为超宽带（ultra-wideband，UWB）〕。无线个人局域网是为了实现活动半径小、业务类型丰富、面向特定群体、无线无缝的连接而提出的新兴无线通信网络技术。

2. 无线网络的优势

有线网络因为受到布线的限制，致使线路容易损坏，网络节点不可移动，改造起来工程量大；且一旦网络出现问题，检查电缆或光缆会非常耗时，成本较高。而无线网络可以轻松解决这些问题。无线网络的优势在于：建网容易，使用灵活，经济节约，易于扩展，受自然环境、地形及灾害的影响小。

3. 无线网络的介质和技术

无线网络可以使用的介质有无线电、微波和红外线。现在可见光也可以进行无线传输。

无线网络使用的技术非常多，如经常使用的蓝牙技术，3G、4G、5G技术，WLAN使用的Wi-Fi6等。

■7.1.2 无线局域网简介

WLAN起步于1997年，当年的6月，第一个无线局域网标准IEEE 802.11正式颁布实施，而WLAN的真正发展是从2003年3月Intel公司第一次推出带有WLAN无线网卡芯片模块的迅驰处理器开始的。

1. 无线局域网的技术标准

在无线局域网中，主要使用以下几种技术和标准。

（1）802.11标准

IEEE 802.11无线局域网标准的制定是无线网络技术发展的一个里程碑。802.11标准的发布，使得无线局域网在各种有移动要求的环境中被广泛接受。它是无线局域网目前最常用的传输协议标准，各家生产企业都有基于该标准的无线网卡产品。

（2）蓝牙

对于802.11标准，"蓝牙"的出现不是为了竞争而是为了相互补充。蓝牙是一种近距离无线数字通信的技术标准，传输距离为10 cm～10 m，通过增加发射功率可达到100 m。蓝牙比802.11标准更具移动性，例如，802.11标准会限制在办公室和校园内，而蓝牙却能把一个设备连接到局域网或广域网，甚至支持全球漫游。此外，蓝牙成本低、体积小，可用于更多的设备。蓝牙最大的优势还在于，在更新网络骨干设备时，如果搭配蓝牙架构进行，会使网络的整体成本比铺设线缆的成本低。

（3）HomeRF

HomeRF主要为家庭网络设计，是IEEE 802.11标准与数字无绳电话标准的结合，旨在降低语音数据成本。HomeRF也采用了扩频技术，工作在2.1 GHz频带，能同步支持4条高质量语音信道。

（4）HiperLAN（high performance radio LAN）

HiperLAN是一种被欧洲电信标准协会欧洲电信标准组织（European Telecommunications Standards Institute，ETSI）采用的无线局域网的通信标准的一个子集。HiperLAN/1推出时，数据速率较低，没有被人们重视。2000年，HiperLAN/2标准制定完成，HiperLAN/2标准的最高数据速率为54 Mb/s。HiperLAN/2标准详细定义了WLAN的检测功能和转换信令，用以支持更多无线网络，支持动态频率选择、无线信元转换、链路自适应、多束天线和功率控制等。该标准在WLAN性能、安全性、QoS等方面也给出了一些定义。

2. 无线局域网的结构

无线局域网按照逻辑结构，可分为对等网络、基础结构网络、桥接网络和Mesh网络。

（1）对等网络

对等网络由一组配有无线网卡的计算机组成，如图7-1所示。这些计算机以对等的方式相互直接连接，具有相同的工作组名、ESSID（extended service set identifier，扩展服务集标识符）和密码等，在WLAN的覆盖范围之内，进行点对点或点对多点之间的通信。

这种组网模式不需要固定的设施，只需要在每台计算机中安装无线网卡就可以实现，因此非常适用于一些临时网络的组建以及终端数量不多的网络中。

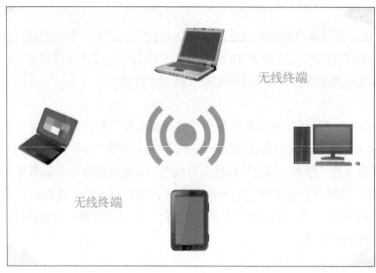

图 7-1　对等网络

（2）基础结构网络

在基础结构网络中，配有无线接口卡的无线终端以无线接入点（access point，AP）为中心，通过无线网桥、无线接入网关、无线接入控制器和无线接入服务器等将无线局域网与有线网络连接起来，组建多种复杂的无线局域网接入网络，实现无线移动办公的接入。任意站点之间的通信都需要使用无线接入点转发，终端也使用无线接入点接入网络，如图7-2所示。

图 7-2　基础结构网络

（3）桥接网络

桥接网络也可以称为混合模式，如图7-3所示。在该模式中，无线接入点（无线AP）和节点1之间使用了基础结构网络，而节点2通过节点1连接无线接入点。

图 7-3　桥接网络

（4）Mesh网络

Mesh网络，即"无线网格网络"，是一种"多跳"网络，实际是蜂窝网络的一种，由对等网络发展而来。Mesh网络中的每一个节点都是可移动的，并且能以任意方式动态地保持与其他节点的连接，如图7-4所示。在网络演进的过程中，无线网络是一种不可或缺的技术，无线Mesh能够与其他网络协同通信，形成一个动态的可不断扩展的网络架构，并且在任意的两台设备之间均可保持无线互联。

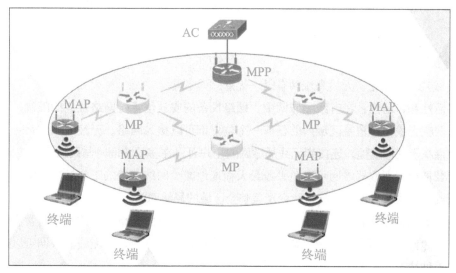

图 7-4　Mesh 网络

在图7-4中，AC（wireless access point controller，无线控制器）用于控制和管理WLAN内所有的AP；MPP（mesh portal point）是Mesh的入口节点，是通过有线与AC连接的无线接入点；MAP（mesh access point）是Mesh接入点，是同时提供Mesh服务和接入服务的无线接入点；MP（mesh point）是通过无线与MPP连接，但是不接入无线终端的无线接入点。

通常Mesh路由器的标配是有3个发射频段：一个2.4 GHz频段和两个5 GHz频段。Mesh组网使用5 GHz高频段160 M用做无线接入点之间的高速数据流传输，而5 GHz低频段80 M和2.4 GHz频段用来进行无线接入点与终端的中速覆盖数据传输。

Mesh网络的特点如下：

● Mesh组网就是为了解决单一无线路由器无法覆盖全部范围而采用的一种新型的组网技术，可以轻松实现无线覆盖。

- Mesh组网是一种多跳技术，让用户的WiFi设备跳到一个最合适的无线上。
- Mesh之间一般支持有线/无线组阵列。
- Mesh之间做无线回程的时候，会拿出专属信道做Mesh间的联络，极限情况会损失1/2带宽来做内部通信。因此，当多个Mesh用无线回程级联几次以后，前后传输速率相差会非常大。

Mesh组网的优势有：

- **部署简便**：Mesh网络的设计目标就是将有线设备和有线AP的数量降至最低，因此大大降低和减少了总拥有成本，并减少了安装时间。
- **稳定性强**：Mesh网络比单跳网络更加健壮，因为它不依赖于某一个单一节点的性能。
- **结构灵活**：在多跳网络中，设备可以通过不同的节点同时连接网络。
- **超高带宽**：一个节点不仅能传送和接收信息，还能充当路由器对其附近节点转发信息，随着更多节点的相互连接和可能的路径数量的增加，总的带宽也大大增加。

实际上，Mesh组网并不是很复杂，只需几个可以互联的Mesh，进行一些简单设置即可使用。

3. 无线局域网的优缺点

与有线局域网相比，无线局域网有以下优点。

- **灵活性和移动性**：在有线局域网中，网络设备的安放位置受网络位置的限制，而无线局域网在无线信号覆盖区域内的任何一个位置都可以接入网络。无线局域网另一个最大的优点在于其移动性，连接到无线局域网的用户可以在移动的同时与网络保持连接。
- **安装便捷**：无线局域网可以免去或最大程度地减少网络布线的工作量，通常只要安装一个或多个接入点设备，就可建立覆盖整个区域的局域网络。
- **网络规划和调整容易**：对于有线网络来说，办公地点或网络拓扑的改变通常意味着需要重新建网。重新布线是一个费时、耗力的过程，代价高昂，而无线局域网可以避免或减少这种情况的发生。
- **故障定位容易**：有线网络一旦出现物理故障，尤其是由于线路连接不良而导致的网络故障往往很难查明，而且检修线路需要付出很大的代价。无线网络则很容易定位故障，同时只需更换故障设备即可恢复网络连接。
- **扩展简单**：无线局域网有多种配置方式，可以很快从只有几个用户的小型局域网扩展到上千用户的大型网络，并且能够提供节点间"漫游"等有线网络无法实现的功能。

由于无线局域网有以上诸多优点，因此发展十分迅速。但是，事物都有两面性，无线技术也有其自身的缺点。

- **性能**：无线局域网是依靠无线电波传输的，在传输过程中，地面上的建筑物、车辆、树木及其他障碍物都可能阻碍无线电波的传输，因而可能会影响网络的性能。
- **速率**：无线信道的传输速率受诸多因素影响，与有线信道相比，传输速率要稍低。无线局域网的最大传输速率为1 Gb/s，只适合于个人终端和小规模网络的应用。另外，延时和丢包问题一直是困扰无线网络的问题。

- **安全性**：本质上，无线局域网不要求建立物理的连接通道。因为无线信号是发散的，理论上无线电波广播范围内的任何信号都很容易被监听到，这就容易造成通信信息泄露。

4. 无线局域网的常见标准

现在的WLAN主要以802.11为标准。802.11标准是1997年由IEEE制定的一个WLAN标准，该标准工作在2.4 GHz频段，支持1 Mb/s和2 Mb/s的数据传输速率，定义了物理层和MAC层的规范。基于IEEE 802.11系列的WLAN标准已包括共21个标准，其中802.11a、802.11b、802.11g、802.11n、802.11ac和802.11ax最具代表性。各标准的有关数据参见表7-1。

表7-1　无线局域网代表性标准的有关数据

标准	使用频率	兼容性	理论最高速率	实际速率
802.11a	5 GHz		54 Mb/s	22 Mb/s
802.11b	2.4 GHz		11 Mb/s	5 Mb/s
802.11g	2.4 GHz	兼容 11b	54 Mb/s	22 Mb/s
802.11n	2.4 GHz/5 GHz	兼容 11a/11b/11g	600 Mb/s	100 Mb/s
802.11ac W1	5 GHz	兼容 11a/11n	1.3 Gb/s	800 Mb/s
802.11ac W2	5 GHz	兼容 11a/11b/11g/11n	3.47 Gb/s	2.2 Gb/s
802.11ax	2.4 GHz/5 GHz	兼容以上	9.6 Gb/s	3.0 Gb/s 以上

5. Wi-Fi6

Wi-Fi6，其实就是第6代无线技术标准——IEEE 802.11ax。IEEE 802.11工作组从2014年开始开发新的无线接入标准，并于2019年正式发布，该标准是IEEE 802.11无线局域网标准中的最新版本，它兼容之前的网络标准，包括现在主流使用的802.11n/ac。IEEE为其定义的名称为IEEE 802.11ax，负责商业认证的Wi-Fi联盟为方便宣传将该标准称作Wi-Fi6。

Wi-Fi6的特点有：

- **速率**：Wi-Fi6在160 MHz信道宽度下，单流最快速率为1 201 Mb/s，理论最大数据吞吐量达9.6 Gb/s。

- **续航**：续航针对的是连接上Wi-Fi6路由器的终端。Wi-Fi6采用TWT（target wake times，目标唤醒时间）技术，路由器可以统一调度无线终端休眠和数据传输的时间，不仅可以协调无线终端发送/接收数据的时机，减少多设备无序竞争信道的情况，还可以将无线终端分组到不同的TWT周期，增加休眠时间，延长设备电池的寿命。

- **延迟**：Wi-Fi6平均延迟降低为20 ms，Wi-Fi5平均延迟是30 ms。

注意，如果要使用Wi-Fi6，就需要使用支持Wi-Fi6的路由器和终端。

7.2 无线局域网的常见设备及其参数

组建无线局域网离不开无线网络设备，常见的无线网络设备有很多种，各有其作用。

■7.2.1 无线路由器

无线路由器是无线网络的核心设备，在家庭、企业及一些经营性场所都能使用。大部分无线路由器的主要作用是实现代理及共享上网的功能。

1.无线路由器简介

路由器有寻址、转发等功能。小型无线路由器（图7-5）主要在家庭和小型场所使用，一般具备有线接口和无线功能，可以连接各种有线及无线设备，实现多种终端设备共享上网的目的，如图7-6所示。对于大中型企业，通常使用AC+AP的模式实现共享上网的功能。

图 7-5 小型无线路由器　　　　　　　　图 7-6 无线路由器实现共享上网

2.无线路由器的功能

无线路由器最主要的功能是提供共享上网，它一般支持PPPoE拨号上网、LAN模式上网，以及固定IP上网，并且还提供很多实用的功能帮助用户管理网络。

（1）接口自动识别

现在的路由器配备有线接口，一般包括对外的WAN口和局域网的LAN口。自动识别技术是指路由器可以自动判断所连接的网线对端的网络模式，自动调整接入的方案。

（2）碰一碰连接

现在，很多路由器都集成了NFC（near field communication，近场通信）功能，只要碰一碰就可以连接该路由器，如图7-7所示。

图 7-7 NFC 连接网络

（3）黑白名单及儿童模式

在路由器中可以通过设置MAC地址绑定的方式识别设备（图7-8），这样就可根据设备MAC地址的不同给予不同的权限。例如，将蹭网用户的设备加入黑名单，禁止访问；把信任的用户设备加入白名单，允许其访问，还可以为其设置定时访问、是否允许其访问局域网资源、可以访问的网站等（图7-9）；还可以进行统计。

图 7-8 绑定 MAC 地址

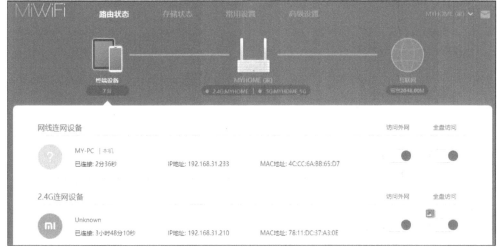

图 7-9 设置访问权限

路由器还支持儿童模式，在儿童模式中可以设置儿童的上网时长、被允许的游戏、可以浏览的网站、可以使用的即时通信软件，甚至可以设置禁止儿童使用支付宝、微信支付等网络支付手段。

（4）加速功能

根据不同的服务等级，可以设置不同的优先级及QoS。和手机品牌配合，可以识别当前是否进行游戏还是运行其他特殊的应用，并提供一条低延时通道为其服务。

（5）配置克隆

以前，新的路由器设置比较烦琐，如果更换路由器，需要重新再设置一遍。现在的路由器提供克隆功能，可以一步就将各种设置克隆到新路由器中，操作非常方便。

（6）远程管理

路由器支持远程管理，也就是说，可以通过手机APP，远程管理家中的无线路由器，如

图7-10所示。

（7）可扩展插件

无线路由器和计算机的逻辑构造是一样的，所以可以在智能路由器上安装各种扩展程序，以实现多种功能。例如，安装"WOL网络唤醒"工具实现远程唤醒，如图7-11所示。如果连接了存储设备，可以实现远程下载、保存及读取文件，相当于多了一个自己的网盘。

（8）安全性

目前，大部分的无线传输使用的是WPA2加密方式，现在也有不少新设备使用WPA3安全加密方案，这使得无线传输的安全等级进一步提高。

WPA（WiFi protected access，WiFi保护接入）是一个替代早先的WEP（wired equivalent privacy，有线等效保密）协议的安全标准。它能提供更好的安全性和稳定性，每次通过无线介质发送一个数据分组时，它都会使用一个新的密钥。

图 7-10　远程管理路由器界面

图 7-11　安装可扩展插件界面

3. 无线路由器的主要参数

路由器产品不同，往往配置也不同。小型局域网使用的无线路由器需要关注的参数有接口、频段与速率、硬件参数等。

（1）接口

一般路由器都具有有线接口，当光纤接入后，光调制解调器（俗称"光猫"）的LAN口的网线需要连接路由器的WAN口才能上网。下行接口一般提供2～4个。现在我国几大运营商的网络一般都是100 M带宽起步的，因此在选购时，最低也要选择100 M接口的路由器。如果需要的带宽超出100 M，就必须使用1 000 M的路由器才能享受到全部带宽。现在主流路由器的标配基本上是全千兆口（符合IEEE 802.3ab标准）且支持Wi-Fi6（遵循IEEE 802.11ax标准），某路由器支持的协议标准如图7-12所示。如果路由器仅被用于共享上网，且无线终端之间不需要大规模的数据传输，可以选择Wi-Fi5（遵循IEEE 802.11ac标准）的路由器。此外，除了接口，网络中使用的线材应尽量使用六类及以上的网线（部分可以使用超五类网线），这样才能满足家庭组千兆网的要求。如果出现网络速度不达标，可以逐一排查路由器、网卡、网线和光猫等。

整机接口	1个10/100/1000M 自适应 WAN口（Auto MDI/MDIX） 3个10/100/1000M 自适应 LAN口（Auto MDI/MDIX）
LED指示灯	7个（SYSTEM指示灯*1，INTERNET指示灯*1，网口灯*4，AIoT状态灯*1）
系统重置按键	1个
电源输入接口	1个
协议标准	IEEE 802.11a/b/g/n/ac/ax，IEEE 802.3/3u/3ab
认证标准	GB/T9254-2008；GB4943.1-2011
保修信息	整机保修1年

图 7-12 路由器支持的协议标准

（2）频段与速率

双频是指路由器的无线电波能同时使用2.4 GHz和5 GHz两个频段传输信号。1 200 M的路由器就是双频路由器，它支持的最大速率可达1 200 Mb/s，使用2.4 GHz和5 GHz两个频率。2.4 GHz频段信号的穿墙能力强，传播距离远，传输数据的带宽相对较低；而5GHz频段信号的穿墙能力弱，传播距离相对较近，但是传输数据的带宽很高。双频是指路由器同时支持2.4 GHz和5 GHz一起工作，而其他终端设备往往只能工作在一个频段上，所以有时用户反映传输速率达不到1 000 M，就是这个原因。因此，在挑选路由器时，要注意分别查看2.4 GHz和5 GHz两个频段的数据传输带宽，如图7-13所示。现在有些路由器提供双频合一的功能，不用区分，由设备自动选择。

处理器	IPQ8071A 4核 A53 1.4GHz CPU
网络加速引擎	双核 1.7GHz NPU
ROM	256MB
内存	512MB
2.4G Wi-Fi	2×2（最高支持IEEE 802.11ax协议，理论最高速率可达574Mbps）
5G Wi-Fi	4×4（最高支持IEEE 802.11ax协议，理论最高速率可达2402Mbps）
产品天线	外置高增益天线6根+外置AIoT天线1根
产品散热	自然散热

图 7-13 双频路由器的带宽

（3）硬件参数

普通用户感觉上网不流畅，都会觉得是运营商的问题，其实路由器的性能也在一定程度上影响上网终端的上网速度。现在的路由器集成度很高，因此挑选路由器时需要注意关注以下参数和性能。

- 路由器的运算芯片（也就是路由器的CPU）的速度，主要查看主频即可。
- 内存的大小影响速度和连接的设备数量。
- 信号放大器，主要用于提高穿墙能力，提升传输数据时的稳定性和扩大覆盖范围。
- 天线的多少、穿墙能力、信号好坏、带宽基本可以忽略不计。应该查看的是多天线使用的架构和采用的多天线技术，如MIMO技术（多输入多输出技术）等。
- **散热**：散热需要重点考虑。因为路由器基本上不会关闭，需要长时间不间断地工作，所以必须考虑其散热性，否则容易造成路由器死机。
- **存储设备的稳定性**：选择硬盘时，建议选择监控级别的硬盘，虽然会牺牲一些速度，但能保证硬盘的稳定性。

多输入多输出（multiple-input multiple-output，MIMO）技术是指为了提高信道容量，在发送端和接收端都使用了多根天线，在收发之间构成多个信道的天线系统。MIMO技术的一个明显特点是具有极高的频谱利用效率，在对现有频谱资源充分利用的基础上通过利用空间资源来获取可靠性与有效性两方面的增益，其代价是增加了发送端与接收端的处理复杂度。

4. 无线路由器的组网方式

普通的无线路由器，可以当作小型无线局域网中心设备使用。如果家里有多台路由器，可以将一些路由器作为中继使用，设置为有线或者无线中继模式，从而扩大无线的覆盖面。

Mesh组网，主要针对的是无线信号覆盖问题，如图7-14所示。无线Mesh网络凭借多跳互联和网状拓扑特性，已经演变为适用于宽带家庭网络、社区网络、企业网络和城域网络等多种无线接入网络的有效解决方案。Mesh组网可分为单频Mesh组网与双频Mesh组网。

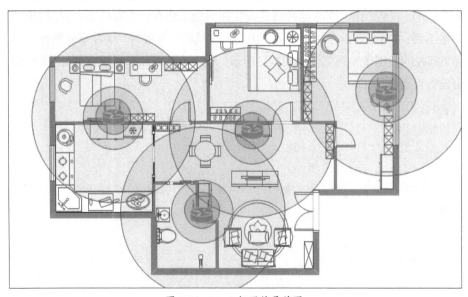

图 7-14　Mesh 组网信号范围

单频Mesh组网方案主要用于设备及频率资源受限的地区，分为单频单跳和单频多跳两种方式。单频组网时，所有的无线接入点（Mesh AP）和有线接入点（Root AP）的接入和回传均工作于同一频段，可采用2.4 GHz的802.11b/g标准的信道进行接入和回传。按照产品实现方式及组网时信道干扰环境的不同，各跳之间采用的信道可能是完全独立的无干扰信道，也可能是存在一定干扰的信道（实际环境中多为后者）。此时由于相邻节点之间存在干扰，所有节点不能同时接收或发送，需要在多跳范围内采用CSMA/CA机制进行协商。随着跳数的增加，每个Mesh AP分配到的带宽将急剧下降，实际单频组网性能也将受到很大的限制。

双频Mesh组网中每个节点的回传和接入均使用两个不同的频段，如本地接入服务使用2.4 GHz 的802.11b/g标准的信道，骨干Mesh回传网络使用5.8 GHz的802.11a标准的信道，互不干扰，这样每个Mesh AP就可以在服务本地接入用户的同时，执行回传转发功能。相比单频组网，双频组网解决了回传和接入的信道干扰问题，大大提高了网络性能。但在实际环境的大规模组网中，回传链路之间由于采用同样的频段，仍无法完全保证信道之间没有干扰，因此随着跳数的增加，每个Mesh AP分配到的带宽仍存在下降的趋势，离Root AP远的Mesh AP将处于信道接入劣势，故双频组网的跳数也应该谨慎设置。

■7.2.2 无线AP

AP是access point的简称，也就是接入点，无线AP就是无线接入点，即所谓的"无线访问节点"。通常所说的AP就是无线AP。无线AP是无线网和有线网之间沟通的桥梁，是组建无线局域网的核心设备。它主要提供无线工作站和有线局域网之间的互相访问，这样，在AP信号覆盖范围内的无线工作站可以通过AP相互通信，没有AP基本上就无法组建真正意义上可访问因特网的WLAN。AP在WLAN中就相当于发射基站在移动通信网络中的角色。

无线AP包含的范围很广，它不仅包含单纯性无线接入点，也包含无线路由器（含无线网关、无线网桥）等类设备。它主要提供无线工作站对有线局域网和从有线局域网对无线工作站的访问，在AP覆盖范围内的无线工作站可以通过它进行相互通信。常见的无线AP如图7-15所示。

图 7-15　无线 AP

1. 无线AP的主要作用

无线AP的主要作用如下：

- **共享**：为接入到AP中的无线设备提供共享上网服务，并可以在无线设备之间传输数据和共享设备的资源。
- **中继**：放大接收到的无线信号，使远端设备可以接收到更强的无线信号，扩大无线局域网的覆盖范围，并为其中的无线设备提供数据传输服务。
- **互联**：将两个距离较远的局域网，通过两个无线AP桥接在一起，形成一个更大的局域网。此时两台AP是同等地位，它们不提供无线接入服务，只在两个AP之间收发数据。

2. 无线AP和无线路由器的区别

无线局域网主要采用802.11X系列标准。一般的无线AP还带有接入点客户端模式，也就是说AP之间可以进行无线连接，从而能够扩大无线网络的覆盖范围。单纯型AP由于缺少路由功能，相当于无线交换机，仅仅提供无线信号发射的功能。它的工作原理是将网络信号通过双绞线传送过来，经过无线AP的编译，将电信号转换成为无线电信号发送出去，形成无线网络的覆盖。不同的发射功率，网络覆盖程度是不同的，一般单纯型无线AP的最大覆盖距离可达400 m。扩展型AP就是常说的无线路由器，可以理解成带有路由功能的AP。无线路由器的接口较多，单纯型AP一般只有一条网线接口，用来连接交换机或者路由器。

3. 胖AP与瘦AP

一般情况下，无线AP分为两类：一类是扩展型AP，也称胖AP；另一类是单纯型AP，也称瘦AP。

① 胖AP（fat AP）除了能提供无线接入的功能外，往往同时还配有WAN口和LAN口等，功能比较全，一台设备就能实现接入、认证、路由、VPN、地址翻译等功能，有的还具备防火墙功能。日常见到最多的胖AP就是无线路由器。胖AP可以简单地理解为具有管理功能的AP，本身具有自配置的能力，它不仅可以存储自身的配置，而且可以执行自身的配置，还能广播SSID（service set identifier，服务集标识符）及连接终端AP。

② 瘦AP（fit AP）就是将胖AP进行瘦身，去掉路由、DNS、DHCP服务器等功能，仅保留无线接入的部分。瘦AP一般指无线网关或网桥，它不能独立工作，必须配合无线控制器（AC）的管理才能成为一个完整的系统，多用于要求较高的场合。瘦AP硬件往往更简单，多数充当一个被管理者的角色，因为很多业务的处理必须要在AC上完成，这样统一管理比单独管理要方便和高效很多。例如，一个大型企业或校园要部署无线覆盖，可能需要几百个无线AP，如果采用胖AP，需要一个一个去设置，非常麻烦，而采用瘦AP可以统一管理及分发设置，效率会高很多。

胖AP不能实现无线漫游，从一个覆盖区域到另一个覆盖区域需要重新认证，不能无缝切换。瘦AP从一个覆盖区域到另一个覆盖区域能自动切换，且不需要重新认证，使用较方便。AC+瘦AP的组网方式现在使用得比较多，一般企业大都选择这种方式，主要是因为后期的管理维护更方便；而胖AP的组网一般是在家庭使用，一台AP就能覆盖所有的区域，不存在需要多台设备单独维护的情况。

4. 常见的AP

常见的AP可分为吸顶式胖瘦一体AP、面板式胖瘦一体AP和室外AP。

（1）吸顶式胖瘦一体AP

吸顶式胖瘦一体AP通常安装在天花板上，提供2.4 GHz和5 GHz两个工作频段，提供一个千兆接口，有的还提供管理接口。该类AP一般可以使用电源适配器供电，或者使用PoE交换机供电，建议使用PoE供电，这样一条网线就解决了数据和电源的问题。此类AP可以单独使用，也可以由对应品牌的AC统一管理，通过功能调节开关设置工作模式，如图7-16和图7-17所示。挑选此类AP设备时，需要查看其工作频段的带宽以及带机量。

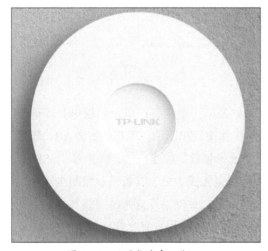

图7-16 吸顶式胖瘦一体 AP

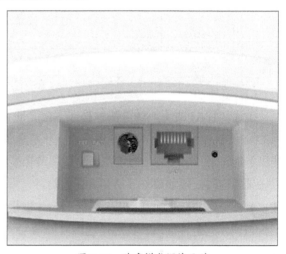

图7-17 胖瘦模式调节开关

（2）面板式胖瘦一体AP

面板式胖瘦一体AP是有线与无线的结合体，它通常布置在墙上，和信息盒类似（图7-18），通过网线连接到AC或者交换机，并对外提供有线及无线连接，其无线连接支持AC1200及最新的Wi-Fi6，用户可以选择。此类AP通常配有全千兆口，也可以调节胖瘦模式，支持PoE供电，大多数面板式胖瘦一体AP可以实现无缝漫游功能。有些还提供USB供电，或者提供双网口，用户可以根据需要选择购买。面板式AP布置如图7-19所示。

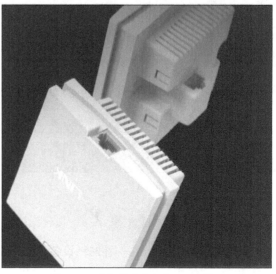

图7-18 面板式胖瘦一体 AP 及接口

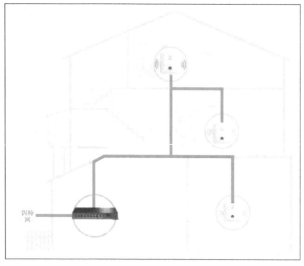

图 7-19　面板式 AP 布置图

（3）室外AP

上述两种AP的使用场景基本都在室内，而室外（如公园、景区、广场、学校等）场地使用的AP需要带机量高、覆盖范围广、抗干扰强的产品，如图7-20所示。现在的室外AP，还能提供智能识别、剔除弱信号设备、自动调节功率、自动选择信道、胖瘦一体、支持多个SSID号以设置不同的权限和策略等功能。在选购时，需要选择抗老化能力强、具备工业级防尘防水功能、具备稳定的散热功能，以及长时间工作稳定性好的设备；另外，还应考虑安装与供电方面是否方便。有条件的用户在选择远距离传输AP产品时，还可以使用带有光纤接口的室外AP，如图7-21所示。

图 7-20　室外 AP

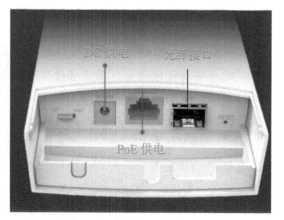

图 7-21　带光纤接口的室外 AP

■7.2.3　无线控制器

无线控制器（AC）是一种网络设备，用于集中控制无线AP，是一个无线网络的核心，负责管理无线网络中的所有无线AP。AC对AP的管理包括下发配置、修改相关配置参数、射频智能管理、接入安全控制等。

1. 无线控制器的功能

无线控制器的功能包括灵活的组网方式和优秀的扩展性；智能的射频（RF）管理功能，自动部署和故障恢复；集中的网络管理功能；强大的漫游支持功能；负载均衡功能；无线终端定位功能，快速定位故障点和入侵检测；强大的接入和安全策略控制功能；支持QoS，优化WiFi语音及关键应用的功能等。

2. 无线控制器的分类

（1）单无线控制器

单无线控制器是指单纯的AC，或称独立AC（图7-22），它只能集中管理所有AP。在挑选AC的时候，建议和使用的AP品牌相对应，这样可以确保最大程度的兼容，而且可以实现所有的AP集成和管理的功能。

图 7-22　单无线控制器

AC可以自动发现并统一管理同一厂家生产的AP。对于可管理的AP，不同的AC设备有不同的带机量，如TL-AC10000可以管理10 000个AP。AC的部署很方便，可以采用AC旁挂式组网，无须更改现有的网络架构，直接连接到核心交换机即可使用，如图7-23所示。

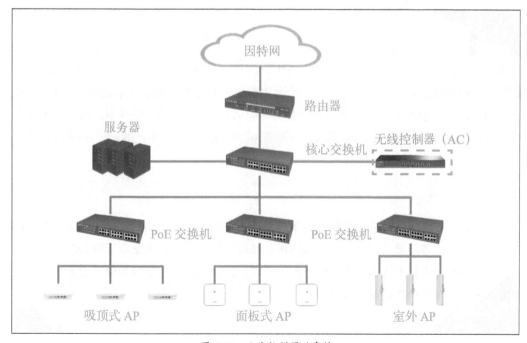

图 7-23　无线控制器的旁挂

单无线控制器的功能主要包括以下几个方面。

● 统一配置无线网络，支持SSID与Tag VLAN映射，也就是根据SSID号划分不同的 VLAN。

● 支持MAC认证、Portal认证、微信连WiFi等多种用户接入认证方式。

● 支持AP负载均衡，均匀分配AP连接的无线客户端数量，这在一些范围很大的场所布置 AP时经常使用。当AP覆盖范围重叠时，可以进行连接端的透明分流。

● 禁止弱信号客户端接入和踢除弱信号客户端。

另外，DHCP、自动信道调整、WPA2安全机制、AP定时重启、AP自动统一升级、AP统一 配置和管理、AP批量编辑、AP分组管理等也是经常使用的。

AC的管理方式有Web方式、串口CLI方式和telnet方式。

（2）集成AC

如果是新的网络布设项目，想节约资金可以选购AC、路由器一体式的网关设备，可以使 用PoE、AC一体式的路由器，如TP-LINK公司的TL-ER6229GPE-AC，如图7-24所示。这样不 仅可以有路由器的路由功能、防火墙功能、VPN功能，还自带AC功能，这样组合，性价比 较高。

图 7-24　PoE、AC 一体式路由器

图7-24中的设备有1个WAN口、3个WAN/LAN口、5个LAN口，其中，8个LAN口均支持 PoE供电，符合IEEE 802.3af/at标准，单口输出功率是30 W，整机输出功率达240 W（用户在使 用PoE设备及PoE交换机时，一定要注意计算总功率以及查看PoE供电的标准，以防因不匹配而 烧坏设备）。该设备内置的AC功能可以统一管理50台TP-LINK公司生产的AP，并可以实现负载 均衡。

7.2.4　无线网桥

顾名思义，无线网桥就是无线网络的桥接设备，如图7-25所示。它利用无线传输方式在两 个或多个网络之间搭起通信的桥梁。无线网桥从通信机制上可分为电路型网桥和数据型网桥。 除了具备有线网桥的基本特点，无线网桥由于工作在2.4 GHz或5.8 GHz的免申请无线执照的频 段，因而比其他有线网络设备更方便部署。

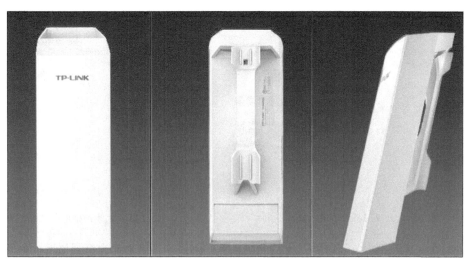

图 7-25　无线网桥

现在的无线网桥可以实现几百米到几十千米的传输。另外，无线网桥还可以作为中继使用，在无法铺设光纤的情况下，也可以进行远距离传输。很多边远地区，就是使用无线网桥进行信号传输的。无线网桥可以实现一对一及多对一的传输。

1. 无线网桥的主要应用

无线网桥的主要作用是在不容易布线的地方架设起可以收发信号的装置，如图7-26所示。这样，主网桥就能将信号通过无线传输到子网桥处，从而实现共享上网。

图 7-26　无线网桥的连接

除了共享上网、传输数据外，无线网桥通常还用于视频监控方面，如图7-27所示，包括电梯监控（图7-28）。

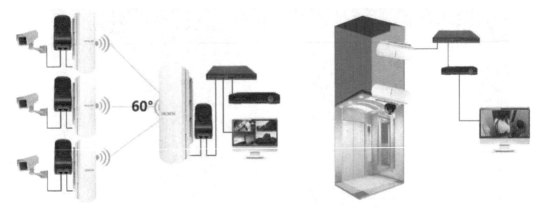

图 7-27 无线网桥用于视频监控
图 7-28 无线网桥用于电梯监控

另外，在一定范围内，可以通过无线网桥和WLAN技术等组建起大型局域网，如图7-29所示。如果跨度过大，还可以将无线网桥作为中继使用，如图7-30所示。

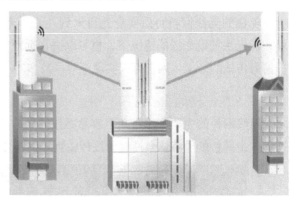

图 7-29 组建大型局域网
图 7-30 无线网桥作为中继使用

2. BS与CPE

BS（base station，基站），一般在高层楼宇的顶部可以看到该设备。与CPE（customer premise equipment，用户处所设备）不同，BS一般需外接天线使用，针对不同的应用场景，可接入碟形天线、扇区天线、全向天线等。如果使用碟形天线进行点对点传输，传输距离可达30 km，如图7-31所示。如果使用120°扇区天线实现点对多点的无线传输，传输距离可达5 km，如图7-32所示。如果使用全向天线实现点对多点的无线传输，传输距离可达1 km，如图7-33所示。

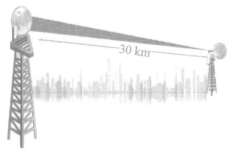

图 7-31 碟形天线BS传输距离

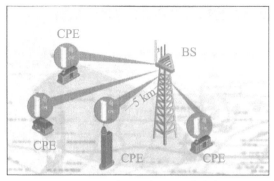

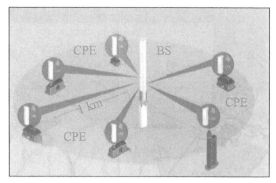

图 7-32　120°扇区天线 BS 的覆盖范围　　　　　图 7-33　全向天线 BS 的覆盖范围

现在的BS都可以使用PoE供电，传输距离一般可达30 km，它外置高功率的独立元器件，支持各种天线，可以实现点对点、点对多点的远距离无线传输和远距离视频监控无线回传。BS的特点是：支持5 GHz高速率无线传输；安装维护方便；使用的是专业的室外壳体设计与材质，可适应各种恶劣环境；PoE供电距离可达60 m，可实现故障远程复位；一般都配备Web管理界面，提供多种软件功能。

CPE是一种接收WiFi信号的无线终端接入设备，可取代无线网卡等无线客户端设备。它可以接收无线路由器、无线AP、无线基站等发射的无线信号，是一种新型的无线终端接入设备。同时，它也是一种将高速4G信号转换成WiFi信号的设备，不过需要外接电源，但可支持同时上网的移动终端数量也较多。CPE可大量用于农村、城镇、医院、企业、小区等场景的无线网络的接入，可节省铺设有线网络的费用。

CPE因型号不同而有不同的天线技术和不同的传输距离。CPE的特点是：可以使用PoE或DC（direct current，直流电流）供电；可以在AP和客户端之间快速切换；有些设备可以实现一键配对；可以和BS配合，也可以在CPE之间进行数据传输。例如，图7-34中的CPE可以使用Passive PoE供电，使组网成本降低。另外，CPE也可以使用Web方式进行管理，如图7-35所示。

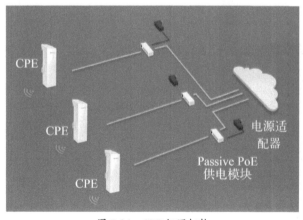

图 7-34　CPE 组网拓扑

图 7-35　通过 Web 方式管理 CPE

■7.2.5　无线中继器

　　无线中继器也称无线放大器，如图7-36所示。实际上它并不会放大原始信号，仅仅是作为中继，目的是增加网络的覆盖范围。因为无线中继器不仅连接了上级的无线信号，还要给无线终端提供信号，所以在带宽上要降一半。用户使用的普通路由器改成中继模式后也可以叫作无线中继器。配置简单、安装方便是无线中继器的最大优势。无线名称和主路由的SSID可以保持一致，至于需要多少个无线中继器，需要根据用户的户型和信号强度来决定，如图7-37所示。

图 7-36　无线中继器

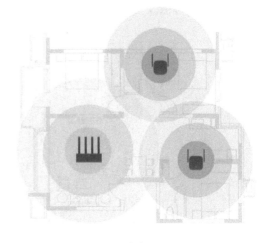

图 7-37　无线中继器的设置

与Mesh设备不同，无线中继器属于"傻瓜式"，其功能简单，只是连接上级无线信号，并为下级的无线终端提供接入。如果还有下一级终端，可以像菊花链一样一直扩展。但是如果中间某台中继器发生了故障，下一级的中继器都将无法正常工作了。此外，因为上下级都要连接的关系，使用无线中继器会额外消耗很多带宽。通常，该设备在家庭或小型公司中使用较多。

■ 7.2.6 无线网卡

和有线网卡相对应，无线网卡就是使计算机利用无线上网的一个装置。有了无线网卡，还需要一个可以连接的无线网络，因此，无线网卡需要配合无线路由器或者无线AP使用。

无线网卡的种类较多，如笔记本计算机自带的内置无线网卡（图7-38），以及常见的USB无线网卡（图7-39），通常用于台式机的PCI-E千兆无线网卡（图7-40）等。

图 7-38　笔记本计算机的内置无线网卡

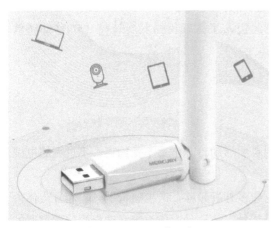

图 7-39　USB 无线网卡

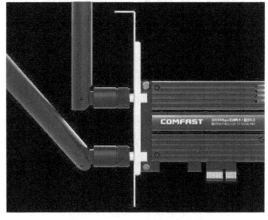

图 7-40　PCI-E 千兆无线网卡

在挑选无线网卡的时候，要注意是否需要驱动程序。现在的新产品，一般都是免驱动设计的，而且，除了提供无线信号接收的功能外，无线网卡还可以当作随身WiFi使用。在计算机使用有线网络接入因特网后，可以将无线网卡变为AP使用，非常方便。此外，还需要了解无线网卡支持的频段。如果是共享上网，那么普通的150 M或300 M的无线网卡基本可以满足需要；如果要实现高速的5G频段传输，则要选择支持2.4 GHz和5 GHz频段的1 200 M的千兆无线网卡，如图7-41所示。

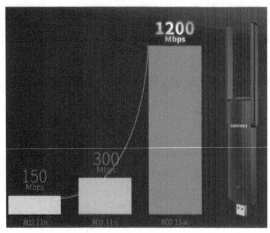

图 7-41　千兆无线网卡

7.3　移动通信

移动通信是指移动体之间或移动体与固定体之间的通信技术。日常使用智能手机的通话、上网等都属于移动通信。通过移动通信技术组建起来的网络就是移动通信网络。

■7.3.1　移动通信技术简介

移动通信技术是电子计算机与移动互联网发展的重要成果之一。移动通信技术经过第一代、第二代、第三代、第四代的发展，目前，已经迈入了第五代的发展时代（5G移动通信技术）。

1. 移动通信的特点

移动通信的特点包括以下5种。

（1）移动通信必须利用无线电波进行信息传输

这种传播媒质允许通信中的用户在一定范围内自由活动，其位置不受约束，不过无线电波的传播特性一般要受到诸多因素的影响。

移动通信常常在快速移动中进行，这不仅会引起多普勒频移，产生随机调频，而且会使得电波传输特性发生快速的随机起伏，严重影响通信质量，故移动通信系统必须根据移动信道的特征进行合理的设计。

（2）通信是在复杂的干扰环境中运行的

移动通信的运行环境十分复杂，电波不仅会随着传播距离的增加而发生消耗，并且会因受到地形和地面上物体的遮蔽而发生"阴影效应"，而且信号经过多点反射，会从多条路径到达接收地点，这种多径信号的幅度、相位和到达时间都不一样，它们互相叠加会产生电平衰落和时延扩展。

移动通信系统采用多信道共用技术，在一个小区内的同时通信者可能会有成百上千，基站会有多部收、发信机同时在同一地点工作，这样会产生许多干扰信号，此外还有各种工业干扰和人为干扰。干扰归纳起来有通道干扰、互调干扰、邻道干扰、多址干扰等。此外，近基站的强信号会压制远基站的弱信号，这种现象称为"远近效应"。在移动通信中，需要采用多种抗干扰、抗衰落技术措施以减少干扰信号的影响。

（3）移动通信业务量的需求与日俱增

移动通信可以利用的频谱资源是有限的，但不断扩大移动通信系统的通信容量，始终是移动通信发展中的重点。要解决这一难题，一方面要开启新的频段，另一方面要研究和开发新技术与新措施，提高频谱的利用率。因此，有限频谱合理分配和严格管理是有效利用频谱资源的前提，这是世界各国频谱管理机构和组织的重要职责。

（4）网络管理和控制必须有效

由于不同通信地区的不同需要，移动通信网络的结构多种多样，为此，移动通信网络必须具备很强的管理和控制能力，如用户登记和定位，通信（呼叫）链路的建立和拆除，信道分配和管理，通信计费、鉴权、安全和保密管理，用户过境切换和漫游控制等。

（5）移动通信设备必须适合在移动环境中使用

移动通信设备要求体积小、质量轻、省电、携带方便、操作简单、可靠耐用和维护方便，还应保证在振动、冲击、高低温环境变化等恶劣条件下能够正常工作。

2. 移动通信系统的分类

移动通信的种类繁多，按照使用要求和工作场合，大致可以分为集群移动通信、蜂窝移动通信、卫星移动通信和无绳电话。

（1）集群移动通信

集群移动通信也称大区制移动通信。它的特点是只有一个基站，天线的高度为几十米至百余米，覆盖半径约为30 km，发射机功率可高达200 W，用户数约为几十至几百，可以是车载台，也可以是手持台。这些用户设备与基站通信，也可通过基站与其他移动台及市话用户通信，基站还可与市话有线网连接。

（2）蜂窝移动通信

蜂窝移动通信也称小区制移动通信。蜂窝系统是覆盖范围最广的陆地公用移动通信系统。在蜂窝系统中，覆盖区域一般被划分为类似蜂窝的多个小区，每个小区内设置固定的基站，为用户提供接入和信息转发服务。移动用户之间以及移动用户和非移动用户之间的通信均需通过基站进行。基站则一般通过有线线路连接到主要由交换机构成的骨干交换网络。蜂窝系统是一种有连接网络，一旦一个信道被分配给某个用户，通常此信道可一直被此用户使用。蜂窝系统一般用于语音通信。

（3）卫星移动通信

利用卫星转发信号也可实现移动通信，对于车载移动通信可采用赤道固定卫星，而对手持终端，采用中低轨道的多颗星座卫星较为有利。卫星通信系统的通信范围最广，可以为全球每个角落的用户提供通信服务。在此系统中，卫星起着与基站类似的功能。卫星通信系统按卫星的所处位置可分为静止轨道、中轨道和低轨道3种。卫星通信系统存在成本高、传输延时大、

传输带宽有限等不足。

(4) 无绳电话

对于室内外慢速移动的手持终端的通信，则采用小功率、通信距离近、轻便的无绳电话机。无绳电话机可以经过通信点与市话用户进行单向或双向的通信。

使用模拟识别信号的移动通信，称为模拟移动通信。使用数字识别信号的移动通信，即数字移动通信。数字移动通信能更好地解决容量增加，提高通信质量和增加服务功能等。移动通信在制式上有时分多址（time-division multiple access，TDMA）、码分多址（code-division multiple access，CDMA）、频分多址（frequency-division multiple access，FDMA）、空分多址（space-division multiple access，SMDA）等。移动通信总的发展趋势是数字移动通信将取代模拟移动通信。

■7.3.2 移动通信技术的发展

移动通信技术发展至今，共经历了5个阶段。

1. 第一代

1984年模拟蜂窝业务在美国建成投产，它可以在城市和城镇中的不同区域内重复使用相同的频率，不相邻区域内的频率重复使用是蜂窝通信增加容量的一个创新点。AT&T公司的贝尔实验室开发了第一代蜂窝服务技术。1987年11月，我国第一个模拟蜂窝移动电话系统在广东省建成并投入商用。

2. 第二代（2G）

第二代数字通信服务仍为当前全球范围内普遍采用的形式。2G业务比模拟移动业务提供的容量更多，在相同数量的频谱中，2G因使用了复用接入技术，因而可承载更多的语音流量。世界最流行的两种2G空中接口是全球移动通信系统GSM（global system for mobile communications，全球移动通信系统）和码分多址系统（CDMA），也就是说2G采用了GSM技术和CDMA技术。

- **GSM技术**：GSM的优点在于全球范围的广泛普及。GSM是数字蜂窝通信标准，采用时分复用技术（TDM）。
- **CDMA技术**：CDMA技术为每个呼叫分配一个独特的代码复用频谱，又称为扩频技术，即每个会话在发送时会被扩展到1.25 MHz带宽的信道。CDMA可以用很低的成本提供语言数据业务，并可以使运营商更方便地升级到3G网络。美国的高通公司在CDMA技术的商用领域拥有绝对的领先地位。

3. 第三代（3G）

要求运营商提供更大容量的需求和为用户提供更多功能的需求是推动3G网络发展的主要动力。3G标准统称为IMT-2000国际移动通信标准，WCDMA（wideband CDMA，宽带码分多址）、TD-SCDMA（time-division synchronous CDMA）、CDMA 2000均为通用的3G标准，其中，TD-SCDMA是我国提出并负责制定的3G通信标准。在世界范围内应用广泛的是WCDMA和CDMA 2000。

WCDMA是大多数GSM运营商从2G升级到3G时所选择建设的3G业务标准。从GSM网络到WCDMA网络的最大支出是新建基站。因为3G网络使用更高频率的频谱，这就意味着在同样的区域里需要更多的基站才可保证网络覆盖。由于WCDMA是基于码分多址接入而不是时分多址接入，因此GSM网络升级到完全的3G业务还需要建设新的基础设施。

4. 第四代（4G）

4G协议的标准由国际电信联盟（International Telecommunications Union，ITU）无线电通信组制定。WiMAX和LTE（long term evolution，长期演进技术）协议通常称之为4G业务。开发4G技术的一个主要目标是移动设备具有能够容纳预期移动数据传输数量的能力和使用移动网络达到宽带上网的能力。

WiMAX（world interoperability for microwave access，威迈）是一项无线城域网技术，是针对微波和毫米波频段提出的一种新的空中接口标准。它用于将802.11a无线接入热点连接到互联网，也可连接公司与家庭等环境至有线骨干线路。它可作为线缆和DSL的无线扩展技术，从而实现无线宽带接入。

LTE核心网络包括3个功能元素：移动性管理实体、服务网关（SGW）和分组数据网网关（packet data network gateway，P-GW），其中，P-GW和SGW负责将2G、3G的网络流量以及LTE流量发送到互联网和其他数据网络中。

4G网络的核心技术包括接入方式和多址方案、调制与编码技术、智能天线技术、MIMO技术、基于IP的核心网、多用户检测技术等。4G网络主要的优势是速度快、频谱宽、高质量、高效率、通信灵活、兼容性好，能够提供增值服务。

5. 第五代（5G）

5G移动通信是相对于4G移动通信技术而言的，是第四代通信技术的升级和延伸。从传输速率上看，5G通信技术要更快和更稳定；在资源利用方面，它将4G通信技术的约束全面打破，同时，5G通信技术还将更多的高科技技术纳入进来，使人们的工作、生活更加便利。

5G也是最新一代蜂窝移动通信技术，特点是广覆盖、大连接、低时延、高可靠。和4G相比，5G的峰值速率提高近30倍，用户体验速率提高10倍，频谱效率提升3倍，移动性能达到支持时速500 km的高铁，无线接口延时减少90%，连接密度提高10倍，能效和流量密度各提升100倍，能支持移动互联网和产业互联网的各方面应用。

5G技术主要有三大应用场景：一是增强移动宽带，提供大带宽、高速率的移动服务，面向3D/超高清视频、AR（augmented reality，增强现实）/VR（virtual reality，虚拟现实）、云服务等应用；二是海量机器类通信，主要面向大规模物联网业务，如智能家居、智慧城市等应用；三是超高可靠、超低延时通信，将大大助力工业互联网、车联网中的新应用。

课后作业

一、单选题

1. Wi-Fi6遵循的标准是IEEE 802.11（　　）。

A. a   B. n   C. ac   D. ax

2. 无线局域网常见的设备不包括（　　）。

A. 无线路由器   B. 无线AP

C. 无线AC   D. 无线网盘

二、多选题

1. 无线网包括（　　）。

A. 无线广域网   B. 无线城域网

C. 无线局域网   D. 无线个人局域网

2. 无线局域网的优点有（　　）。

A. 灵活性和移动性   B. 安装便捷

C. 扩展简单   D. 网络规划和调整容易

3. 无线AP的主要作用有（　　）。

A. 共享   B. 拓展

C. 中继   D. 互联

三、简答题

1. 简述无线局域网的结构分类。

2. 简述无线AP的两种分类及特点。

3. 简述移动通信的特点。

4. 简述移动通信经历的5个阶段及其各自的特点。

5. 简述单AC和集成AC的区别。

6. 简述无线局域网的常见标准。

即刻学习
◎ 配套学习资料
◎ 网络原理详解
◎ 理论与实践课
◎ 网络安全专讲

模块 **8**

网络安全

内容概要

随着网络的发展，网络安全问题日益凸显，已成为全球范围内的难题。网络安全涉及社会生活的诸多领域。本模块着重介绍网络安全威胁及主要应对方法，如加密与认证、访问控制技术、防火墙等内容。

知识要点

- 网络安全威胁及应对。
- 加密与认证。
- 访问控制技术。
- 网络模型中的安全协议。
- 防火墙与入侵检测系统。

8.1 网络安全简介

网络安全就是网络上的信息安全，是指网络系统的硬件、软件及系统中的数据受到保护，不受偶然的或恶意的破坏、更改、泄露，保证系统连续可靠地正常运行且网络服务不中断。广义来说，凡是涉及到网络信息的保密性、完整性、可用性、真实性和可控性的相关技术和理论都是网络安全所要研究的领域。网络安全涉及的内容既有技术方面的问题，也有管理方面的问题，两方面相互补充，缺一不可。技术方面主要侧重于防范外部非法用户的攻击，管理方面则侧重于对内部人为因素的管理。如何更有效地保护重要的信息数据、提高计算机网络系统的安全性是计算机网络应用必须考虑和必须解决的一个重要问题。

8.1.1 网络安全威胁的重大案例

网络安全其实离我们并不遥远，在进入信息化时代的今天，各种网络安全问题层出不穷。以下列出几类比较有代表性的网络安全事件。

1. "勒索病毒" 肆虐

在"勒索病毒"开始肆虐的十几个小时内，全球共有74个国家的至少4.5万台计算机被感染。此类病毒可以归结为敲诈病毒，在一定时间内持续攻击用户计算机，一旦攻击成功，需要支付高额赎金才能恢复数据，给用户造成巨大的损失。"勒索病毒"界面如图8-1所示。当然，也不排除支付赎金后被骗的情况。

2020年上半年，加密货币市场回温，"勒索病毒"又卷土重来，变种同比增长26%，大幅领先木马、僵尸网络、后门和RAT木马。从本田停产到Garmin"瘫痪"，"勒索病毒"加速演变进化，并在技术迭代、勒索方式（数据泄露+加密勒索）等方面不断进化，变得更加复杂和难以防范，而且一旦攻击成功能够快速横向移动，会导致一家跨国企业全球业务的瘫痪。

图 8-1 "勒索病毒"界面

2. 信息泄露屡创新高

2017年10月，雅虎公司证实，其所拥有的30亿个用户账号可能全部受到了黑客攻击的影响，公司已经向更多用户发送"请及时更改登录密码以及相关登录信息"的提示，如图8-2所示。此次事件发生在2013年8月，黑客入侵雅虎导致其所有用户受到影响。

除雅虎外，各大门户网站、一些互联网巨头，还有其他的数据库系统，都或多或少发生过信息泄露。内部人员及黑客在利益的驱使下，疯狂地收集、窃取各种用户数据，因此，在现在的大数据时代，个人隐私如何保护是一个非常突出的问题。

图 8-2　雅虎公司向用户发送的提示

3. 金融网络被攻击

多年来，专家和用户都认为，寻求金钱的黑客通常会盯着消费者、商店零售商或公司。然而，关于Carbanak（也称Anunak）的报告表明，已经存在直接从银行盗取金钱的黑客组织。卡巴斯基实验室（Kaspersky Lab）、Fox-IT和Group-IB的报告都显示：Carbanak组织非常先进，它可以将Carbanak木马渗透到银行的内部网络，隐藏数周或数月，然后通过国际资金清算系统（SWIFT）银行交易或协调自动取款机（automated teller machine，ATM）提款。据统计，该组织总共从被黑的银行中窃取资金已超过10亿美元，是迄今为止窃取金额数量最高的黑客组织。

4. 网络攻击频发

Mirai是一种恶意软件，主要入侵路由器和智能物联网设备，是世界上最臭名昭著的恶意软件之一。例如，恶意软件Mirai控制的僵尸网络对某国域名服务器管理服务供应商Dyn发起DDoS（distributed denial of service，分布式拒绝服务）攻击，从而导致许多网站的服务器在某国东海岸地区宕机，用户无法通过域名访问如GitHub、Twitter、PayPal等站点。

Mirai的源代码在网上公开，是当今扩散最广泛的恶意软件家族之一。大多数IoT/DDoS僵尸网络是基于Mirai的源代码开发出来的。由于Mirai并不是感染传统的PC而是物联网设备，因此，Mirai的出现使人们开始关注物联网的安全。

如今，伴随着网络的发展，网络攻击频发，查找网络攻击源和目标已经成世界性的问题。

8.1.2 网络安全威胁的产生原因及表现形式

网络安全威胁几乎无处不在，产生网络安全威胁的方式主要包括被动攻击和主动攻击。

● 被动攻击：攻击者通过窃听手段仅观察和分析网络中传输的电子邮件、文件数据、IP电话等数据流中的敏感信息，而不对其进行干扰。

● 主动攻击：对传输中的数据进行各种处理，如中断他人的网络通信、篡改网络中的数据包和伪造数据信息进行权限和信息的获取等。

1. 产生原因

无论是被动攻击还是主动攻击，都会导致网络安全问题，尤其是主动攻击，对网络的安全威胁更大。具体产生网络安全威胁的原因主要包括病毒木马、漏洞及后门程序、网络攻击、个人信息泄露等。

（1）病毒木马

病毒、木马其实是两个概念，但近年来两者的界线已经越来越不明显。病毒属于破坏性质的程序，单纯破坏性质的病毒并不能带来实际的利益，所以逐渐被木马占据了主要位置。木马也是人为编写的程序，常被伪装成工具程序或者游戏程序等诱使用户打开，或者将木马程序附着在邮件附件中供用户下载，一旦用户打开了这些邮件的附件或者执行了这些工具程序或游戏程序之后，就会将用户的信息上传给黑客，从而使黑客直接或间接地达到获取不义之财的目的。

（2）漏洞及后门程序

程序是由人编写的，由于底层架构设计、编写水平、固有缺陷等原因，可能会造成了程序漏洞或者后门程序。由于每个系统或多或少都会存在这样那样的漏洞，因此，黑客入侵系统时，总会先查找有无系统漏洞以方便进入，待进入系统后再发动攻击或者窃取各种信息。图8-3所示为漏洞披露网站披露的各软件的漏洞信息。

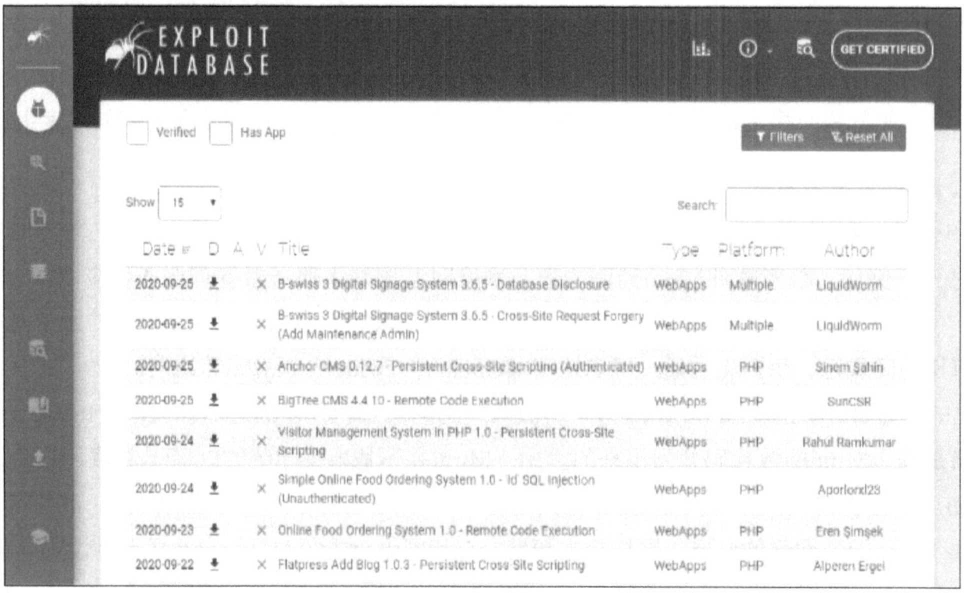

图 8-3 漏洞披露网站

（3） 网络攻击

网络攻击的方式有很多种，大部分都是利用系统漏洞、使用信息“炸弹”或者DDoS攻击，在短时间内向目标服务器发送大量超出系统负荷的信息，造成目标服务器超负荷、网络阻塞甚至系统崩溃等。

（4）个人信息泄露

账号、密码、手机号等个人信息泄露，一方面是由于黑客攻击、木马窃取所致，另一方面，现在很多APP必须要用手机注册才能使用，而且还要获取用户的各种权限，用户的资料在无形中被收集。一旦这些APP收集的用户信息被内部人员泄露或APP被黑客攻击，这些资料被黑客非法获取，可能会给用户造成各种各样的损失（包括资源、资金、虚拟财产等）。图8-4所示为被泄露的个人信息。

姓名	编号	地址	联系方式	号码真实性
刘X	1	广州 [illegible]凤凰城	139XXXX0619	存在
沈X	10	湖北 [illegible]	150XXXX9310	存在
方X	20	湖北 [illegible]园	186XXXX7750	存在
魏XX	30	湖北 [illegible]	186XXXX5547	存在
李XX	40	湖北 [illegible]州 巴东县	138XXXX5806	存在
廖 X	50	广东 [illegible]	136XXXX3697	存在
薛XX	120	天津 [illegible]	132XXXX3735	存在
胡XX	130	湖北 [illegible]	186XXXX6270	存在
李XX	140	湖北 [illegible]	135XXXX4455	存在
曾XX	150	海南 [illegible]	183XXXX9420	存在
廖XX	160	湖北 [illegible]	138XXXX1812	存在
岳X	260	湖北 [illegible]	189XXXX2407	存在
陈X	360	湖北 [illegible]	130XXXX0602	存在
蒋X	460	湖北 [illegible]州 咸丰县	139XXXX3408	存在
贺XX	2860	湖北 [illegible]	135XXXX1581	存在
何XX	2960	广西 [illegible]	152XXXX5394	存在
万X	3060	湖北 [illegible]	186XXXX2911	存在
李X	3160	甘肃 [illegible]地	158XXXX2000	存在
谭XX	3260	湖北 [illegible]	158XXXX3467	存在
纪XX	4260	北京 [illegible]	186XXXX1191	存在
宋XX	5260	湖北 [illegible]	150XXXX0601	存在
廖XX	15260	湖北 [illegible]	152XXXX4591	存在
樊X	25260	湖北 [illegible]	155XXXX5208	存在
李XX	35260	湖北 [illegible]	130XXXX6184	存在
何X	45260	北京 [illegible]	139XXXX2912	存在
潘XX	55260	湖北 [illegible]县	188XXXX2299	存在
彭X	65260	湖北 [illegible]	186XXXX1128	存在

图 8-4 个人信息的泄露

2. 表现形式

系统在遭受黑客入侵或被病毒感染后，硬件或软件方面多少都会出现一些异常情况，主要表现有：

- **进程异常**：有不明进程常驻后台，打开“任务管理器”的“进程”选项卡可查看系统中运行的进程，如图8-5所示。
- **可疑启动项**：在系统开机启动时有不明程序随系统开机启动，可通过“任务管理器”中的“启动”选项卡查看，如图8-6所示。
- **注册表异常**：查看注册表，发现有不明键值导入或存在，可打开“注册表管理器”查看，如图8-7所示。

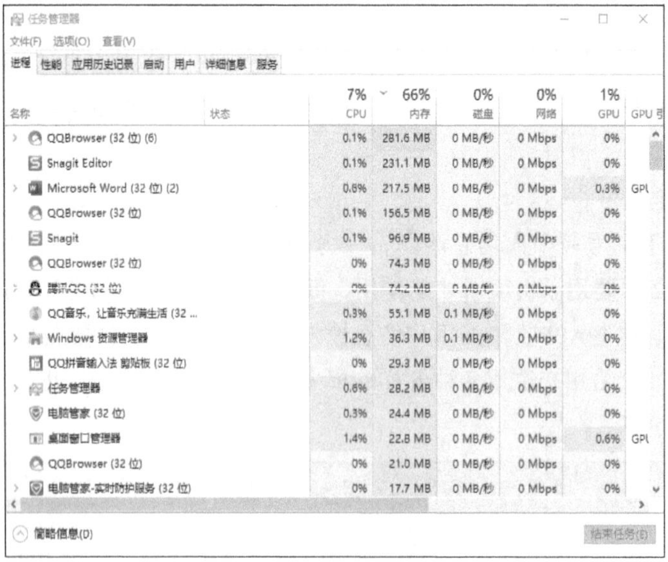

图 8-5　查看系统进程

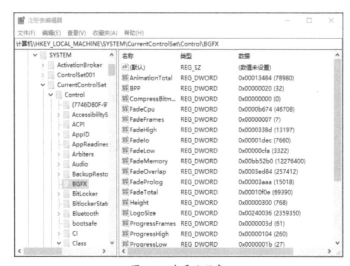

图 8-6　查看系统启动项

图 8-7　查看注册表

- **不明端口开放**：黑客入侵通常会留下后门程序（打开某些用户并未开放的端口），以方便黑客再次进入。可通过网络命令查看系统端口有无异常，如图8-8所示。

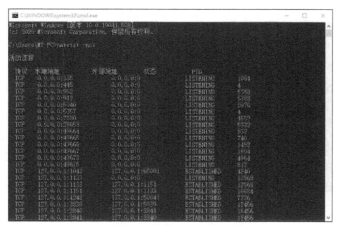

图 8-8　查看系统端口

- **陌生用户**：黑客入侵通常会在系统中创建高权限用户，以方便黑客获取计算机的控制权。
- **陌生服务**：黑客往往会在系统中开启一些特殊服务程序。

■8.1.3　网络安全体系

国际标准化组织对计算机系统安全的定义是：为数据处理系统建立和采用的技术和管理安全保护措施，保护计算机硬件、软件和数据不因偶然和恶意的原因遭到破坏、更改和泄露。

一个全方位、整体的网络安全防范体系是分层次的，不同层次有不同的安全需求。根据网络的应用现状和网络结构，一个网络的整体由网络硬件、网络协议、网络操作系统和应用程序构成。要实现网络的整体安全，还需要考虑在网络中传输的数据的安全性。此外，无论是网络硬件、网络协议还是网络操作系统和应用程序，最终都是由人来操作和使用的，因此还有一个重要的安全问题就是用户管理的安全问题。

同OSI分层模型类似，对于网络安全体系的结构，也采用分层的规范方法。网络安全防范体系按层次可划分为物理安全、系统安全、网络层安全、应用层安全和安全管理等。

1.（设备）物理安全

如果没有设备的物理安全性，那么网络安全性就是空谈。该层次的安全包括通信线路、物理设备和机房的安全（图8-9）等。物理层面的安全主要体现在通信线路的可靠性、硬件设备的安全性、设备的备份、防灾害能力与抗干扰能力、设备的运行环境等。

2.系统安全

系统是指操作系统，如Windows、Linux等，如图8-10所示。系统安全主要表现在三方面：一是操作系统本身的缺陷带来的不安全因素，主要包括身份认证、访问控制、系统漏洞等；二是操作系统安全配置的问题；三是恶意代码对操作系统的威胁。

图 8-9　机房的安全

图 8-10　操作系统

3. 网络层安全

网络层安全主要体现在网络方面的安全性，包括网络层次身份认证、网络资源的访问控制、数据传输的保密与完整性、域名系统的安全、入侵检测的手段、网络设施防病毒等。

4. 应用层安全

该层面的安全问题主要由提供服务的应用软件和数据的安全性产生，如Web服务、电子邮件系统、DNS等。此外，还包括使用系统中资源和数据的用户是否是真正被授权的用户。

5. 安全管理

管理最终离不开人，人的主观能动性是影响安全性最不稳定的部分。安全管理包括安全技术和设备管理的安全制度以及管理部门与人员的组织规则等，管理的制度化在很大程度上影响整个网络的安全。严格的安全管理制度、明确的部门安全职责划分、合理的人员角色配置都可以在很大程度上降低其他层面的安全漏洞。

■8.1.4 网络安全机制

网络上使用的比较多的安全机制主要有以下几种。

1. 加密机制

为防止明文被获取，可通过各种算法以及公钥、私钥的运用，对数据进行加密并有可能进行二次或者三次加密，密码只显示加密后的状态等。

2. 数字签名机制

数字签名是附加在数据单元上的一些数据，或是对数据单元所做的密码交换，这种数据的变换允许数据单元的接收者确认数据单元的来源和数据单元的完整性并保护数据，防止被人伪造。数字签名也用到了公钥、私钥，主要用于确定发送者的身份。数字签名被广泛应用于区块链技术领域中，如图8-11所示。

图 8-11　区块链技术

3. 访问控制机制

采用访问控制机制可以有效鉴别来访者的身份信息，保护资源的安全性，图8-12所示为Windows系统中的访问控制机制。

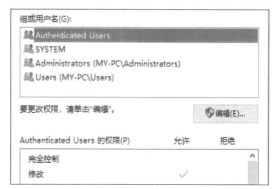

图 8-12　Windows 系统中的访问控制机制

4. 数据完整性验证机制

使用数据完整性验证机制可以有效防止数据被篡改，一般会使用MD5、SHA1（secure hash algorithm 1，安全散列算法1）、SHA256、CRC32及CRC64等加密算法进行单向性文件完整性计算，用以判断文件是否被非法篡改，如图8-13所示。

图 8-13 数据完整性校验

5. 路由器控制机制

采用路由器控制机制可以防止不良信息通过路由，目前典型的应用为网络层防火墙。例如，Windows系统中自带的防火墙，通过设置入站规则可使带有某些安全标记的数据被安全策略禁止通过某些子网络、中继站或链路，如图8-14所示。

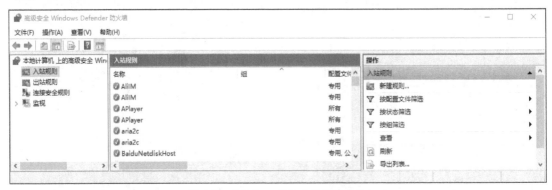

图 8-14 Windows 系统自带的防火墙

6. 其他安全机制

其他常见的安全机制还有鉴别交换机制、公正机制、可信度、安全标记、事件监测、安全审计跟踪、安全恢复等。

■8.1.5 网络安全的主要对策

网络安全是一项复杂的系统工程，涉及技术、设备、管理和制度等多方面因素，安全解决方案的制定需要从整体上把握。网络安全解决方案是综合各种计算机网络信息系统的安全技术，将安全操作系统技术、防火墙技术、病毒防护技术、入侵检测技术、安全扫描技术等综合起来，形成一套完整的、协调一致的网络安全防护体系。需要说明的是，彻底根除网络威胁基本是不可能的，只能尽可能增强网络安全性，将能够入侵系统的成本提高，可能会使黑客望而却步。常见的主要对策如下所述。

1. 建立安全管理制度

建立严格的安全管理制度，提高包括系统管理员和用户在内的人员的网络技术素质和专业修养。对重要部门和重要的信息，严格做好开机查毒并及时备份数据，这是一种简单有效的方法。

2. 设置网络访问控制

访问控制是网络安全防范和保护的主要策略之一，其主要任务是保证网络资源不被非法使用和访问。访问控制涉及的范围比较广，包括入网访问控制、网络权限控制、目录级控制、属性控制等多种手段。

3. 备份数据

数据安全包括物理存储设备的安全和访问获取的安全。没有绝对安全，也没有一劳永逸的手段，在日常工作中只有做好数据备份，这样，万一出现故障时，才能快速恢复。即使备份一万次都无用，但只要能用到一次，就是十分值得的，因为硬件有价而数据无价。

4. 采用密码技术

密码技术是信息安全的核心技术，采用密码技术可以为信息安全提供可靠的保证。基于密码的数字签名和身份认证是当前保证信息完整性的最主要方法之一，密码技术主要包括古典密码体制、单钥密码体制、公钥密码体制、数字签名和密钥管理等。

5. 切断威胁途径

对被感染的硬盘和计算机进行彻底杀毒处理，不使用来历不明的U盘和程序，不随意下载网络可疑程序等，切断产生网络威胁的途径。

6. 提高网络防病毒技术能力

通过安装病毒防火墙进行实时过滤；对网络服务器中的文件进行定期扫描和监测；严格设置网络目录和文件的访问权限；在工作站上采用防病毒卡，提高工作站的防病毒能力。

7. 提高操作系统的安全性

研发高安全性的操作系统，不给病毒得以滋生繁衍的温床才能更安全。

8. 物理环境安全

计算机系统的物理环境安全包括温度、湿度、空气洁净度、腐蚀度、虫害、振动和冲击、电气干扰等方面，这些方面都有具体的要求和严格的标准。为计算机系统选择一个合适的安装场所十分重要，它直接影响到系统的安全性和可靠性。在选择计算机机房场地时，要注意外部环境的安全性、可靠性和场地的抗电磁干扰性，避开强振动源和强噪声源，并避免设在建筑物的高层、用水设备的下层或隔壁，还要注意出入口的管理。机房的安全防护除了包括针对物理环境灾害的措施，还要有防止未授权的个人或团体破坏、篡改或盗窃网络设施及重要数据而采取的安全措施和对策。

9. 安装系统补丁

任何系统都不可能做到完美无缺，存在系统漏洞就是其中最主要的瑕疵。例如，微软公司会反复测试系统，如果发现存在系统漏洞及其他问题后会通过补丁的形式，发布修补程序将漏洞修复。因此，用户需要及时使用系统自带的升级程序下载补丁程序，增强系统的安全性。

8.2 加密与认证

使用加密技术和身份认证机制是常见的应对网络安全威胁的方式和手段。

■8.2.1 加密技术简介

加密是应对网络安全威胁、保障数据安全的常见手段，包括对数据加密和对密码加密。

1. 加密技术的原理

加密技术是指利用数学或物理手段，对电子信息在传输过程中和存储体内进行保护，以防止泄露的技术。通过密码算法对数据进行转化，使之成为没有正确密钥任何人都无法读懂的报文。这些以无法读懂的形式出现的数据一般被称为密文。为了读懂报文，密文必须重新转变为它的最初形式——明文。以数学方式转换报文的双重密码就是密钥。即使信息被截获并阅读，没有密钥，这些信息也是毫无利用价值的。而实现这种转化的算法标准，据不完全统计，到现在为止已经有约200种。

类似以前使用的电报，所有的数据内容都是加密后在公开频道中传输，可以截获，但必须有密码本才能读懂电报内容。当然，现在的加密算法更加复杂，而且有很多防范措施。

2. 密钥与算法

加密技术主要由两个元素组成，算法和密钥（key）。密钥是一组字符串，是加密和解密的关键参数，它由通信的一方通过一定标准计算得来。因此，密钥是变换函数所要用到的重要的控制参数，通常用K表示。将正常的数据（明文）与密钥进行组合，按照算法公式进行计算，从而得到新的数据（密文）；或者是将密文通过公式计算还原为明文，实现这两方面功能的计算方法称为算法。没有密钥和算法，即使得到数据也没有任何意义，从而起到保护数据的作用。

■8.2.2 对称加密与非对称加密

根据加密与解密所使用的密钥的关系，可将加密分为对称加密与非对称加密两种技术。

1. 对称加密

对称加密也称私钥加密算法，是指数据传输双方均使用同一个密钥，双方的密钥都必须处于保密的状态。因为数据的保密性必须基于密钥的保密性，而非算法，所以，收发双方都必须为自己的密钥负责，才能保证数据的机密性和完整性。对称加密及解密的过程如图8-15所示。对称密码算法的优点是加密、解密处理速度快，保密度高等。

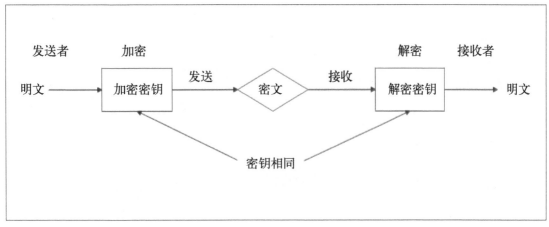

图 8-15　对称加密及解密的过程

密钥是保护通信安全的关键，发送方必须安全地把密钥发送到接收方，不能泄露其内容，如何才能把密钥安全地发送到接收方是对称密码算法的突出问题。对称密码算法的密钥分发过程十分复杂，所花代价高昂。

多人通信时密钥组合的数量会呈现爆炸性增长，使密钥分发更加复杂。若N个人进行两两通信，则需要的密钥数为$N(N-1)/2$个。通信双方必须统一密钥才能发送保密信息。

除了密钥管理与分发问题外，对称密码算法还存在数字签名困难的问题（通信双方面对同样的问题，即接收方可以伪造签名，发送方也可以否认发送过某消息）。

电报采用的技术就是对称加密技术，密钥就是密码本。现在国际上比较通行的DES（data encryption standard，数据加密标准）、3DES、AES（advanced encryption standard，高级加密标准）、RC2、RC4等算法都是对称加密算法。

2. 非对称加密

与对称加密不同，非对称加密需要两个密钥：公钥（public key）和私钥（private key）。公钥与私钥是一对，公钥用于加密，故也称加密密钥；私钥用于解密，故也称解密密钥。加密密钥（公钥）对外公开，解密密钥（私钥）只有解密人自己知道。非法使用者根据公钥无法推算出解密密钥。

如果用公钥对数据进行加密，只有用对应的私钥才能解密；如果用私钥对数据进行加密，那么只有用对应的公钥才能解密。因为加密和解密使用的是两个不同的密钥，所以这种算法叫作非对称加密算法。该算法是针对对称加密技术中密钥的缺陷而提出来的。

A和B在数据传输时，A生成一对密钥，并将公钥发送给B，B获得此公钥后，可以用这个密钥对数据进行加密并将加密后的数据传输给A，此时，A用自己的私钥就可以进行解密了，这就是非对称加密及解密的过程，如图8-16所示。

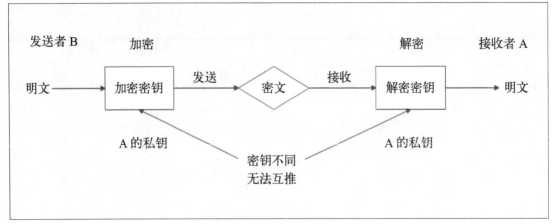

图 8-16　非对称加密及解密的过程

非对称加密算法虽然便于管理、分配简单且可以实现数字签名，但也有其局限性，那就是效率非常低。非对称算法比对称算法要慢很多，因此不太适合为大量的数据进行加密。

3. 综合使用

由于对称加密与非对称加密算法各有其优缺点，在保证安全性的前提下，为了提高效率，出现了将两个算法结合使用的方法，其原理就是使用对称算法加密数据，使用非对称算法传递密钥。整个算法的过程如下：

① A与B沟通，需要传递加密数据，并使用对称算法，要B提供协助。

② B生成一对密钥：一个公钥，一个私钥。

③ B将公钥发送给A。

④ A用B发送过来的公钥，对A所使用的对称算法的密钥进行加密，并发送给B。

⑤ B用自己的私钥进行解密，得到A的对称算法的密钥。

⑥ A用自己的对称算法密钥加密数据，再把已加密的数据发送给B。

⑦ B使用A的对称算法的密钥进行解密。

■8.2.3　常见加密算法

系统的安全性取决于密钥，而不是密码算法，也就是说，密码算法要公开。如果密码算法保密，密码算法的安全强度就无法进行评估，也无法防止算法设计者在算法中隐藏后门。算法被公开后，密码专家可以研究、分析该算法是否存在漏洞，同时也接受攻击者的检验，有助于算法的改进和推广使用。当前网络应用十分普及，密码算法的应用不再局限于传统的军事领域。只有公开，密码算法才可能被大多数人接受并使用。同时，对用户而言，只需掌握密钥就可以使用了，非常方便。

根据加密方式的不同，算法也是多种多样的。常见的对称加密算法有DES、3DES、AES等，非对称加密法有RSA、Hash算法等。

1. DES

DES（data encryption standard，数据加密标准）算法的入口参数有3个：Key、Data和Mode。其中，Key为8个字节共64位（56位的密钥和附加的8位奇偶校验位，生成最大64位的分组大小），是DES算法的工作密钥；Data也为8个字节共64位，是要被加密或被解密的数据；Mode为DES的工作方式，有加密或解密两种。

DES算法是一个迭代的分组密码算法，使用称为Feistel的技术，它将加密的文本块分成两半，然后使用子密钥对其中一半应用循环功能，再将输出与另一半进行"异或"运算；接着交换这两半，这一过程会继续下去，但最后一次循环不交换。

DES使用16次循环。步骤分为初始置换和逆置换两步。

（1）初始置换

把输入的64位数据块按位重新组合，将输入的第58位换到第1位，第50位换到第2位……依此类推，最后一位是原来的第7位。L_0、R_0则是换位输出后的两部分，L_0是输出的左32位，R_0是右32位，例如，设置换前的输入值为$D_1D_2D_3……D_{64}$，则经过初始置换后的结果为：$L_0=D_{58}D_{50}……D_8$；$R_0=D_{57}D_{49}……D_7$。

（2）逆置换

经过16次迭代运算后，得到L_{16}、R_{16}，将此作为输入，进行逆置换，逆置换正好是初始置换的逆运算，由此即得到密文输出。

攻击DES的主要形式被称为蛮力的或彻底的密钥搜索，即重复尝试各种密钥直到有一个符合为止。如果DES使用56位的密钥，则可能的密钥数量是2^{56}个。随着计算机系统能力的不断加强，DES的安全性比它刚出现时会弱得多，然而从非关键性质的实际出发，仍可以认为它是足够的。不过，DES现在仅用于旧系统的鉴定，而更多的加密算法选择了新的AES加密标准。

2. 3DES

3DES是DES加密算法的一种模式，它使用3个64位的密钥对数据进行三次加密。与DES相比，3DES更为安全。3DES是DES向AES过渡的加密算法，是DES的一个更安全的变形。它以DES为基本模块，通过组合分组方法设计分组加密算法，其具体实现如下：设$E_k()$和$D_k()$分别代表DES算法的加密和解密过程，K代表DES算法中使用的密钥，K1、K2、K3分别代表3个密钥，P代表明文，C代表密文，这样，3DES算法的加密过程为：C=Ek3(Dk2(Ek1(P)))，3DES算法的解密过程为：P=D_{k1}((E_{k2}(D_{k3}(C)))。K1、K2、K3决定了算法的安全性，若三个密钥互不相同，本质上就相当于用一个长为168位的密钥进行加密。多年来，它在应对强力攻击时是比较安全的。若数据对安全性要求不是很高，K1可以等于K3，在这种情况下，密钥的有效长度为112位。

3. AES

AES（advanced encryption standard，高级加密标准）算法的特点是速度快，安全级别高。AES算法基于排列和置换运算。排列是对数据重新进行安排，置换是将一个数据单元替换为另一个。AES使用几种不同的方法执行排列和置换运算。AES是一个迭代的、对称密钥分组的密

码算法，它使用128位、192位和256位密钥，并且用128位（16字节）分组加密和解密数据。

4. RSA

上述的3个算法都是对称加密算法，RSA（Rivest、 Shamir、 Adleman三位研发者名字首字母的缩写）是一种非对称加密算法。为提高保密强度，RSA密钥至少为500位，一般推荐使用1024位，这就使加密的计算量很大。由于进行的都是大数计算，使得RSA最快的情况也比DES慢很多，无论是用软件还是用硬件实现，速度一直是RSA的缺陷。一般来说，RSA只用于对少量数据加密。RSA的速度比对应同样安全级别的对称加密算法要慢1 000倍左右。

5. Hash算法

Hash算法又称散列算法、散列函数、哈希函数，是一种从任何一种数据中创建小的数字"指纹"的方法。哈希算法将数据重新打乱组合，重新创建一个哈希值。哈希算法不需要加密的密钥参与运算，而且也是不可逆的。哈希算法的特点有：

- **正向快速**：原始数据可以快速计算出哈希值。
- **逆向困难**：通过哈希值基本不可能推导出原始数据。
- **输入敏感**：原始数据只要有一点变动，得到的哈希值差别很大。
- **冲突避免**：很难找到不同的原始数据得到相同的哈希值。

哈希算法主要用来保障数据真实性（即完整性），即发送方将原始信息和哈希值一起发送，接收方通过相同的哈希函数来校验原始数据是否真实。

哈希算法主要有MD4、MD5、SHA等。

- MD4是1990年设计开发出来的，其输出长度为128位（已经不安全）。
- MD5是1991年设计开发出来的，其输出长度为128位（已经不安全）。
- SHA-0是1993年设计开发出来的，其输出长度为160位（发布之后很快就被撤回，是SHA-1的前身）。
- SHA-1是1995年设计开发出来的，其输出长度为160位（已经不安全）。
- SHA-2包括SHA-224、SHA-256、SHA-384和SHA-512，输出长度分别为224位、256位、384位和512位（目前安全）。

■8.2.4 身份认证技术与数字签名技术

身份认证技术与数字签名技术是提高网络及信息安全的一种有效手段，用来确保信息的可靠性。

1. 身份认证技术

使用身份认证技术可以有效识别用户的身份，并按照身份分配权限，因而可提高网络的安全性。

（1）身份认证技术的概念与作用

身份认证技术是在计算机网络中确认操作者身份的过程时所采用的技术方法和工具。计算机网络世界中，一切信息（包括用户的身份信息）都是用一组特定的数据来表示的，计算机只能识别用户的数字身份,所有对用户的授权也是针对用户的数字身份的授权。如何保证以数字身份进行操作的操作者就是这个数字身份的合法拥有者,也就是说,保证操作者的物理身份与数字身份相对应,身份认证技术就是为了解决这个问题的。作为防护网络资产的第一道关口,身份认证有着举足轻重的作用。身份认证技术可以基于口令、共享密钥、信任物体、生物特征等,其中,基于口令和共享密钥是最常用的两种方式。

(2)基于口令的身份认证

所谓基于口令,就是在输入账号后,还需提供该账号的保密形式的凭证,如密码、短信认证等。用户的密码是由用户自己设定的。在网络登录时输入正确的密码,计算机就认为操作者就是合法用户。但由于许多用户为了防止忘记密码,经常采用诸如生日、电话号码等容易被猜测的字符串作为密码,或者把密码抄在纸上放在一个自认为安全的地方,这样很容易造成密码泄露。另外,密码在保存和传输过程中都可能会被木马程序截获。

为了防止攻击者采用离线字典攻击的方式破解密码,通常都会使用动态验证码,以防止暴力猜解,并且在登录尝试失败达到一定次数后锁定账号,或在一段时间内阻止攻击者继续尝试登录。现在很多身份认证以手机短信形式请求随机动态验证码,身份认证系统以短信形式发送随机的动态验证码到用户的手机上。用户除了输入密码和网站的动态验证码外,还需要在登录或者交易认证时候输入手机短信验证码,从而确保系统身份认证的安全性。

另外,还可以使用动态口令牌(基于时间同步方式),每隔一段时间(如60 s)变换一次动态口令,口令一次有效,用它生成的动态数字进行一次一密的方式认证。

(3)基于共享密钥的身份认证

基于共享密钥的身份认证是指服务器端和用户共同拥有一个或一组密码。当用户需要进行身份认证时,用户通过输入或通过保管有密码的设备提交由用户和服务器共同拥有的密码。服务器在收到用户提交的密码后,检查用户所提交的密码是否与服务器端保存的密码一致,如果一致,就判定用户为合法用户。如果用户提交的密码与服务器端所保存的密码不一致,则判定身份认证失败。使用基于共享密钥的身份认证的服务有很多,如绝大多数的网络接入服务。

2. 数字签名技术

数字签名技术可以有效地提高网络信息的可靠性,也是应用非常广泛的技术。

(1)数字签名技术简介

数字签名又称电子加密,可用于区分真实数据与伪造或被篡改过的数据,有效解决伪造、抵赖、冒充或篡改的问题,这对于网络数据传输,特别是在电子商务领域,是极其重要的。

数字签名技术是一种基于密码体制的加密技术,一般采用一种称为摘要的技术来实现。其过程如下:在发送报文时,发送方使用哈希算法从报文文本中生成报文摘要,然后用发送方的私钥对这个摘要进行加密,加密后的摘要将作为报文的数字签名和报文原文一起发送给接收方;接收方用发送方的公钥解密被加密的摘要信息,然后针对收到的原文使用哈希算法生成摘要信息,并与解密的摘要信息对比。如果两者相同,则说明收到的信息是完整的,在传输过程中没有被修改,否则说明信息被修改过,因此,数字签名是能够验证信息的完整性的。

基于公钥的数字签名是不对称加密算法的典型应用。在数字签名应用中，发送方的公钥可以很方便地得到，但其私钥需要严格保密。

数字签名技术是在网络系统的虚拟环境中确认身份的重要技术，它可以代替现实过程中的"亲笔签字"，在技术和法律上是有保障的。

（2）数字签名技术的主要功能

数字签名的主要功能包括：

- **防冒充（防伪造）**。私钥只有签名者自己知道，其他人不可能构造出正确的私钥。
- **可鉴别身份**。在网络环境中，接收方能够通过数字签名鉴别发送方的身份。
- **防篡改（防止破坏信息的完整性）**。对于数字签名，签名与原有文件已经形成了一个混合的整体数据，不可能被篡改，从而保证了数据的完整性。
- **防重放**。在数字签名中，如果采用了对签名报文添加流水号、时间戳等技术，可以防止重放攻击。
- **防抵赖**。在数字签名体制中，通常要求接收方返回一个自己的签名给发送方或者第三方（如果引入第三方机制），表示已收到报文，这样便可预防接收方的抵赖。
- **机密性（保密性）**。数字签名可以加密要签名的消息的哈希值，因此具有保密性，当然，如果签名的报文不要求机密性，也可以不用加密。

3. 数字证书技术

数字证书是指在互联网通信中标识通信各方身份信息的一个数字标记，人们可以在网上用它来识别对方的身份，因此数字证书又称为数字标识。数字证书对网络用户在计算机网络交流中的信息和数据以加密或解密的形式保证其完整性和安全性。

如果用户在电子商务活动过程中安装了数字证书，那么即使其账户或者密码等个人信息被盗取，其账户中的信息与资金安全仍然能得到有效的保障。数字证书就相当于人在社会生活中的身份证，用户在进行电子商务活动时可以通过数字证书来证明自己的身份，并识别对方的身份，在数字证书的应用过程中，认证中心（certificate authority，CA）具有关键性的作用：当对签名人与公钥的对应关系产生疑问时，就需要第三方颁证机构——认证中心的帮助。

8.3 访问控制技术

访问控制技术是指防止对任何资源进行未经授权的访问，从而使计算机系统在合法的范围内使用的技术，也指使用用户身份及其所归属的某项定义组来限制用户对某些信息项的访问，或限制对某些控制功能的使用的一种技术。

8.3.1 访问控制技术简介

访问控制是指系统对用户身份及其所属的预先定义的策略组限制其使用数据资源能力的手段，通常用于系统管理员控制用户对服务器、目录、文件等网络资源的访问。访问控制是系统保密性、完整性、可用性和合法使用性的重要基础，是网络安全防范和资源保护的关键策略之一，也是主体依据某些控制策略或权限对客体本身或其资源进行的不同授权访问。

访问控制的主要目的是限制访问主体对客体的访问，从而保障数据资源在合法范围内得以有效使用和管理。为了达到上述目的，访问控制需要完成两个任务：一个是识别和确认访问系统的用户，另一个是决定该用户可以对某一系统资源进行何种类型的访问。

1. 访问控制的要素

访问控制包括主体、客体和控制策略三要素。

① 主体：是指提出访问资源具体请求的某一操作动作的发起者，但不一定是动作的执行者，它可能是某一用户，也可以是用户启动的进程、服务和设备等。

② 客体：是指被访问资源的实体。所有可以被操作的信息、资源、对象都可以是客体。客体可以是信息、文件、记录等集合体，也可以是网络中的硬件设施、无线通信中的终端，甚至可以包含另外一个客体。

③ 控制策略：是主体对客体的相关访问规则的集合，即属性集合。访问策略体现了一种授权行为，也是客体对主体某些操作行为的默认。

2. 访问控制的主要功能

访问控制的主要功能包括：保证合法用户访问授权访问的网络资源，防止非法的主体进入受保护的网络资源，或防止合法用户对受保护的网络资源进行非授权的访问。访问控制首先需要对用户身份的合法性进行验证，同时利用控制策略进行选用和管理工作。当用户身份和访问权限验证之后，还需要对越权操作进行监控。因此，访问控制的内容包括认证、控制策略实现和安全审计。

① 认证：包括主体对客体的识别和客体对主体的检验确认。

② 控制策略实现：通过合理设定控制规则集合，确保用户对信息资源在授权范围内的合法使用。既要确保授权用户的合理使用，又要防止非法用户侵权进入系统，造成重要信息资源泄露。同时，也要防止合法用户越权行使权限以外的功能及访问范围。

③ 安全审计：系统可以自动根据用户的访问权限，对计算机网络环境下的有关活动或行为进行系统的、独立的检查验证，并做出相应评价与审计。

■8.3.2 访问控制策略

典型的访问控制策略分为三类：自主访问控制、强制访问控制和基于角色的访问控制。

1. 自主访问控制

自主访问控制（discretionary access control，DAC）是一种接入控制服务，执行基于系统实体身份及其到系统资源的接入授权，包括在文件、文件夹和共享资源中设置许可。用户有权对自身所创建的文件、数据表等访问对象进行访问，并可将其访问权授予其他用户或收回其访问权限。允许访问对象的属主制定针对该对象访问的控制策略，通常可通过访问控制列表来限定针对客体可执行的操作。

● 每个客体有一个所有者，可按照各自意愿将客体访问控制权限授予其他主体。

- 各客体都拥有一个限定主体对其访问权限的访问控制列表（access control list，ACL）。
- 每次访问时都基于访问控制列表检查用户权限，实现对其访问权限的控制。
- DAC的有效性依赖于资源的所有者对安全政策的正确理解和有效落实。

DAC提供了适合多种系统环境的灵活方便的数据访问方式，是应用最广泛的访问控制策略。然而，DAC所提供的安全性可以被非法用户绕过，出现这种情况是因为授权用户在获得访问某资源的权限后，可能将该资源传送给其他用户。因为在自由访问策略中，用户获得文件访问权后，若不限制对该文件信息的操作，即没有限制对数据信息的分发，则可将该文件分发出去，这样收到分发文件的用户就绕过了对该文件的限制。所以，DAC提供的安全性相对较低，无法对系统资源提供严格保护。

2. 强制访问控制

强制访问控制（mandatory access control，MAC）是系统强制主体服从访问控制策略，是由系统对用户所创建的对象，按照规定的规则控制用户权限及操作对象的访问。MAC的主要特征是对所有主体及其所控制的进程、文件、段、设备等客体实施强制访问控制。在MAC中，每个用户及文件都被赋予一定的安全级别，只有系统管理员才可确定用户和组的访问权限，用户不能改变自身或任何客体的安全级别。系统通过比较用户和访问文件的安全级别，决定用户是否可以访问该文件。此外，MAC不允许通过进程生成共享文件，并通过共享文件将信息在进程中传递。MAC可通过使用敏感标签对所有用户和资源强制执行安全策略，一般采用3种方法：限制访问控制、过程控制和系统限制。MAC常用于多级安全军事系统，对专用或简单系统较有效，但对通用或大型系统并不太有效。

MAC的安全级别有多种定义方式，常用的分为4级：绝密级（top secret）、秘密级（secret）、机密级（confidential）和无级别级（unclassified），其中绝密级（T）>秘密级（S）>机密级（C）>无级别级（U）。所有系统中的主体（用户或进程）和客体（文件或数据）都分配安全标签，以标识安全等级。

通常，MAC与DAC结合使用，并实施一些附加的、更强大的访问限制。一个主体只有通过自主与强制性访问限制检查后，才能访问其客体。用户可利用DAC来防范其他用户对自己客体的攻击，因为用户不能直接改变强制访问控制属性，所以强制访问控制提供了一个不可逾越的、更强的安全保护层，以防范偶然或故意地滥用DAC。

3. 基于角色的访问控制

角色是一定数量的权限的集合，通常指完成一项任务必须访问的资源及相应操作权限的集合。角色作为一个用户与权限的代理层，表示为权限和用户的关系，所有的授权应该给予角色而不是直接给予用户或用户组。

基于角色的访问控制（role-based access control，RBAC）是通过对角色的访问进行控制，使权限与角色相关联。用户通过成为适当的角色成员而得到其角色的权限，可极大地简化权限管理。为了完成某项工作创建角色，用户可依其责任和资格分派相应的角色，角色可依新需求和系统合并赋予新权限，而权限也可根据需要从某角色中收回。这样将减小授权管理的复杂性，降低管理开销，提高企业安全策略的灵活性。RBAC模型的授权管理方法，主要有以下三种。

- 根据任务需要，定义具体不同的角色。
- 为不同角色分配资源和操作权限。
- 给一个用户组（group）指定一个角色。group是权限分配的单位与载体。

RBAC支持三个著名的安全原则：最小权限原则、责任分离原则和数据抽象原则。第一个原则可将其角色配置成完成任务所需要的最小权限集；第二个原则可通过调用相互独立、互斥的角色共同完成某项特殊任务，如核对账目等；第三个原则可通过权限抽象控制一些操作，如财务操作可用借款、存款等抽象权限，而不用操作系统提供的典型的读、写和执行权限。这些原则需要通过RBAC各部件的具体配置才可实现。

8.4　网络模型中的安全协议

OSI和TCP/IP参考模型的初衷在于解决兼容性，当网络发展到一定规模的时候，安全性问题就会凸显出来。因此必须有一套体系结构来解决安全问题，于是，OSI安全体系结构就应运而生了。

■ 8.4.1　网络模型中的安全体系

为了增强OSI参考模型的安全性，ISO在1988年提出了ISO 7498-2标准，提高了ISO 7498标准的安全等级，该标准提出了网络安全系统的体系结构，它和以后相应的安全标准给出的网络信息安全架构被称为OSI安全体系结构。OSI安全体系结构指出了计算机网络需要的安全服务和解决方案，并明确了各类安全服务在OSI网络层次中的位置，这种在不同网络层次满足不同安全需求的技术路线对后来网络安全的发展起到了重要的作用。

OSI安全体系结构是一个普遍适用的安全体系结构，其核心内容是保证异构计算机系统的进程与进程之间远距离交换信息的安全。它的基本思想是，为了全面而准确地满足一个开放系统的安全需求，必须在网络的七个层次中提供必需的安全服务、安全机制和技术管理，以及在系统上的合理部署和关系配置。参考模型中的安全体系结构如图8-17所示。

OSI安全体系结构提供的内容如下：

① 提供安全体系结构所配备的安全服务（也称安全功能）和有关安全机制在体系结构下的一般描述。

② 确定体系结构内部可以提供相关安全服务的位置。

③ 保证完全准确地配置安全服务，并且一直维持于信息系统安全的生命周期中，安全服务必须满足一定强度的要求。

④ 一种安全服务可以通过某种单独的安全机制提供，也可以通过多种安全机制联合提供。一种安全机制可用于提供一种或多种安全服务，在七层协议中除第五层（会话层）外，每一层均能提供相应的安全服务。

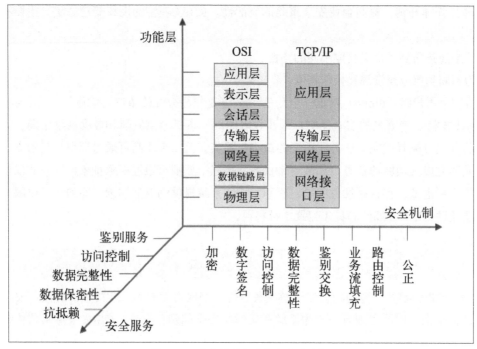

图 8-17　参考模型中的安全体系结构

从安全体系结构来说，OSI参考模型和TCP/IP参考模型研究的内容是相同的。

8.4.2　数据链路层的安全协议

数据链路层常见的点到点协议（PPP）为在点对点连接上传输多协议数据包提供了一个标准方法。PPP为两个对等节点之间的IP流量传输提供了一种封装协议。为了保证通信的安全，PPP还提供了认证功能。另外，数据链路层还提供了数据的加密功能，如隧道协议的L2F、L2TP等。

面向连接的点对点通信的第一步是在双方之间先建立信道的连接，并且要进行通信双方的身份认证，包括用户对电信运营商的身份确认和电信运营商对用户的身份确认。只有身份认证通过后才允许双方进行通信。有两个协议进行用户的身份认证：口令验证协议（password authentication protocol，PAP）和挑战握手身份认证协议（challenge handshake authentication protocol，CHAP）。

1. PAP协议

PAP身份认证的过程只有以下两个步骤。

① 当PPP用户要访问因特网服务提供商ISP的系统时，就向系统发送认证的标识，通常是用户名和口令。

② ISP系统对收到的用户名和口令进行鉴别，以确定接受或拒绝连接。

PAP认证所使用的三种包的格式如图8-18所示。无论PPP帧传输哪一种包，它的协议类型字段的值都为0xC023。第一种包：身份认证请求，用户用它向系统发送用户名和口令，请求接入系统。第二种包：身份确认，系统用它告诉用户，用户的身份已被认可，允许该用户访问系统。第三种包：身份否定，系统用它告诉用户，该用户名或口令未通过认证，拒绝该用户访问系统。PAP协议将用户名和口令用ASCII编码的明文方式在链路上传输，很容易被截获，因此，该协议存在用户名和口令泄露等安全风险。

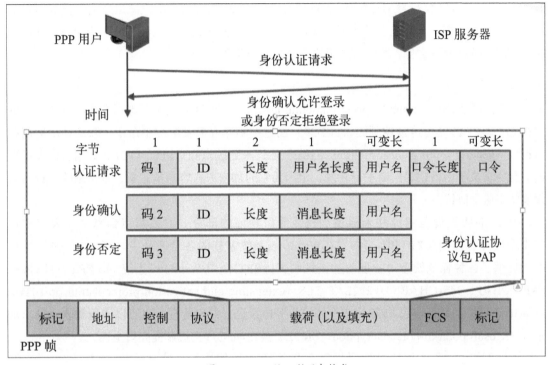

图 8-18　PAP 认证所用包格式

2. CHAP协议的安全认证

CHAP采用三次握手进行身份认证，它的安全性比PAP高，因为用户登录系统时用于认证的口令不直接在链路上传输，对口令的保密较好。CHAP协议的执行过程如下：

① 当因特网服务提供商ISP收到用户的认证请求后，认证系统向用户发送一个挑战包，其中包含一个挑战值，或一个一次性使用的随机数，长度为几个字节。

② 用户收到认证系统发来的挑战值后，按照双方事先约定的算法，将挑战值与自己的口令进行计算并产生一个结果。用户将此计算结果封装到一个响应包中发给ISP系统。

③ 认证系统也执行同样的过程，它将发给用户的挑战值与事先存储在内部的用户口令用同样的算法进行计算，将此计算结果与用户发来的响应包中的数值进行比较。如果两者相同，则用户身份得到确认，允许访问ISP系统。否则，ISP系统拒绝该用户访问。

认证系统每次发送给用户的挑战值都不同，这样可防止重放攻击。CHAP的优点是：即使入侵者通过对链路的数据捕获知道了系统发给用户的挑战值和用户返回的计算结果，仍然无法知道口令，因为采用的算法是单向的和不可逆的，不可能利用计算结果反向推算出口令。另外，还可对挑战值做进一步的改进，如将挑战值用图片方式传输，用户收到后阅读出图片中的数字，再将其输入计算程序，这样可防止服务器发给客户端的挑战值在传输途中被截获；还可在图片形式的挑战值中加入黑点等干扰像素，或者改变挑战值图形的大小和倾斜度等，也都可以加大挑战值被截获与破译的难度。这种改进方法在访问电子邮件和网络银行等服务器的认证中得到广泛应用。

挑战握手身份认证协议（CHAP）的包被封装到PPP帧中，帧内协议类型字段的值为0xC223（十六进制数）。CHAP中包含4种包：第一种是挑战包，系统向用户发送挑战值；第二种是响应包，用户向系统发送计算结果；第三种是身份确认包，系统告知用户允许它访问系统；第四种是身份否定包，系统告知用户拒绝它访问系统。

3. PPTP协议

点到点隧道协议（point-to-point tunneling protocol，PPTP）是实现虚拟专用网（VPN）的方式之一。PPTP使用传输控制协议（TCP）创建控制通道来发送控制命令，以及利用通用路由封装（generic routing encapsulation，GRE）通道来封装点到点协议（PPP）数据包以发送数据。此协议最早由微软等厂商主导开发，但因为它的加密方式容易被破解，目前微软已经不再建议使用这个协议。

PPTP的协议规范本身并未描述加密或身份验证的部分，它依靠点到点协议来实现这些安全性功能。因为PPTP协议内置在Windows系统家族的各个产品中，在PPP的协议堆栈中，提供了各种标准的身份验证与加密机制支持PPTP。在Windows系统中，PPTP可以搭配PAP、CHAP、MS-CHAP v1/v2或EAP-TLS（extensible authentication protocol-transport layer security，可扩展认证协议-传输层安全协议）等协议进行身份验证，也可以搭配微软点到点加密（Microsoft point-to-point encryption，MPPE）或IPsec的加密机制提高安全性。

PPTP是第一个被微软的拨号网络支持的VPN通信协议。自Windows 95起，所有的Microsoft Windows版本都内置了PPTP客户端软件（虽然只能支持最多两个同时对外的连接）。Windows的路由及远程访问包还包含PPTP服务器。微软在MS-CHAP认证协议内使用的是单次DES加密算法，但单次DES加密常被认为无法提供数据足够强的安全防护。

4. L2F协议

第二层转发协议（layer 2 forwarding protocol，L2F），是由思科系统公司开发的、在互联网上提供安全的VPN服务的协议。L2F协议本身并不提供加密或保密，它依赖于协议被传输时提供的加密措施。L2F是基于点到点协议（PPP）通信的。

第二层转发协议（L2F）用于建立跨越公共网络（如因特网）的安全隧道来将ISP POP连接到企业内部网关。这个隧道建立了一个用户与企业网络间的虚拟点到点连接。第二层转发协议（L2F）还允许高层协议的链路层隧道技术。

此外，L2F允许封装PPP/SLIP包。ISP的NAS（network attached storage，网络附接存储）与家庭网关都需要共同了解封装协议，这样才能在因特网上成功地传输或接收PPP/SLIP包。

5. L2TP协议

L2TP（layer 2 tunneling protocol，第二层隧道协议）是一种工业标准的隧道协议，功能大致和PPTP协议类似，也可以对网络数据流进行加密。但二者也有不同之处：PPTP要求网络为IP网络，L2TP要求面向数据包的点到点连接；PPTP使用单一隧道，L2TP使用多隧道；L2TP提供包头压缩、隧道验证的功能，而PPTP不支持这两项功能。

L2TP协议自身不提供加密与可靠性验证的功能，但可以和安全协议搭配使用，从而实现数据的加密传输。经常与L2TP协议搭配的加密协议是IPsec，当这两个协议搭配使用时，通常合称L2TP/IPsec。

L2TP支持包括IP、ATM、帧中继、X.25在内的多种网络。在IP网络中，L2TP协议使用注册端口UDP 1701。因此，虽然L2TP协议的确是一个数据链路层协议，但在IP网络中，它又是一个会话层协议。

■8.4.3 网络层的安全协议

网络层提供了一种端到端的数据传输服务，网络层的安全性主要是解决两个端点之间的数据安全交换问题，因而涉及数据传输的保密性和完整性。在数据交换过程中需要防止数据被非法窃听和篡改。

1. IPsec安全体系结构简介

网络层的安全协议是对网络层协议的安全性的增强，即在网络层协议的基础上增加了数据加密和认证等安全机制。由于目前的网络层协议主要是IP协议，因此有了基于IP协议的安全协议——IPsec（IP security）协议。IPsec安全体系结构由三个主要部分组成：安全协议、安全联盟和密钥管理。

IPsec在IP协议（IPv4和IPv6）的基础上提供了数据保密性、数据完整性和抗重播保护等安全机制和服务，保证了IP协议及上层协议能够安全地交换数据。IPsec使用一种称为安全关联（security association，SA）的概念性实体，集中存放所有需要记录的协商细节。因此，在SA中包含了安全通信所需的所有信息，可以将SA看作一个由通信双方共同签署的有关安全通信的"合同"。IPsec通过安全策略（security policy）为用户提供一种描述安全需求的方法，允许用户使用安全策略来定义所保护的对象、安全措施和密码算法等。IPsec支持两种密钥管理协议：手工密钥管理和自动密钥管理。

2. ESP协议

ESP（encapsulating security payload，封装安全负载）是插入IP数据报内的一个协议头，为IP数据报提供数据保密性、数据完整性、抗重播和数据源验证等安全服务。ESP可以应用于传输模式和隧道模式两种不同模式中，可以单独使用，也可以利用隧道模式嵌套使用，或者和AH协议组合起来使用。ESP使用一个加密器提供数据保密性，使用一个验证器提供数据完整性认证。加密器和验证器所采用的专用算法是由ESP安全联盟的相应组件决定的。因此，ESP是一种通用的、易于扩展的安全机制，它将基本的ESP功能定义和实际提供安全服务的专用密码算法分离开，有利于密码算法的更换和更新。

3. AH协议

AH（authentication header，鉴别头）协议为IP数据报提供了数据完整性、数据源验证和抗重播等安全服务，但不提供数据保密性服务。也就是说，除了数据保密之外，AH提供了ESP所能提供的一切服务。

AH可以采用隧道模式来保护整个IP数据报，也可以采用传输模式只保护一个上层协议报文。在任何一种模式下，AH头都会紧跟在一个IP头之后。AH不仅可以为上层协议提供认证，还可以为IP头的某些字段提供认证。由于IP头中的某些字段在传输中可能会被改变（如服务类型、标志、分段偏移、生存期、头校验和等字段），发送方无法预测最终到达接收方时这些字段的值，因此，这些字段不能受AH保护。

AH可以单独使用，也可以和ESP结合使用，或者利用隧道模式以嵌套方式使用。AH提供的数据完整性认证的范围和ESP有所不同，AH可以对外部IP头的某些固定字段（包括版本、头长度、报文总长度、标识、协议号、源IP地址、目的IP地址等字段）进行认证。

■8.4.4 传输层的安全协议

传输层的安全性主要解决的是两个主机进程之间数据交换的安全问题，包括建立连接时的用户身份合法性、数据交换过程中的数据保密性和数据完整性等。

传输层安全协议增强了传输层协议的安全性，它在传输层协议的基础上增加了安全算法协商和数据加密等安全机制和功能。由于目前广泛应用的传输层协议是TCP协议，因此，传输层安全协议是指基于TCP协议的安全协议——安全套接层（secure sockets layer，SSL）协议。

SSL主要为基于TCP协议的网络应用程序提供身份鉴别、数据加密和数据认证等安全服务。SSL已得到业界的广泛认可，在实际中得到广泛应用，已成为事实上的国际标准。

SSL协议的基本目标是在两个通信实体之间建立安全的通信连接，为基于客户端/服务器模式的网络应用提供安全保护。SSL协议提供以下3种安全特性。

- **数据保密性**：采用对称加密算法（如DES等）加密数据，密钥是在双方握手时指定的。
- **数据完整性**：采用消息鉴别码（message authentication code）验证数据的完整性，MAC是采用Hash算法实现的。
- **身份合法性**：采用非对称密码算法和数字证书来验证对等层实体之间的身份合法性。

SSL协议是一个分层协议，由两层组成：SSL握手协议和SSL记录协议。SSL握手协议用于数据交换前的双方（客户端和服务器）身份鉴别以及密码算法和密钥的协商，它独立于应用层协议。SSL记录协议用于数据交换过程中的数据加密和数据认证，它建立在可靠的传输协议（如TCP协议）之上。因此，SSL协议是一个嵌入在TCP协议和应用层协议之间的安全协议，能够为基于TCP/IP的应用提供身份鉴别、数据加密和数据认证等安全服务。

■8.4.5 应用层的安全协议

应用层的安全性主要是解决面向应用的信息安全问题，涉及信息交换的保密性和完整性，以及防止在信息交换过程中数据被非法窃听和篡改。

有些应用层安全协议增强了应用层协议的安全性，即在应用层协议的基础上增加了安全算法协商和数据加密/解密等安全机制，如S-HTTP（secure hypertext transfer protocol，安全超文本传输协议）协议、S/MIME（secure multipurpose internet mail extensions，安全多用途互联网邮件扩展）协议等；还有些应用层安全协议是为解决特定应用的安全问题而开发的，如PGP（pretty good privacy，颇好保密性）协议等。

1. S-HTTP协议

解决Web通信安全问题的基本方法是通过HTTP安全协议增强Web通信的安全性。目前，HTTP安全协议主要有两种：HTTPS和S-HTTP。

HTTPS协议是基于SSL的HTTP安全协议，通常工作在标准的443端口上。在实际应用中，HTTPS协议使用比较简便。如果一个Web服务器提供基于HTTPS协议的安全服务，并在客户端上安装该服务器认可的数字证书，则用户便可以使用支持SSL协议的浏览器（通常浏览器都支持SSL协议，如IE浏览器、谷歌chrome浏览器等），并通过"https://www.服务器名.com"形式的域名来访问该Web服务器，Web服务器与浏览器之间通过SSL协议进行安全通信，提供身份鉴别、数据加密和数据认证等安全服务。

S-HTTP协议最初是由Terisa公司开发的，它是在HTTP协议的基础上扩充了安全功能，提供了HTTP客户端和服务器之间的安全通信机制，以增强Web通信的安全性。RFC 2660文档公布了S-HTTP协议的技术规范。

S-HTTP协议的目标是提供一种面向消息的可伸缩安全协议，以便广泛地应用于商业事务处理。因此，它支持多种安全操作模式、密钥管理机制、信任模型、密码算法和封装格式。在使用S-HTTP协议通信之前，通信双方可以协商加密、认证和签名等算法以及密钥管理机制、信任模型、消息封装格式等相关参数。在通信过程中，双方可以使用RSA、DSS（digital signature standard，数字签名标准）等密码算法进行数字签名和身份鉴别，以保证用户身份的真实性；可使用DES、3DES、RC2、RC4等密码算法来加密数据，以保证数据的保密性；可使用MD2、MD5、SHA等单向散列函数来验证数据和签名，以保证数据的完整性和签名的有效性，从而增强Web应用系统中客户端和服务器之间通信的安全性。

2. S/MIME协议

在互联网中，主要使用两种电子邮件协议来传送电子邮件：SMTP（simple mail transfer protocol，简单邮件传送协议）和MIME（multipurpose internet mail extensions，多用途互联网邮件扩展）。这两种协议都是为开放的互联网设计的，并没有考虑电子邮件的安全问题。为了保证基于电子邮件的信息交换安全，必须采用信息安全技术来增强电子邮件通信的安全性。比较成熟的电子邮件安全增强技术主要有S/MIME协议和PGP协议等。

S/MIME协议是MIME协议的安全性扩展。它在MIME协议的基础上增加了分级安全方法，为电子邮件提供了数据保密性、消息完整性、源端抗抵赖性等安全服务。S/MIME协议是在早期信息安全技术的基础上发展起来的。RFC 2632和RFC 2633文档公布了S/MIME的详细规范。传统的邮件用户代理（mail user agent，MUA）可以使用S/MIME为所发送的邮件实施安全服务，并在接收时解释邮件中的安全服务。S/MIME提供的安全服务并不限于邮件，还可用于任何能够传送MIME数据的传送机制，如HTTP等。S/MIME利用了MIME面向对象的特性，允许在混合传送系统中安全地交换信息。

3. PGP协议

PGP是一种对电子邮件进行加密和签名保护的安全协议和软件工具。它将基于公钥密码体制的RSA算法和基于单密钥体制的IDEA（international data encryption algorithm，国际数据加密算法）算法巧妙地结合起来，同时兼顾了公钥密码体系的便利性和传统密码体系的高速度，从而生成一种高效的混合密码系统。发送方使用随机生成的会话密钥和IDEA算法加密邮件文件，使用RSA算法和接收方的公钥加密会话密钥，然后将加密的邮件文件和会话密钥发送给接收方。接收方使用自己的私钥和RSA算法解密会话密钥，然后再用会话密钥和IDEA算法解密邮件文件。此外，PGP还支持对邮件的数字签名和签名验证，也可以用来加密文件。

8.5　防火墙与入侵检测系统

网络防火墙可以保护内网设备不受外网的恶意攻击，网络通信时的流量都要通过防火墙，所以通过设置防火墙的通信规则可以对各种数据进行管控。而入侵检测系统是一套软硬件结合的网络安全设备，与防火墙组合使用，可以有效抵御网络入侵的威胁。

■8.5.1　防火墙

防火墙最初是一个建筑名词，是指修建在房屋之间、院落之间、街区之间用以隔绝火灾蔓延的墙体。而计算机网络安全领域的防火墙则是指设置于网络之间、通过控制网络流量阻隔危险网络通信以达到保护网络目的的一种防御系统。它一般由硬件设备和软件组成。网络防火墙有阻挡危险流量、保护网络的功能。从信息保障的角度来看，防火墙是一种保护手段。

1. 防火墙简介

防火墙最常见的形式是布置于公共网络和企事业单位内部的专用网络之间，用以保护内部专用网络。有时在同一个网络内部也可能设置防火墙，用来保护某些特定的设备，通常被保护的关键设备的IP地址会和其他设备处于不同网段。只要有必要，有流量的地方都可以设置防火墙。

防火墙保护网络的手段主要是控制网络流量。网络之中的各种信息都是以数据包的形式传递的，网络防火墙要实现控制流量就是要对途经其中的各个数据包进行分析，判断其危险与否，据此决定是否允许其通过。对数据包说"Yes"或"No"是防火墙的基本工作。不同种类的防火墙查看数据包的不同内容，但是究竟对怎样的数据包内容说"Yes"或"No"，其规则是由用户来配置的。也就是说，防火墙决定数据包是否可以通过，要看用户对防火墙查看的内容制定的规则。

用以保护网络的防火墙会有不同的形式和不同的复杂程度。它可以是单一设备，也可以是一系列相互协作的设备；设备可以是专门的硬件设备，也可以是经过加固或只是普通的通用主机；设备可以选择不同形式的组合，具有不同的拓扑结构。

常见的防火墙的形式包括专业硬件级防火墙、网络设备防火墙、主机型防火墙、软件防火墙等。

2. 防火墙的主要功能

防火墙的主要功能包括以下几个方面。

（1）提高内网安全性

防火墙（作为阻塞点、控制点）能够极大地提高内部网络的安全性，并通过过滤不安全的服务而降低风险。由于只有经过精心选择的应用协议才能通过防火墙，因此网络环境变得更安全。例如，防火墙可以禁止诸如众所周知的不安全的网络文件系统（NFS）协议进出受保护的网络，这样外部的攻击者就不可能利用这些脆弱的协议来攻击内部网络。防火墙同时可以保护网络免受基于路由的攻击，如IP地址选项中的源路由攻击和互联网控制报文协议（ICMP）重定向中的重定向路径，防火墙会拒绝所有以上类型攻击的报文并通知防火墙管理员。

（2）强化安全策略

通过以防火墙为中心的安全方案配置，能将所有安全软件（如口令加密、身份认证、审计等）配置在防火墙中。与将网络安全问题分散到各个主机上相比，防火墙的集中安全管理更经济。例如，在网络访问时，动态口令系统和其他的身份认证系统完全可以不必分散在各个主机上，而是集中在防火墙上。

（3）监控审计

如果所有的访问都经过防火墙，那么防火墙就能记录下这些访问并记入日志，同时也能提供网络使用情况的统计数据。当发生可疑动作时，防火墙能发出适当的报警信息，并提供网络是否受到监测和攻击的详细信息。另外，收集网络的使用和误用情况也是非常重要的，因为可以清楚防火墙是否能够抵挡攻击者的探测和攻击，并且清楚防火墙的控制是否足够。而网络使用情况的统计对进行网络需求分析和威胁分析也是非常重要的。

（4）阻止内部信息外泄

利用防火墙对内部网络进行划分，可实现内部网重点网段的隔离，从而限制局部重点或敏感网络安全问题对全局网络造成的影响。再者，隐私是内部网络非常重要的部分，一个内部网络中不引人注意的细节有可能包含了有关安全的线索，继而引起外部攻击者的兴趣，甚至因此暴露了内部网络的某些安全漏洞。

（5）隔离故障

由于防火墙具有双向检查的功能，也能够将网络中一个网块（也称网段）与另一个网块隔开，从而限制了局部重点或敏感网络安全问题对全局网络造成的影响，能防止攻击性故障的蔓延。

（6）流量控制及统计

流量统计建立在流量控制基础之上。通过对基于IP、服务、时间、协议等流量进行统计，

可以实现与管理界面挂接，以便按流量计费。

流量控制分为基于IP地址的控制和基于用户的控制。基于IP地址的控制是指对通过防火墙各个网络接口的流量进行控制；基于用户的控制是指通过用户登录控制每个用户的流量，防止某些应用或用户占用过多的资源，保证重要用户和重要接口的连接。

（7）地址绑定

除了路由器外，防火墙也可以实现MAC地址和IP地址的绑定，这主要是用于防止受控（不允许访问外网）的内部用户通过更换IP地址访问外网。此功能实现起来很简单，内部只需要两个命令即可，所以绝大多数防火墙都提供了该功能。

（8）网络代理

防火墙除了安全作用外，还支持VPN、NAT等网络代理功能。可以通过防火墙实现远程VPN服务端，用于协商远程访问的加密和认证功能。另外，还可以进行内部网络的上网代理，实现网关的功能，以及通过反向代理实现DMZ的服务器向外网提供服务的功能。

3. 防火墙的分类

根据不同的保护机制和工作原理，一般将防火墙分为包过滤防火墙、状态检测防火墙和应用代理防火墙3种。

（1）包过滤防火墙

包过滤防火墙用软件查看所流经的数据包的包头，以此决定整个包的命运。它可能会决定丢弃这个包，可能会接受这个包（让这个包通过），也可能执行其他更复杂的动作。数据包过滤用在内部主机和外部主机之间，过滤系统是一台路由器或一台主机。当执行数据包时，用过滤规则匹配数据包内容，决定哪些包被允许及哪些包被拒绝。当拒绝数据包时，可以采用两个操作：通知数据包的发送者，它的数据将被丢弃，或者没有任何通知直接丢弃这些数据。

（2）状态检测防火墙

状态检测防火墙又称为动态包过滤，是传统包过滤的功能扩展。状态检测防火墙在网络层有一个检查引擎，用于截获数据包并抽取出与应用层状态有关的信息，并以此为依据决定对该连接是接受还是拒绝。这种技术提供了高度安全的解决方案，同时具有较好的适应性和扩展性。

状态检测防火墙工作于传输层，与包过滤防火墙相比，状态检测防火墙判断允许还是禁止数据流的依据也是源IP地址、目的IP地址、源端口、目的端口和通信协议等。与包过滤防火墙不同的是，状态检测防火墙是基于会话信息做出决策的，而不是包的信息。状态检测防火墙摒弃了包过滤防火墙仅考查数据包的IP地址等几个参数，而且不关心数据包连接状态变化的缺点，在防火墙的核心部分建立状态连接表，并将进出网络的数据当成一个个会话，利用状态表跟踪每个会话状态。状态检测对每个包的检查不仅根据过滤规则表，还考虑了数据包是否符合会话所处的状态，因此提供了完整的对传输层的控制能力。

（3）应用代理防火墙

代理防火墙通常也称为应用网关防火墙。代理防火墙彻底隔断了内网与外网的直接通信，将内网用户对外网的访问变成防火墙对外网的访问,然后由防火墙转发给内网用户。所有通信都必须经应用层代理软件转发,访问者任何时候都不能与服务器建立直接的TCP连接,应用层的协议会话过程必须符合代理的安全策略要求。

代理防火墙的主要功能是对连接请求认证,之后再允许流量到达内外资源,这使得可以认证用户请求而不是设备。为了使认证和连接过程更加有效,很多代理防火墙认证用户一次,然后使用存储在认证数据库中的授权信息确定该用户可以访问哪些资源,通过授权限制该用户可访问的其他资源,而不要求用户为每个想访问的资源都进行认证。同时,代理防火墙能用来认证输入和输出两个方向的连接。

■8.5.2 入侵检测系统

网络入侵检测是一种动态的安全检测技术,它能够在网络系统运行过程中发现入侵者的攻击行为和踪迹,一旦发现网络攻击现象,则发出报警信息,还可以与防火墙联动,对网络攻击进行阻断。

1. 入侵检测系统简介

入侵是指任何企图危及资源的完整性、机密性和可用性的活动。入侵检测便是对入侵行为的发觉,即通过对计算机网络或计算机系统中的若干关键点搜集信息并对其进行分析,从中发现网络或系统中是否有违反安全策略的行为和被攻击的迹象。

入侵检测技术是为保证计算机系统和计算机网络系统的安全而设计与配置的一种能够及时发现并报告系统中未授权或异常现象的技术。

入侵检测系统(intrusion detection system,IDS)是一种对网络传输进行即时监视,在发现可疑传输时发出警报或采取主动反应措施的网络安全设备,是进行入侵检测的软件与硬件的组合。它与其他网络安全设备的不同之处在于,IDS是一种积极主动的安全防护技术。IDS最早出现在1980年4月,并在20世纪80年代中期,IDS逐渐发展成为入侵检测专家系统(IDES)。到90年代,IDS分化为基于网络的IDS和基于主机的IDS,后又出现分布式IDS。目前,IDS发展迅速,有一种说法认为,IDS可以完全取代防火墙。

2. 入侵检测系统的功能

入侵检测是防火墙的合理补充,能帮助系统应对网络攻击,扩展了系统管理员的安全管理能力(包括安全审计、监视、进攻识别和响应),提高了信息安全基础结构的完整性。它从计算机网络系统中的若干关键点搜集信息并分析,检查网络中是否有违反安全策略的行为和遭到袭击的迹象。入侵检测被认为是防火墙之后的第二道安全闸门,在不影响网络性能的情况下对网络进行检测,从而提供对内部攻击、外部攻击和误操作的实时保护。入侵检测系统与防火墙在功能上是互补关系,通过合理搭配部署和联动可有效提升网络的安全级别。

入侵检测系统可以检测来自外部和内部的入侵行为和资源滥用;而防火墙可以在关键边界点进行访问控制,实时发现和阻断非法数据;二者在功能上相辅相成,在网络安全中承担不同的责任。

一个成功的入侵检测系统不但可使系统管理员实时了解网络系统（包括程序、文件和硬件设备等）的任何变更，还能给网络安全策略的制定提供方向。尤其重要的是，它的管理、配置都很简单，使非专业人员也能比较容易地获得网络安全。此外，入侵检测的规模还会根据网络威胁、系统构造和安全需求的改变而改变。入侵检测系统在发现入侵后，会及时做出响应，包括切断网络连接、记录事件和报警等。

3. 入侵检测技术的分类

入侵检测技术按检测方式可分为特征检测和异常检测，按检测对象可分为基于主机的入侵检测和基于网络的入侵检测。

（1）特征检测

特征检测是收集非正常操作的行为特征，建立相关的特征库，当检测的用户或系统行为与库中的记录相匹配时，系统就认为这种行为是入侵。特征检测可以将已有的入侵方法检测出来，但对新的入侵方法无能为力。

（2）异常检测

异常检测是总结正常操作应该具有的特征，建立主体正常活动的"活动简档"，当用户活动状况与"活动简档"相比有重大偏离时即认为该活动可能是"入侵"行为。

（3）基于主机的入侵检测

基于主机的入侵检测主要用于保护运行关键应用的服务器或被重点检测的主机，主要是对该主机的网络实时连接及系统审计日志进行智能分析和判断。如果其主体活动十分可疑（特征或违反统计规律），入侵检测系统就会采取相应措施。

（4）基于网络的入侵检测

基于网络的入侵检测是大多数入侵检测厂商采用的产品形式，即通过捕获和分析网络包探测攻击。基于网络的入侵检测可以在网段或交换机上进行监听，检测对连接在网段上的多个主机有影响的网络通信，从而保护那些主机。

4. 入侵检测的主要步骤

常用的入侵检测一般分为以下几个步骤。

① 信息收集。入侵检测的第一步是在信息系统的一些关键点上收集信息，这些信息就是入侵检测系统的输入数据。

② 数据分析。数据分析就是对数据源提供的系统运行状态和活动记录进行同步、整理、组织、分类以及各种类型的细致分析，提取其中包含的系统活动特征或模式，用于对正常和异常行为的判断。它是IDS的核心。

③ 响应与报警。早期的入侵检测系统的研究和设计把主要精力放在对系统的监控和分析上，而把响应的工作交给用户完成。现在的入侵检测系统都提供响应模块，并提供主动响应和被动响应两种响应方式。一个好的入侵检测系统应该让用户能够裁减定制其响应机制，以符合特定的需求环境。

课后作业

一、单选题

1. 网络威胁产生的原因不包括（　　）。

   A. 病毒木马　　　　　　B. 系统漏洞　　　　　　C. 网络攻击　　　　　　D. 误操作

2. 数据链路层的协议不包括（　　）。

   A. PAP　　　　　　　　B. CHAP　　　　　　　C. PPTP　　　　　　　D. AH

二、多选题

1. 加密可以分为（　　）。

   A. 对称加密　　　　　　B. 同向加密

   C. 非同向加密　　　　　D. 非对称加密

2. 访问控制的三要素包括（　　）。

   A. 主体　　　　　　　　B. 客体　　　　　　　C. 文件系统　　　　　D. 控制策略

3. 加密技术主要由（　　）元素组成。

   A. 对象　　　　　　　　B. 方法　　　　　　　C. 算法　　　　　　　D. 密钥

三、简答题

1. 简述主要的网络安全机制。

2. 简述网络安全的主要对策。

3. 简述对称加密与非对称加密的区别。

4. 简述身份认证技术和数字签名技术的特点。

5. 简述防火墙的分类。

6. 简述入侵检测系统的主要功能。

即刻学习

◎ 配套学习资料
◎ 网络原理详解
◎ 理论与实践课
◎ 网络安全专讲

附录 课后作业参考答案

■模块1

一、单选题

1. C 2. A

二、多选题

1. ABCD 2. ABCD 3. ACD

三、简答题

1. 参考1.1.2的内容

2. 参考1.1.4的内容

3. 参考1.2.1的内容

4. 参考1.2.4的内容

5. 参考1.3.2的内容

6. 参考1.3.4的内容

■模块2

一、单选题

1. B 2. D

二、多选题

1. ABCD 2. ABD 3. ABC

三、简答题

1. 参考2.1.2的内容

2. 参考2.2.3的内容

3. 参考2.4.2的内容

4. 参考2.6的内容

■模块3

一、单选题

1. A 2. A 3. B

二、多选题

1. ABC 2. ACD

三、简答题

1. 参考3.1.1的内容

2. 参考3.2.1的内容

3. 参考3.4.2的内容

4. 参考3.5的内容

5. 参考3.6的内容

6. 参考3.7.3的内容

■模块4

一、单选题

1. B 2. A

二、多选题

1. ABCD 2. ABC 3. ACD

三、简答题

1. 参考4.1.2的内容

2. 参考4.2.2的内容

3. 参考4.2.3的内容

4. 参考4.2.4的内容

5. 参考4.3.1的内容

6. 参考4.6.2的内容

■模块 5

一、单选题

1. A   2. D

二、多选题

1. AD   2. ABCD   3. AB

三、简答题

1. 参考5.1.1的内容

2. 参考5.1.4的内容

3. 参考5.2.2的内容

4. 参考5.3.1的内容

5. 参考5.3.3的内容

6. 参考5.3.4的内容

■模块 6

一、单选题

1. C   2. B

二、多选题

1. ABCD   2. ABCD   3. AC

三、简答题

1. 参考6.2.1的内容

2. 参考6.2.2的内容

3. 参考6.2.3的内容

4. 参考6.2.4的内容

5. 参考6.2.5的内容

6. 参考6.2.7的内容

■模块 7

一、单选题

1. D   2. D

二、多选题

1. ABCD   2. ABCD   3. ACD

三、简答题

1. 参考7.1.2的内容

2. 参考7.2.2的内容

3. 参考7.3.1的内容

4. 参考7.3.2的内容

5. 参考7.2.3的内容

6. 参考7.1.2的内容

■模块 8

一、单选题

1. D   2. D

二、多选题

1. AD   2. ABD   3. CD

三、简答题

1. 参考8.1.4的内容

2. 参考8.1.5的内容

3. 参考8.2.2的内容

4. 参考8.2.4的内容

5. 参考8.5.1的内容

6. 参考8.5.2的内容

参考文献

[1] 杨文虎, 刘志杰. 网络安全技术与实训: 微课版[M]. 5版. 北京: 人民邮电出版社, 2022.

[2] 刘峰波. 计算机网络技术[M]. 北京: 电子工业出版社, 2019.

[3] 沈洋. 信息安全技术与应用[M]. 大连: 大连理工大学出版社, 2020.

[4] 蔺玉珂, 王波. 无线局域网组建与优化[M]. 北京: 人民邮电出版社, 2022.

[5] 彭治湘, 范荣, 龙银香. 网络管理与维护[M]. 4版. 大连: 大连理工大学出版社, 2020.

[6] 宋一兵. 局域网组建与维护项目式教程[M]. 3版. 北京: 人民邮电出版社, 2019.

[7] 杨海军. 局域网组建实训教程: 交换机和路由器配置[M]. 北京: 中国建材工业出版社, 2021.

[8] 刘永华, 张秀洁. 局域网组建、管理与维护[M]. 3版. 北京: 清华大学出版社, 2018.